中国气象灾害年鉴

2016

(2016)

中国气象局

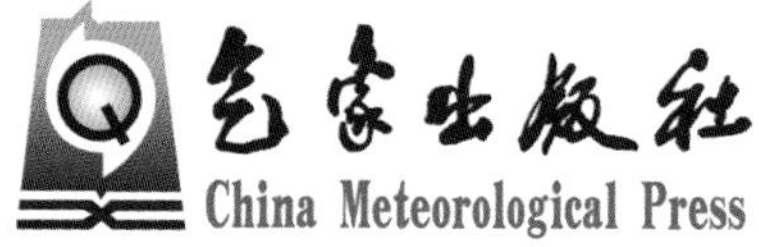

内容简介

本年鉴是中国气象局主要业务产品之一。全书共分为六章，第一章重点描述和分析2015年重大气象灾害和异常气候事件；第二章按灾种分析年内对我国国民经济产生较大影响的干旱、暴雨洪涝、台风、局地强对流、沙尘暴、低温冷冻害和雪灾、雾、霾、雷电、高温热浪、酸雨、农业气象灾害、森林草原火灾、病虫害等发生的特点、重大事例，并对其影响进行评估；第三、四章分别从月和省(区、市)的角度概述气象灾害的发生情况；第五章分析2015年全球气候特征、重大气象灾害；第六章介绍2015年中国气象局防灾减灾重大事例。本年鉴附录给出气象灾害灾情统计资料和月、季、年气候特征分布图以及港澳台地区的部分气象灾情。本书比较全面地总结分析了2015年我国气象灾害特点及其影响，可供从事气象、农业、水文、国土、矿业、地质、地理、生态、环境、保险、人文、经济、社会其他行业以及灾害风险评估管理等方面的业务、科研、教学和管理决策人员参考。

图书在版编目(CIP)数据

中国气象灾害年鉴. 2016 / 中国气象局编著. --北京：气象出版社，2016.12

ISBN 978-7-5029-6497-9

Ⅰ.①中…　Ⅱ.①中…　Ⅲ.①气象灾害-中国-2016-年鉴　Ⅳ.①P429-54

中国版本图书馆CIP数据核字(2016)第290547号

出版发行：气象出版社

地　　址：北京市海淀区中关村南大街46号　　**邮政编码**：100081

电　　话：010-68407112(总编室)　010-68409198(发行部)

网　　址：http://www.qxcbs.com　　**E-mail**：qxcbs@cma.gov.cn

责任编辑：张　斌　　**终　　审**：邵俊年

责任校对：王丽梅　　**责任技编**：赵相宁

封面设计：王　伟

印　　刷：北京中科印刷有限公司

开　　本：889 mm×1194 mm　1/16　　**印　　张**：14.5

字　　数：440千字

版　　次：2016年12月第1版　　**印　　次**：2016年12月第1次印刷

定　　价：120.00元

中国气象灾害年鉴(2016)

编审委员会

主　任:许小峰

委　员(以姓氏拼音字母为序):

毕宝贵　巢清尘　陈海山　端义宏　顾建峰　矫梅燕　李茂松
李维京　刘传正　刘志雨　潘家华　宋连春　杨　军　张　强
张祖强

科学顾问:丁一汇

编辑部

主　编:宋连春

副主编:赵珊珊　段居琦

编写人员(以姓氏拼音字母为序):

蔡雯悦　陈大刚　戴　升　丁立国　丁小俊　段居琦　高　歌　格　桑
郭安红　何延波　贺芳芳　侯　威　胡菊芳　黄大鹏　靳军莉　李　倩
李　瑜　李荣庆　李　莹　廖要明　林　昕　刘　新　刘昌义　刘　诚
刘绿柳　刘婷婷　毛留喜　孟寒冬　饶维平　热汗古丽·巴吾东　任　律
石　帅　宋艳玲　苏布达　孙　蕊　孙　瑾　汤　洁　王纯枝　王大勇
王　飞　王小凡　王　阳　王有民　伍红雨　谢　萍　熊明明　徐良炎
许红梅　叶殿秀　于　群　俞亚勋　翟建青　张建忠　张明洁　张素云
张义军　赵　辉　赵珊珊　赵长海　钟海玲　周德丽　周美丽　周小兴
朱红蕊　朱晓金

序　言

气象灾害是指由气象原因直接或间接引起的，给人类和社会经济造成损失的灾害现象。20 世纪 90 年代以来，在全球气候变暖背景下，气象灾害呈明显上升趋势，对经济社会发展的影响日益加剧，给国家安全、经济社会、生态环境以及人类健康带来了严重威胁。随着我国社会经济发展进程的加快，气象灾害的风险越来越大，影响范围也越来越广。因此，必须把加强防灾减灾作为重要的战略任务，不断提高气象服务水平和服务手段，加强气象灾害的监测、分析、预警能力和水平，为我国经济社会可持续发展提供科技支撑。

气象灾害信息是气象服务的重要组成部分，也是气象灾害预测与评估的基础资料。中国气象局立足于经济社会发展，为适应提高防灾抗灾能力、保护人民生命财产安全和构建和谐社会的需求，发挥气象部门优势，从 2005 年开始组织国家气候中心、国家气象中心、中国气象科学研究院、国家卫星气象中心以及各省（区、市）气象局共同编撰出版《中国气象灾害年鉴》。《中国气象灾害年鉴》为研究自然灾害的演变规律、时空分布特征和致灾机理等提供了宝贵的基础信息，为开展灾害风险综合评估、科学预测和预防气象灾害提供了有价值的参考。

2015 年，我国汛期南方暴雨过程多，部分地区秋雨频繁，但没有发生大范围流域性暴雨洪涝灾害，总体上看，为暴雨洪涝灾害偏轻年份；气象干旱阶段性明显，华北西部及辽宁夏秋干旱对冬小麦生产造成不利影响，干旱灾害总体偏轻；台风生成多，登陆少，但登陆强度大；强对流天气频繁，局地灾情重；中东部地区多持续雾霾天气，对人体健康和交通不利；华南南部及新疆夏季高温天气频繁，长江中下游出现凉夏；部分地区出现阶

段性低温冷冻害，但影响总体偏轻。2015 年全国因气象灾害及其次生、衍生灾害导致受灾人口近 1.9 亿多人次，死亡（含失踪）1352 人，农作物受灾面积 2177 万公顷，绝收面积 223 万公顷，直接经济损失 2503 亿元。总体来看，2015 年气象灾害直接经济损失超过 1990—2014 年的平均水平，死亡（含失踪）人数和农作物受灾面积明显低于 1990—2014 年平均值。综合来看，2015 年气象灾害为偏轻年份。

《中国气象灾害年鉴（2016）》系统地收集、整理和分析了 2015 年我国所发生的干旱、暴雨洪涝、台风、冰雹和龙卷风、沙尘暴、低温冷冻害和雪灾等主要气象灾害及其对国民经济和社会发展的影响，还收录了港澳台地区的部分气象灾情及全球重大气象灾害；给出全年主要气象灾害灾情图表、主要气象要素和天气现象特征分布图。希望通过本年鉴对 2015 年气象灾害的总结分析，能为有关部门加强防灾减灾工作和减少气象灾害损失提供帮助。

中国气象局副局长

许小峰

编写说明

一、资料来源

本年鉴气象资料来自我国各级气象部门的气象观测整编资料和相关分析报告及产品。灾情资料来自民政部、国家减灾委办公室会同工业和信息化部、国土资源部、交通运输部、水利部、农业部、卫生计生委、统计局、林业局、地震局、气象局、保监会、海洋局、总参谋部、总政治部、中国红十字会总会、中国铁路总公司等部门会商核定的数据以及地方各级民政部门上报的数据。

二、气象灾害收录标准

1. 干旱

指因一段时间内少雨或无雨，降水量较常年同期明显偏少而致灾的一种气象灾害。干旱影响到自然环境和人类社会经济活动的各个方面。干旱导致土壤缺水，影响农作物正常生长发育并造成减产；干旱造成水资源不足，人畜饮水困难，城市供水紧张，制约工农业生产发展；长期干旱还会导致生态环境恶化，甚者还会导致社会不稳定进而引发国家安全等方面的问题。

本年鉴收录整理的干旱标准为一个省(自治区、直辖市)或约5万平方千米以上的某一区域，发生持续时间20天以上，并造成农业受灾面积10万公顷以上，或造成10万以上人口生活、生产用水困难的干旱事件。

2. 暴雨洪涝

指长时间降水过多或区域性持续的大雨(日降水量25.0～49.9毫米)、暴雨以上强度降水(日降水量大于等于50.0毫米)以及局地短时强降水引起江河洪水泛滥，冲毁堤坝、房屋、道路、桥梁，淹没农田、城镇等，引发地质灾害，造成农业或其他财产损失和人员伤亡的一种灾害。

华西秋雨是我国华西地区秋季(9—11月)连阴雨的特殊天气现象。秋季频繁南下的冷空气与暖湿空气在该地区相遇，使锋面活动加剧而产生较长时间的阴雨天气。华西秋雨的降水量虽然少于夏季，但持续降水也易引发秋汛。华西秋雨主要涉及的行政区域包括湖北、湖南、重庆、四川、贵州、陕西、宁夏、甘肃等6省1市1区。

本年鉴收录整理的暴雨洪涝标准为某一地区发生局地或区域暴雨过程，并造成洪水或引发泥石流、滑坡等地质灾害，使农业受灾面积达5万公顷以上，或造成死亡人数10人以上，或造成直接经济损失1亿元以上。

3. 台风

热带气旋是生成于热带或副热带洋面上，具有有组织的对流和确定的气旋性环流的非锋面性涡旋的统称，分为热带低压、热带风暴、强热带风暴、台风、强台风和超强台风六个等级。其中热带气旋底层中心附近最大平均风速达到10.8～17.1米/秒(风力6～7级)为热带低压，

达到 17.2～24.4 米/秒(风力 8～9 级)为热带风暴，达到 24.5～32.6 米/秒(风力 10～11 级)为强热带风暴，达到 32.7～41.4 米/秒(风力 12～13 级)为台风，达到 41.5～50.9 米/秒(风力 14～15 级)为强台风，达到或大于 51.0 米/秒(风力 16 级或以上)为超强台风。热带气旋尤其是达到台风强度的热带气旋具有很强的破坏力，狂风会掀翻船只、摧毁房屋和其它设施，巨浪能冲破海堤，暴雨能引发山洪。在我国，通常将热带风暴及以上强度的热带气旋统称为“台风”。

本年鉴收录整理的台风标准为中心附近最大风力大于等于 8 级的热带气旋，且对我国造成 10 人以上死亡或直接经济损失 1 亿元以上。

4. 冰雹和龙卷风

冰雹是指从发展强盛的积雨云中降落到地面的冰球或冰块，其下降时巨大的动量常给农作物和人身安全带来严重危害。冰雹出现的范围虽较小，时间短，但来势猛，强度大，常伴有狂风骤雨，因此往往给局部地区的农牧业、工矿企业、电信、交通运输以及人民生命财产造成较大损失。龙卷风是一种范围小、生消迅速，一般伴随降雨、雷电或冰雹的猛烈涡旋，是一种破坏力极强的小尺度风暴。

本年鉴收录整理的冰雹和龙卷风标准为在某一地区出现的风雹过程，使农业受灾面积 1000 公顷以上，或造成 3 人以上死亡的灾害过程。

5. 沙尘暴

指由于强风将地面大量尘沙吹起，使空气浑浊，水平能见度小于 1000 米的天气现象。水平能见度小于 500 米为强沙尘暴，水平能见度小于 50 米为特强沙尘暴。沙尘暴是干旱地区特有的一种灾害性天气。强风摧毁建筑物、树木等，甚至造成人畜伤亡；流沙埋没农田、渠道、村舍、草场等，使北方脆弱的生态环境进一步恶化；沙尘中的有害物及沙尘颗粒造成环境污染，危害人们的身体健康；恶劣的能见度影响交通运输，并间接引发交通事故。

本年鉴收录整理的标准是沙尘暴以上等级，并且造成 3 人及以上死亡的灾害过程。

6. 低温冷(冻)害及雪(白)灾

低温冷(冻)害包括低温冷害、霜冻害和冻害。低温冷害是指农作物生长发育期间，因气温低于作物生理下限温度，影响作物正常生长发育，引起农作物生育期延迟，或使生殖器官的生理活动受阻，最终导致减产的一种农业气象灾害。霜冻害指在农作物、果树等生长季节内，地面最低温度降至 0℃以下，使作物受到伤害甚至死亡的农业气象灾害。冻害一般指冬作物和果树、林木等在越冬期间遇到 0℃以下(甚至－20℃以下)或剧烈变温天气引起植株体冰冻或丧失一切生理活力，造成植株死亡或部分死亡的现象。雪灾指由于降雪量过多，使蔬菜大棚、房屋被压垮，植株、果树被压断，或对交通运输及人们出行造成影响，造成人员伤亡或经济损失的现象。白灾是草原牧区冬春季由于降雪量过多或积雪过厚，加上持续低温，雪层维持时间长，积雪掩埋牧场，影响牲畜放牧采食或不能采食，造成牲畜饿冻或因而染病、甚至发生大量死亡的一种灾害。

本年鉴收录整理的低温冷(冻)害及雪(白)灾标准为影响范围 1 万平方千米以上并造成农业受灾面积 1000 公顷以上，或造成 2 人以上死亡，或造成死亡牲畜 1 万头(只)以上，或造成经济损失 100 万元以上。

7. 雾和霾

雾是指近地层空气中悬浮的大量水滴或冰晶微粒的乳白色的集合体，使水平能见度降到 1 千米以下的天气现象。雾使能见度降低会造成水、陆、空交通灾难，也会对输电、人们日常生活等造成影响。

霾是一种对视程造成障碍的天气现象，大量极细微的干尘粒等均匀地浮游在空中，使水平能见度小于10千米，造成空气普遍浑浊。由于霾发生时，气团稳定，污染物不易扩散，严重威胁人体健康。

本年鉴收录整理的雾霾标准为影响范围1万平方千米以上，持续时间2小时以上；并因雾霾造成2人以上死亡，或造成经济损失100万元以上。

8. 雷电

雷电是在雷暴天气条件下发生于大气中的一种长距离放电现象，具有大电流、高电压、强电磁辐射等特征。雷电多伴随强对流天气产生，常见的积雨云内能够形成正负的荷电中心，当聚集的电量足够大时，形成足够强的空间电场，异性荷电中心之间或云中电荷区与大地之间就会发生击穿放电，这就是雷电。雷电导致人员伤亡，建筑物、供配电系统、通信设备、民用电器的损坏，引起森林火灾，造成计算机信息系统中断，致使仓储、炼油厂、油田等燃烧甚至爆炸，危害人民财产和人身安全，同时也严重威胁航空航天等运载工具的安全。

本年鉴所收集整理的雷电灾害事件标准为雷击死亡3人及以上的灾害过程。

9. 高温热浪

本年鉴将日最高气温大于或等于35℃定义为高温日；连续5天以上的高温过程称为持续高温或“热浪”天气。高温热浪对人们日常生活和健康影响极大，使与热有关的疾病发病率和死亡率增加；加剧土壤水分蒸发和作物蒸腾作用，加速旱情发展；导致水电需求量猛增，造成能源供应紧张。

本年鉴收录整理的标准为对人体健康、社会经济等产生较大影响的高温热浪过程。

10. 酸雨

pH值小于5.6的降雨、冻雨、雪、雹、露等大气降水称为酸雨。酸雨的形成是大气中发生的错综复杂的物理和化学过程，但其最主要因素是二氧化硫和氮氧化物在大气或水滴中转化为硫酸和硝酸所致。酸雨的危害包括森林退化，湖泊酸化，导致鱼类死亡，水生生物种群减少，农田土壤酸化、贫瘠，有毒重金属污染增强，粮食、蔬菜、瓜果大面积减产，使建筑物和桥梁损坏，文物遭受侵蚀等。

本年鉴按照大气降水pH值≥5.6为非酸性降水、4.5≤pH值<5.59为弱酸性降水、pH值<4.5为强酸性降水的标准对酸雨基本情况进行分析和整理。

11. 农业气象灾害

农业气象灾害是指不利的气象条件给农业生产造成的危害。农业气象灾害按气象要素可分为单因子和综合因子两类。由温度要素引起的农业气象灾害，包括低温造成的霜冻害、冬作物越冬冻害、冷害、热带和亚热带作物寒害以及高温造成的热害；由水分因子引起的有旱害、涝害、雪害和雹害等；由风力异常造成的农业气象灾害，如大风害、台风害、风蚀等；由综合气象要素引起的农业气象灾害，如干热风、冷雨害、冻涝害等。此外，广义的农业气象灾害还包括畜牧气象灾害(如白灾、黑灾、暴风雪等)和渔业气象灾害等。

本年鉴所收集整理的农业气象灾害标准为对农作物生长发育、产量形成造成不利影响，导致作物减产、品质降低、农田或农业设施损毁等影响较大的灾害过程或事件。

12. 森林草原火灾

指失去人为控制，并在森林内或草原上自由蔓延和扩展，对森林草原生态系统和人类带

来一定危害和损失的火灾过程。

本年鉴收录整理的森林草原火灾标准为造成森林草原受灾面积100公顷以上，或造成人员伤亡，或造成经济损失100万元以上。

13. 病虫害

病虫害是农业生产中的重大灾害之一，指虫害和病害的总称，它直接影响作物产量和品质。虫害指作物生长发育过程中，遭到有害昆虫的侵害，使作物生长和发育受到阻碍，甚至造成枯萎死亡；病害指植物在生长过程中，遇到不利的环境条件，或者某种寄生物侵害，而不能正常生长发育，或是器官组织遭到破坏，表现为植物器官上出现斑点、植株畸形或颜色不正常，甚至整个器官或全株死亡与腐烂等。

本年鉴收录整理的病虫害标准为与气象条件相关的病虫害，造成受灾面积100万公顷以上。

三、港澳台地区灾情

全国气象灾情统计数据未包含香港、澳门和台湾地区，港澳台地区的部分灾情见附录6。

四、主要灾情指标解释

受灾人口

本行政区域内因自然灾害遭受损失的人员数量(含非常住人口)。

因灾死亡人口

以自然灾害为直接原因导致死亡的人员数量(含非常住人口)。

因灾失踪人口

以自然灾害为直接原因导致下落不明，暂时无法确认死亡的人员数量(含非常住人口)。

紧急转移安置人口

指因自然灾害造成不能在现有住房中居住，需由政府进行安置并给予临时生活救助的人员数量(包括非常住人口)。包括受自然灾害袭击导致房屋倒塌、严重损坏(含应急期间未经安全鉴定的其他损房)造成无房可住的人员；或受自然灾害风险影响，由危险区域转移至安全区域，不能返回家中居住的人员。安置类型包含集中安置和分散安置。对于台风灾害，其紧急转移安置人口不含受台风灾害影响从海上回港但无需安置的避险人员。

因旱饮水困难需救助人口

指因旱灾造成饮用水获取困难，需政府给予救助的人员数量(含非常住人口)，具体包括以下情形：①日常饮水水源中断，且无其他替代水源，需通过政府集中送水或出资新增水源的；②日常饮水水源中断，有替代水源，但因取水距离远、取水成本增加，现有能力无法承担需政府救助的；③日常饮水水源未中断，但因旱造成供水受限，人均用水量连续15天低于35升，需政府予以救助的。因气候或其他原因导致的常年饮水困难的人口不统计在内。

农作物受灾面积

因灾减产1成以上的农作物播种面积，如果同一地块的当季农作物多次受灾，只计算一次。农作物包括粮食作物、经济作物和其他作物，其中粮食作物是稻谷、小麦、薯类、玉米、高粱、谷子、其他杂粮和大豆等粮食作物的总称，经济作物是棉花、油料、麻类、糖料、烟叶、蚕茧、茶叶、水果等经济作物的总称，其他作物是蔬菜、青饲料、绿肥等作物的总称。

农作物成灾面积

农作物受灾面积中，因灾减产3成以上的农作物播种面积。

农作物绝收面积

农作物受灾面积中，因灾减产8成以上的农作物播种面积。

倒塌房屋

指因灾导致房屋整体结构塌落，或承重构件多数倾倒或严重损坏，必须进行重建的房屋数量。以具有完整、独立承重结构的一户房屋整体为基本判定单元（一般含多间房屋），以自然间为计算单位；因灾遭受严重损坏，无法修复的牧区帐篷，每顶按3间计算。

损坏房屋

包括严重损坏和一般损坏房屋两类。其中，严重损坏房屋指因灾导致房屋多数承重构件严重破坏或部分倒塌，需采取排险措施、大修或局部拆除的房屋数量。一般损坏房屋指因灾导致房屋多数承重构件轻微裂缝，部分明显裂缝；个别非承重构件严重破坏；需一般修理，采取安全措施后可继续使用的房屋间数。以自然间为计算单位，不统计独立的厨房、牲畜棚等辅助用房、活动房、工棚、简易房和临时房屋；因灾遭受严重损坏，需进行较大规模修复的牧区帐篷，每顶按3间计算。

直接经济损失

受灾体遭受自然灾害后，自身价值降低或丧失所造成的损失。直接经济损失的基本计算方法是：受灾体损毁前的实际价值与损毁率的乘积。

目 录

2016

概　述

2015 年，中国年平均气温 10.5℃，较常年(9.6℃)偏高 0.9℃，为 1961 年以来最暖的一年(图 1)；四季平均气温均较常年同期偏高。中国平均年降水量 648.8 毫米，比常年(629.9 毫米)偏多 3.0%，较 2014 年(636.2 毫米)偏多 2.0%(图 2)；冬、夏季降水比常年同期偏少，春季接近常年同期，秋季明显偏多。

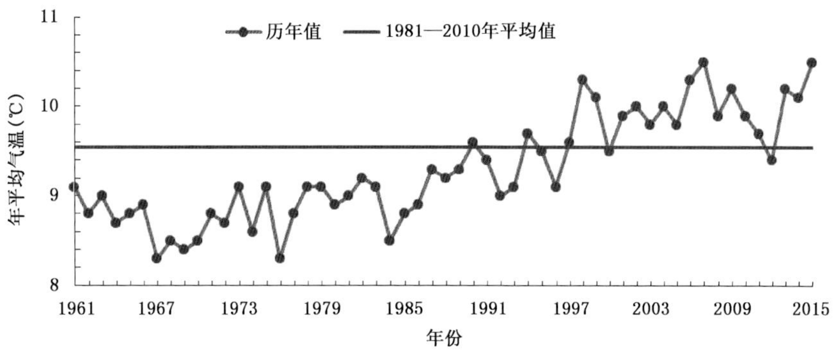

图 1　1961—2015 年全国年平均气温历年变化图

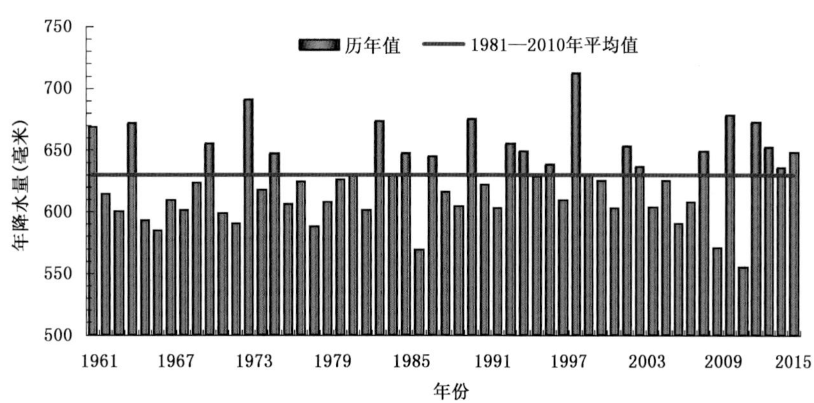

图 2　1961—2015 年全国平均年降水量历年变化图

2015 年，我国汛期南方暴雨过程多，部分地区秋雨频繁，但没有发生大范围流域性暴雨洪涝灾害，总体为暴雨洪涝灾害偏轻年份；气象干旱阶段性明显，华北西部及辽宁夏秋干旱对冬小麦生产造成不利影响；台风生成多，登陆少，但登陆强度大；强对流天气频繁，局地灾情重；中东部地区多持续雾霾天气，对健康和交通不利；华南南部及新疆夏季高温天气频繁，长江中下游出现凉夏；部分地区出现阶段性低温冷冻害，但影响总体偏轻。

据统计，2015 年全国因气象灾害及其次生、衍生灾害导致受灾人口约 1.9 亿人次，死亡(含失踪)1352 人，其中死亡 1217 人；农作物受灾面积 2176.9 万公顷，绝收面积 223.3 万公顷；直接经济损失 2502.9 亿元(图 3)。总体来看,2015 年气象灾害直接经济损失比 1990—2014 年平均值略偏多,死亡(含失踪)人数和农作物受灾面积均明显少于 1990—2014 年平均值。综合来看,2015 年气象灾害为偏轻年份。

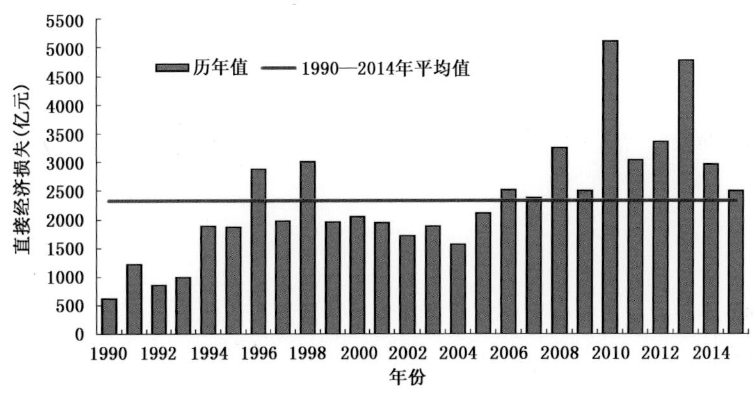

图 3　1990—2015 年全国气象灾害直接经济损失直方图

图 4 给出 2015 年全国主要气象灾害各项损失占总损失的比例。直接经济损失中,暴雨洪涝灾害所占比例(36.8%)最高,其次为热带气旋,然后为干旱。受灾人口和倒塌房屋方面,暴雨洪涝灾害所占比例均为最高,分别为 36.6%、79.7%;死亡人口方面,局地强对流所占比例最高达 51.0%;农作物受灾面积和绝收面积方面,干旱所占比例均最高,分别为 48.7%和 46.9%,其次为暴雨洪涝灾害。

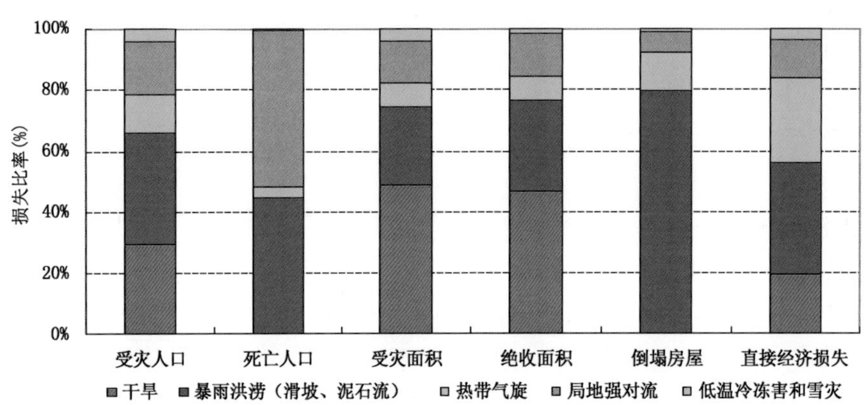

图 4　2015 年全国主要气象灾害各项损失指标比例图

与 2014 年相比,2015 年全国气象灾害造成的受灾人口、农作物受灾面积和绝收面积、倒塌房屋、直接经济损失均偏少,但死亡人口偏多。分灾种比较,除局地强对流外,暴雨洪涝(含滑坡、泥石流)、干旱、热带气旋、低温冷冻害和雪灾直接经济损失均较 2014 年偏轻(图 5 左);局地强对流造成的死亡人数比 2014 年偏多,暴雨洪涝、热带气旋、低温冷冻害和雪灾造成的死亡人数均较 2014 年偏少(图 5 右)。

2015 年主要气象灾害概述:

干旱　2015 年,中国干旱受灾面积 1061.0 万公顷,较 1990—2014 年平均值明显偏小,为 1990 年以来第二少(图 6)。2015 年属干旱灾害偏轻年份,但区域性和阶段性干旱明显,华北及内蒙古中部、华南等地发生春旱,云南中西部出现严重春夏连旱,华北西部、西北东部及辽宁等地遭受夏秋旱。

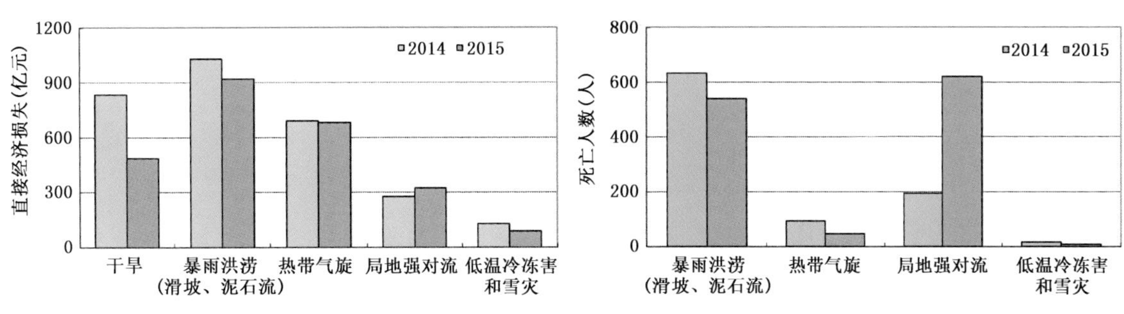

图 5　2015 年全国主要气象灾害直接经济损失(左)和死亡人数(右)与 2014 年比较

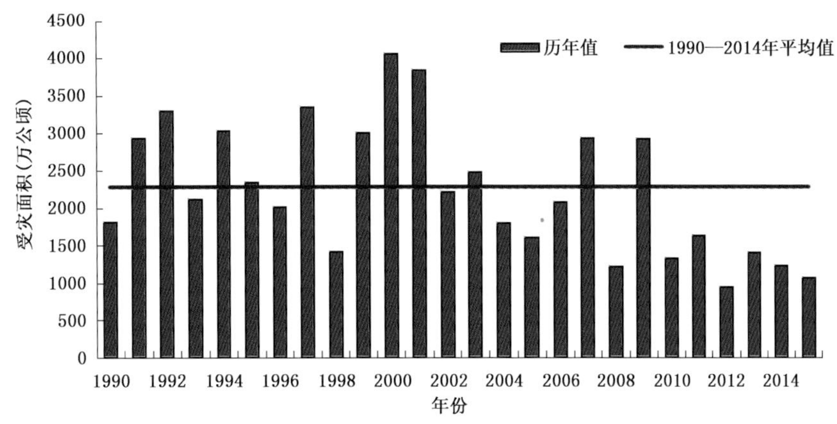

图 6　1990—2015 年全国干旱受灾面积直方图

暴雨洪涝(及其引发的滑坡和泥石流)　2015 年,我国未发生大范围的流域性暴雨洪涝灾害,但暴雨过程多。汛期(5—9 月)全国共出现 35 次暴雨过程,较 2014 年同期(29 次)偏多 6 次。春季,华南前汛期暴雨洪涝灾害重;夏季,南方暴雨过程多,部分城市内涝严重;华西秋雨频繁,四川、云南多地受灾;11 月,江南、华南出现强降雨,秋汛明显。2015 年,全国暴雨洪涝受灾面积 562 万公顷,死亡 540 人,直接经济损失 920.6 亿元,与 1990—2014 年平均值相比,受灾面积、死亡失踪人口、直接经济损失均偏少,其中暴雨洪涝受灾面积为 1990 年以来第二少(图 7)。总体来看,2015 年属暴雨洪涝灾害偏轻年份。

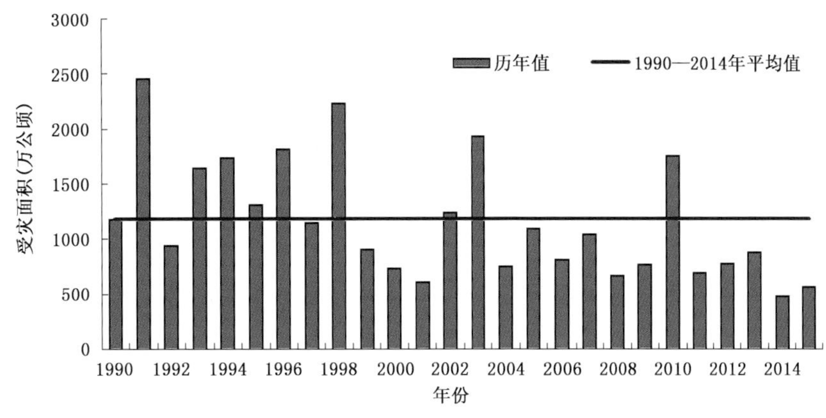

图 7　1990—2015 年全国暴雨洪涝受灾面积直方图

热带气旋(台风) 2015年,在西北太平洋和南海共有27个台风(中心附近最大风力≥8级)生成,较常年(25.5个)偏多1.5个。其中5个登陆中国,登陆个数较常年(7.2个)偏少2.2个。初台、末台登陆时间均较常年略偏早。7月初,有3个台风同时活跃在西北太平洋上,形成"三台共舞"。与历史上的"三台共舞"台风相比,出现时间偏早。全年台风登陆我国时(含多次登陆)最大风速平均为38.4米/秒,为1973年以来与1991年并列第二强。在我国登陆的5个台风的登陆地点均在华南沿海,登陆位置总体偏南。2015年,影响中国的台风共造成57人死亡(含失踪),直接经济损失684.2亿元;与1990—2014年平均值相比,2015年台风造成的直接经济损失偏多,死亡人数明显偏少(图8)。

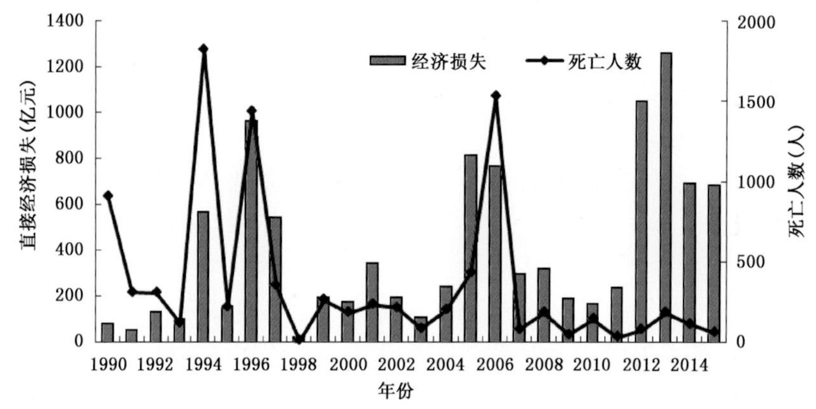

图8　1990—2015年全国热带气旋直接经济损失和死亡人数直方图

局地强对流(大风、冰雹、龙卷及雷电等) 2015年,风雹灾害共造成我国农作物受灾面积291.8万公顷,621人死亡,直接经济损失322.7亿元。与近10年相比,2015年风雹天气造成的农作物受灾面积偏少,但死亡人数偏多,直接经济损失偏重。

低温冷冻害及雪灾 2015年,全国因低温冷冻灾害和雪灾共造成农作物受灾面积90.0万公顷,直接经济损失89.0亿元,为低温冷冻灾害及雪灾偏轻年份。年初中东部地区出现大范围雨雪降温天气,2月东北地区降雪量异常偏多;春季,南方遭遇倒春寒,北方部分地区遭受霜冻灾害;秋季,黑龙江、内蒙古遭受低温冻害,11月中东部部分省遭受雪灾;冬季,北方部分地区出现强降雪天气。

沙尘暴 2015年,我国共出现了14次沙尘天气过程。沙尘天气过程首发时间接近2000—2014年平均。春季,我国出现11次沙尘天气过程,较常年同期(17次)明显偏少,接近2000—2014年同期平均值(11.6次);沙尘暴和强沙尘暴过程共有2次,与2003年、2013年并列为2000年以来同期最少;北方地区平均沙尘日数2.6天,较常年同期(5.1天)偏少2.5天,为1961年以来历史同期第五少。4月27—29日的沙尘暴天气过程是2015年影响我国范围最广、造成损失最重的一次。全年沙尘天气影响总体偏轻。

第1章　重大气象灾害和气候事件

1.1　11月下旬北方遭遇寒潮大雪天气

11月21—27日，北方地区出现大范围降温天气，中东部大部地区降温超过10℃，局地超过14℃。最低气温零度线南压至长江中下游地区，华北大部最低气温为－16～－8℃，其中河北北部和山西北部达－24～－16℃；山东中西部最低气温降至－14～－9℃。河北保定(－15.6℃)、山东济南(－10.1℃)等113站的最低气温跌破1961年以来11月最低气温记录。同时，华北、黄淮、江淮等地先后出现降雨(雪)、暴雪天气，降水量一般有15～30毫米，山东中南部、河南北部和江苏中北部等地有30～60毫米，山东南部局地达71毫米。山东济宁、菏泽等地最大积雪深度达25～32厘米，菏泽雪深突破了当地30年来的历史纪录。大雪造成公交停运，中小学停课，设施农业、交通出行受到严重影响。

1.2　11月下旬出现年度最严重雾霾天气过程

11月，东北、华北、黄淮地区经历3次大范围雾霾天气，并且出现了年度最严重雾霾天气过程。11月6—8日，东北地区出现霾天气，部分地区$PM_{2.5}$浓度超过250微克/立方米。11月9—15日，东北中南部、华北大部、黄淮、江淮中东部等地出现持续性雾霾天气，上述部分地区$PM_{2.5}$浓度超过250微克/立方米，北京$PM_{2.5}$峰值浓度达到344微克/立方米。11月27日至12月1日，华北大部、黄淮、江淮东部等地出现中到重度霾，并伴有大范围能见度不足1000米的雾，部分地区出现能见度不足200米的强浓雾，能见度3千米以下且$PM_{2.5}$浓度超过150微克/立方米的雾霾覆盖面积达到41.7万平方千米；此次过程强度强、影响范围广、过程发展快、强浓雾与严重霾混合、能见度持续偏低、影响严重，为2015年最严重的一次雾霾天气过程。

1.3　4月中旬沙尘暴袭击北京，京城遭遇重度污染

2015年春季，北方地区共出现11次沙尘天气过程。4月15日，沙尘暴伴随9级大风袭击北京，京城黄沙弥漫，能见度迅速下降，多个监测站点PM_{10}小时浓度超过1000微克/立方米，达到重度污染。4月27—29日，南疆盆地大部、北疆中东部、甘肃西部、青海西北部、内蒙古中部、东北地区西南部等地出现了扬沙和沙尘暴天气，其中南疆盆地西南部出现强沙尘暴天气。此次沙尘暴天气过程是2015年影响我国范围最广、损失最重的一次。

1.4 主汛期南方暴雨过程多，部分城市内涝严重

6—8月，南方地区共出现18次区域性暴雨过程(6月8次、7月6次、8月4次)，暴雨过程间隔时间短、雨量大。江淮、江南东北部以及广西、贵州南部、广东东南部等地暴雨日数普遍有3～5天，局地6天以上。江淮、江南、西南部分地区出现极端性强降水，其中福建福州(244.4毫米)、贵州长顺(247.8毫米)和江苏常州(243.6毫米)等28站日降水量达到或突破历史极值。频繁的强降水造成南方地区部分江河水位上涨，农田渍涝、城市内涝严重。上海、深圳、武汉等多个大中城市发生严重积水，给市民日常生活、交通等造成较大影响。

1.5 夏季新疆高温日数突破历史极值

2015年夏季，新疆高温日数21天，为1961年以来历史同期最多；新疆大部极端最高气温一般为38～40℃，新疆西北部和东南部部分地区极端最高气温达40～42℃，局部地区超过42℃，吐鲁番东坎儿7月24日最高气温达47.7℃。7月12日至8月10日，新疆大部高温日数普遍有10～15天，其中南疆大部及北疆的部分地区达15～20天，新疆东南部部分地区超过20天，38℃以上高温覆盖面积达75.3万平方千米。持续高温对春玉米授粉灌浆、春小麦灌浆乳熟不利，产量形成受到一定影响；部分林果出现高温热害现象，对林果品质与产量提高也造成了一定影响。

1.6 超强台风“彩虹”重创广东

2015年，有5个台风(含热带风暴)登陆我国，其中有4个首次登陆时强度达台风以上级别。第22号台风“彩虹”于10月4日以超强台风级别在广东湛江沿海登陆，登陆时中心附近最大风力16级(52米/秒)，中心最低气压935百帕。“彩虹”是有气象记录以来10月登陆广东的最强台风，也是10月进入广西内陆的最强台风。狂风暴雨导致湛江市区一片狼藉，全城交通近乎瘫痪。受“彩虹”影响，广东多地还出现龙卷风。“彩虹”造成广东、广西、海南3省(区)24人死亡或失踪，788.5万人受灾，直接经济损失300.1亿元，是2015年经济损失最重的台风。

1.7 11月中旬江南、华南出现强降雨，秋汛明显

11月10—20日，江南、华南出现两次强降水天气过程，江南大部及广西等地降水量普遍有100～200毫米，比常年同期偏多2倍以上，湖南南部、江西南部、广西大部偏多4～8倍。广西、江西、湖南、浙江的降水量均为1961年以来历史同期最多；广西灵川、富川和湖南桂东等63站日降水量突破11月历史极值。受强降雨影响，江西贡水、修水，湖南湘江、潇水以及广西桂江、恭城河、蒙江、贺江、洛清江等河流先后出现超警戒水位，湘江中上游出现历史同期少有汛情。强降水导致湖南、广西、云南部分地区遭受洪涝灾害。

1.8 “苏迪罗”肆虐东南沿海，两次登陆造成较大人员伤亡

第13号台风“苏迪罗”于8月8日先后在台湾和福建沿海登陆，登陆强度分别为强台风和强热带风暴。“苏迪罗”深入内陆影响范围广，带来的风雨强度大，造成严重灾害。据统计，浙江、福建、

安徽、江西、江苏5省有33人死亡或失踪，824万人受灾，直接经济损失242.5亿元。“苏迪罗”是2015年造成人员伤亡最多的台风。

1.9 华北西部、西北东部及辽宁等地遭受夏秋旱

2015年7月上旬至9月下旬，华北西部、西北地区东部及内蒙古中部、辽宁中西部等地降水量普遍不足200毫米，较常年同期偏少2～5成，其中辽宁中部部分地区偏少5～8成。降水偏少导致华北西部、西北东部及内蒙古中部、辽宁中西部等地出现中到重度气象干旱，局地特旱。干旱造成部分河流湖泊及水库蓄水不足，给人民生活、农业和畜牧业生产造成不利影响。气象卫星监测显示，2015年8月密云水库水体面积约为69平方公里，较2001年以来同期平均值偏小约11%，比2014年同期偏小约10%。

1.10 强对流天气发生频繁

2015年，全国有2000余个县(市)次出现冰雹或龙卷风天气，降雹次数较常年偏多。4月27—29日，江苏、安徽两省有16市35个县(市、区)遭受冰雹、雷暴大风、短时强降水等强对流天气袭击，局部出现龙卷风。江苏省局地最大冰雹直径50毫米，最大风力达12级，最大1小时降水量达96毫米，强度之强为历史同期罕见。5月6—8日，陕西、河南两省有15市49个县(市、区)遭受风雹灾害。河南洛阳市区冰雹直径达20～30毫米，降雹持续时间约20分钟。6月1日晚，“东方之星”号客轮航行至湖北省监利县长江大马洲水道时，遭遇罕见强对流天气(飑线伴有下击暴流带来的强风暴雨)瞬间翻沉，造成442人死亡。10月4日，广东省汕尾市海丰县、佛山市顺德区、广州市番禺区等地先后遭受龙卷风袭击，造成海珠、番禺大面积停水停电，并造成较大经济损失。

第2章 气象灾害分述

2.1 干旱

2.1.1 基本概况

2015 年,全国平均年降水量 648.8 毫米,较常年(629.9 毫米)偏多 3.0%,较 2014 年(636.2 毫米)偏多 2.0%。降水阶段性变化大,与常年同期相比,2 月、3 月、4 月和 7 月降水偏少,其中 7 月偏少 26.5%,3 月偏少 26.1%;1 月、5 月、6 月、9 月、10 月、11 月和 12 月降水偏多,其中 11 月和 12 月分别偏多 1.1 倍和 1.3 倍;8 月接近常年同期。

2015 年,全国有 12 个省(区、市)降水量比常年偏少(图 2.1.1),其中海南、西藏、辽宁偏少 15% 以上,18 个省(区、市)降水量比常年偏多,其中上海、江苏、广西分别偏多 43%、29%、26%,上海、江苏、广西和浙江均为 1961 年以来第二多;河北降水量接近常年。

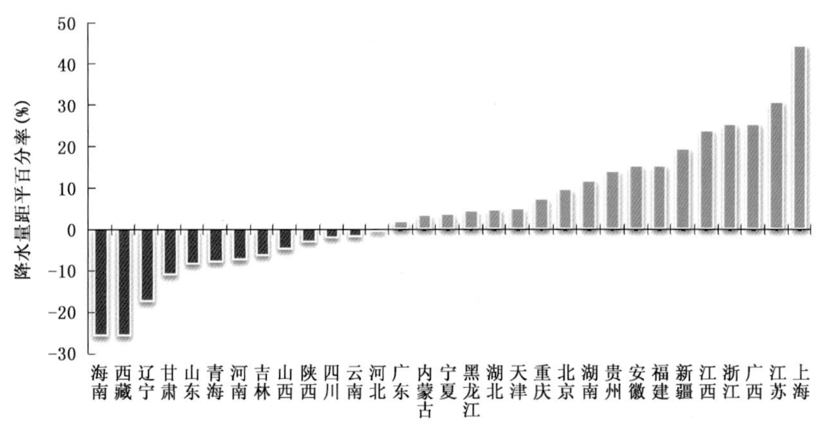

图 2.1.1 2015 年各省(区、市)平均年降水量距平百分率(单位:%)

Fig. 2.1.1 Percentage of annual precipitation anomalies in different provinces of China in 2015 (unit: %)

2015 年我国干旱受灾面积较常年偏小,但出现了区域性和阶段性干旱。年内干旱主要出现在东北中部和南部、西北东部、华北中部和南部、黄淮东部及内蒙古中部、云南、四川中西部、西藏中部。2015 年我国农作物因旱受灾面积较 1990—2010 年平均值明显偏小,属干旱灾害偏轻年份。

2015 年全国农作物受旱面积 1061.0 万公顷,绝收面积 104.6 万公顷;受旱面积较常年偏小 1381.5 万公顷(图 2.1.2)。内蒙古、辽宁和山西 3 省(区)因旱绝收面积占全国因旱绝收面积的 58.6%。2015 年全国因旱造成 5436.5 万人次受灾,其中饮水困难人口 454.2 万人次;直接经济损失 486.4 亿元。

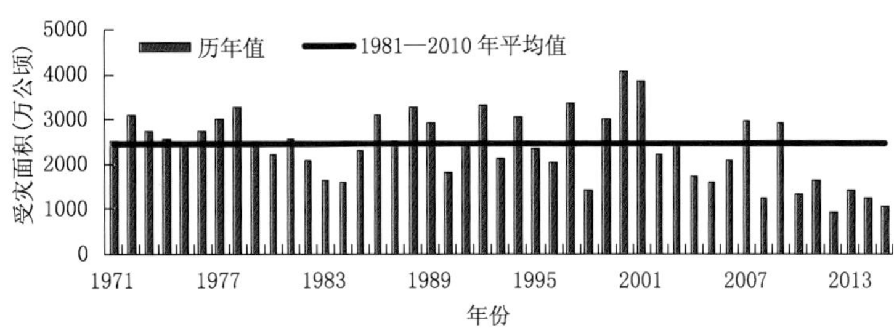

图 2.1.2　1971—2015 年全国干旱受灾面积变化图(单位:万公顷)

Fig. 2.1.2　Drought areas in China during 1971—2015(unit: 10^2 km^2)

受旱面积较大或旱情较重的省(区、市)有辽宁、山西、陕西、山东、云南、甘肃等。2015 年不同季节主要旱区分布如图 2.1.3 所示,冬季气象干旱主要出现在河北、山西、四川;春季气象干旱主要出现在广西、贵州、湖南、四川、云南等省(区);夏季,吉林、辽宁、内蒙古、河北、山西、陕西、山东、云南和西藏等地发生不同程度的气象干旱;秋季,辽宁、山东、河南、山西、陕西、甘肃、青海、西藏等省(区)出现气象干旱。年干旱日数达 90 天以上的地区有辽宁西部、山东东部、河北西南部、山西西南部、陕西中东部、青海东北部、云南西部、西藏中部(图 2.1.4)。不同时期的干旱程度及其影响如表 2.1.1 所示。

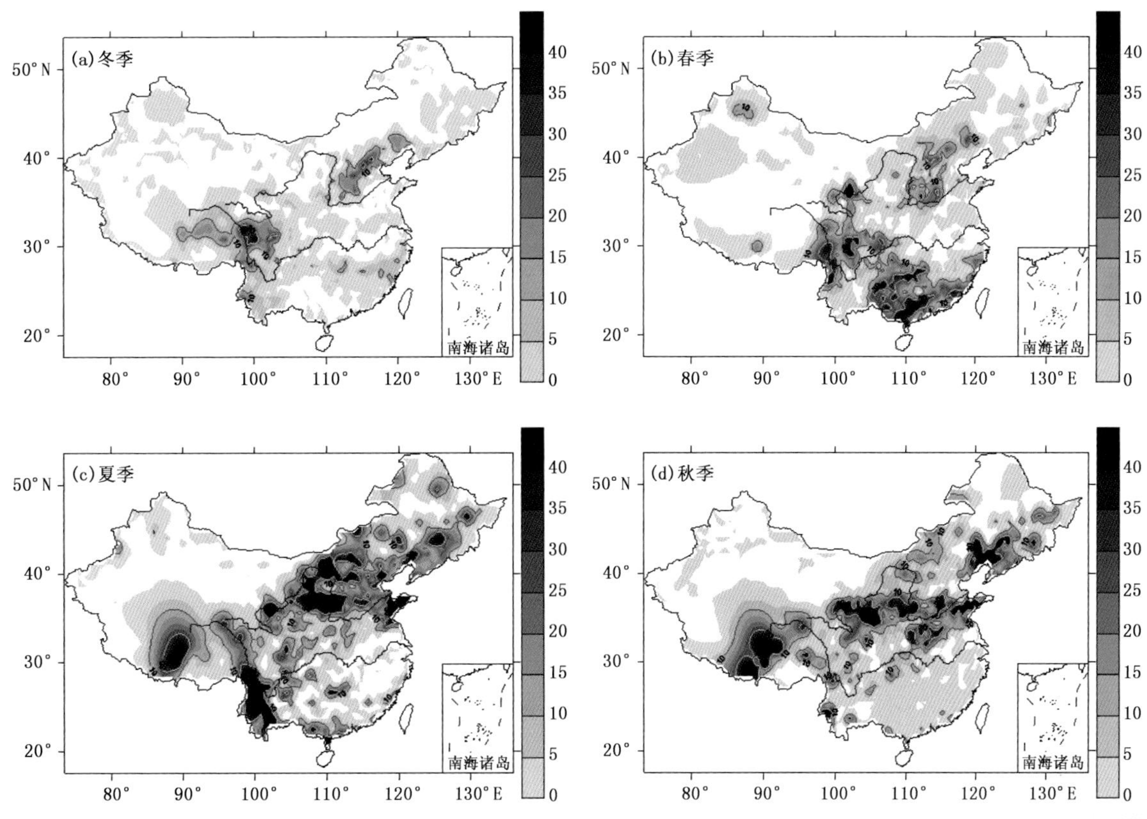

图 2.1.3　2015 年不同季节主要干旱区示意图

Fig. 2.1.3　Sketch of major droughts over China in 2015

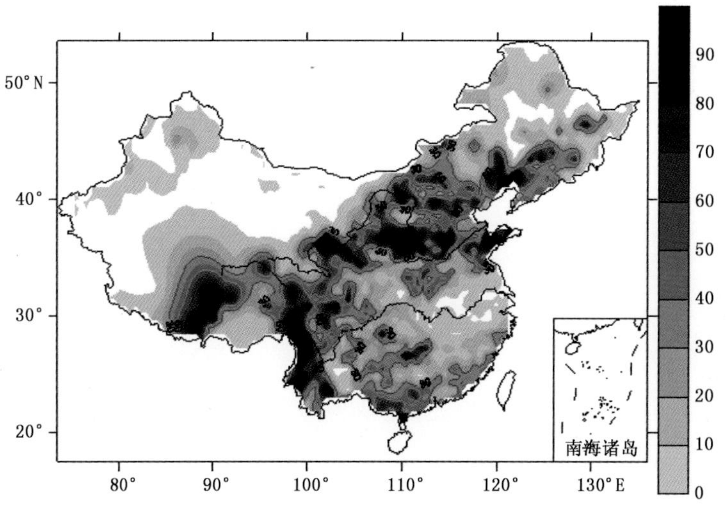

图 2.1.4　2015 年全国中旱以上干旱日数分布图(天)

Fig. 2.1.4　Distribution of median drought and more severe drought days over China in 2015 (unit:d)

表 2.1.1　2015 年我国主要干旱事件简表

Table 2.1.1　List of major drought events over China in 2015

时间	地区	程度	旱情概况
2014 年 11 月至 2015 年 3 月	华北及内蒙古中部	华北大部及内蒙古中部和西部地区降水量较常年同期普遍偏少 2～5 成,其中华北北部和西部及内蒙古中部偏少 5 成以上;气温比常年同期偏高 1～2℃。	干旱对华北地区冬小麦生长发育造成不利影响,不利库塘蓄水。
3 月至 4 月下旬	华南、贵州	华南大部、贵州东南部降水偏少,气温偏高。其中,广东、广西、贵州三省(区)平均降水量为 85.6 毫米,较常年同期(186.7 毫米)偏少 54.2%,为 1951 年以来历史同期第二少。广西、贵州降水量分别为同期最少和第 4 少。	广西南部和西部部分蓄水较差地区早稻移栽进度受到一定影响。
5—7 月	云南中西部	云南中西部降水量较常年同期偏少 2～5 成,云南省平均降水量 362.8 毫米,较常年同期偏少 28.5%,为 1951 年以来历史同期最少。	干旱造成云南玉米、荞麦、烤烟、药材、水果等不同程度受灾,部分地区水源干枯,人畜饮水出现困难。
7 月上旬至 9 月下旬	华北西部、西北东部及辽宁	华北西部、西北东部及内蒙古中部、辽宁中西部等地降水量普遍不足 200 毫米,较常年同期偏少 2～5 成,其中辽宁中部部分地区偏少 5～8 成。	干旱造成河流湖泊及水库蓄水不足,给人民生活、农业和畜牧业造成不利影响。由于土壤墒情持续偏差,旱区玉米、马铃薯、大豆等秋收作物生长发育和产量受到一定影响。气象卫星监测显示,2015 年 8 月密云水库水体面积约为 69 平方千米,较 2001 年以来同期平均值偏小约 11%,比上年同期偏小约 10%。

2.1.2 主要旱灾事例

1. 华北、内蒙古中部、华南发生春旱

2014 年 11 月至 2015 年 3 月，华北大部及内蒙古中部和西部地区降水量较常年同期普遍偏少 2～5 成，其中华北北部和西部及内蒙古中部偏少 5 成以上；气温比常年同期偏高 1～2℃。雨少温高导致上述地区气象干旱迅速发展(图 2.1.5)，对华北地区冬小麦生长发育造成不利影响。

河北、山西、甘肃、陕西等省 234.1 万人受灾，部分冬小麦受旱，农作物受灾面积 19.6 万公顷，其中绝收 0.7 万公顷，直接经济损失 3.3 亿元。山东淄博、潍坊、临沂等 3 市 10 个县(区)57.3 万人受灾，因旱需生活救助人口 16 万人，其中因旱饮水困难需救助人口 14.7 万人，农作物受灾面积 3.4 万公顷，饮水困难大牲畜 1.1 万头(只)，直接经济损失 1 亿元。

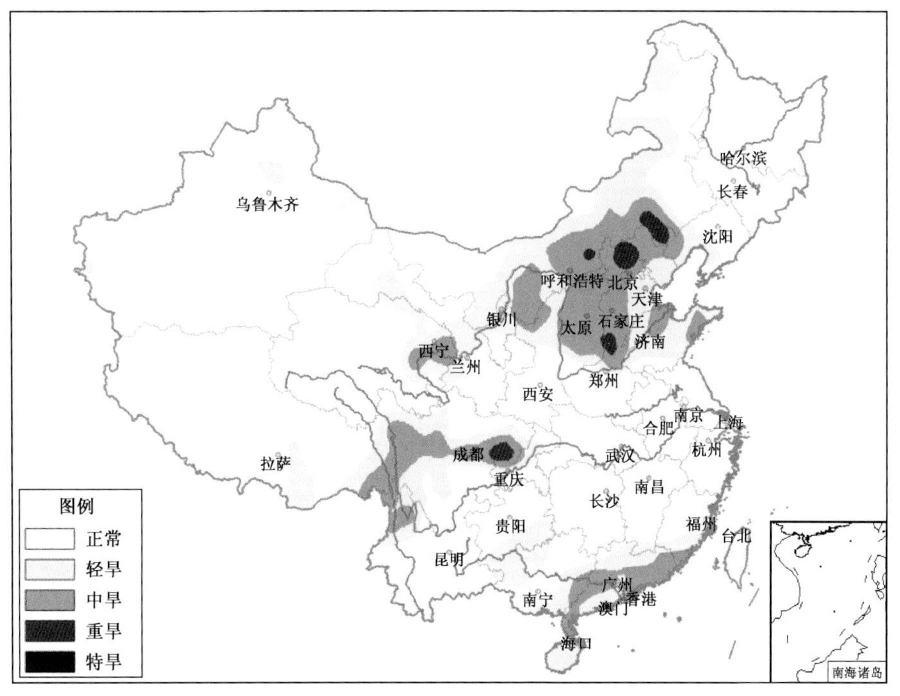

图 2.1.5　2015 年 3 月 31 日全国气象干旱监测图

Fig. 2.1.5　Drought monitoring in China on March 31, 2015

2015 年 3 月至 4 月下旬，华南大部、贵州东南部降水偏少，气温偏高。其中，广东、广西、贵州三省(区)平均降水量为 85.6 毫米，较常年同期(186.7 毫米)偏少 54.2%，为 1951 年以来历史同期第二少(最少的 1956 年为 85.4 毫米)。广西、贵州降水量分别为 1951 年以来历史同期最少和第四少。由于降水持续偏少，气温偏高，华南及贵州等地 3 月底开始气象干旱快速发展(图 2.1.6)。干旱不利库塘蓄水，广西南部和西部部分蓄水较差地区早稻移栽进度受到一定影响。

广西百色、河池 2 市 8 个县(区)42.1 万人受灾，7.2 万人因旱需生活救助，其中 4.8 万人因旱饮水困难需救助；3000 余头(只)大牲畜饮水困难；农作物受灾面积 2.5 万公顷，其中绝收 0.2 万公顷；直接经济损失 4800 余万元。贵州黔西南、黔东南、黔南 3 自治州 6 个县 34.7 万人受灾，10.4 万人因旱需生活救助，4.9 万人因旱饮水困难需救助；2.5 万头(只)大牲畜饮水困难；直接经济损失近 5700 万元。广东湛江市雷州市 22.5 万人受灾，农作物受灾面积 4.3 万公顷，直接经济损失近 1.7 亿元。

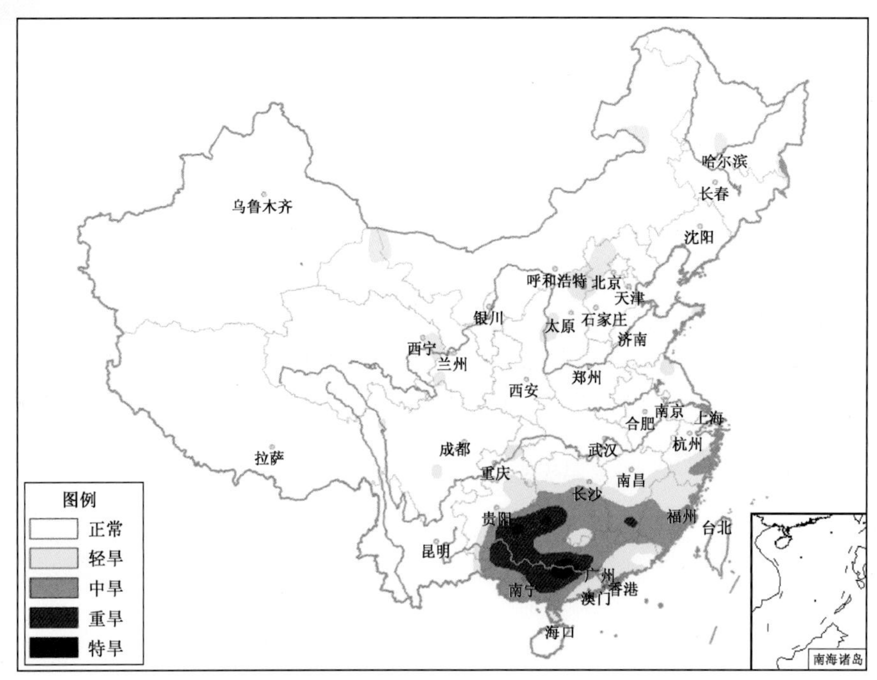

图 2.1.6　2015 年 4 月 27 日全国气象干旱监测图

Fig. 2.1.6　Drought monitoring in China on April 27, 2015

2. 云南中西部出现严重春夏连旱

2015 年 5—7 月，云南省平均降水量 362.8 毫米，较常年同期偏少 28.5%，为 1951 年以来历史同期最少，其中云南中西部降水量较常年同期偏少 2～5 成。长时间持续少雨导致干旱持续并发展，云南西部普遍出现重度以上气象干旱(图 2.1.7)，造成当地玉米、荞麦、烤烟、药材、水果等不同程度受灾，部分地区水源干枯，人畜饮水出现困难。

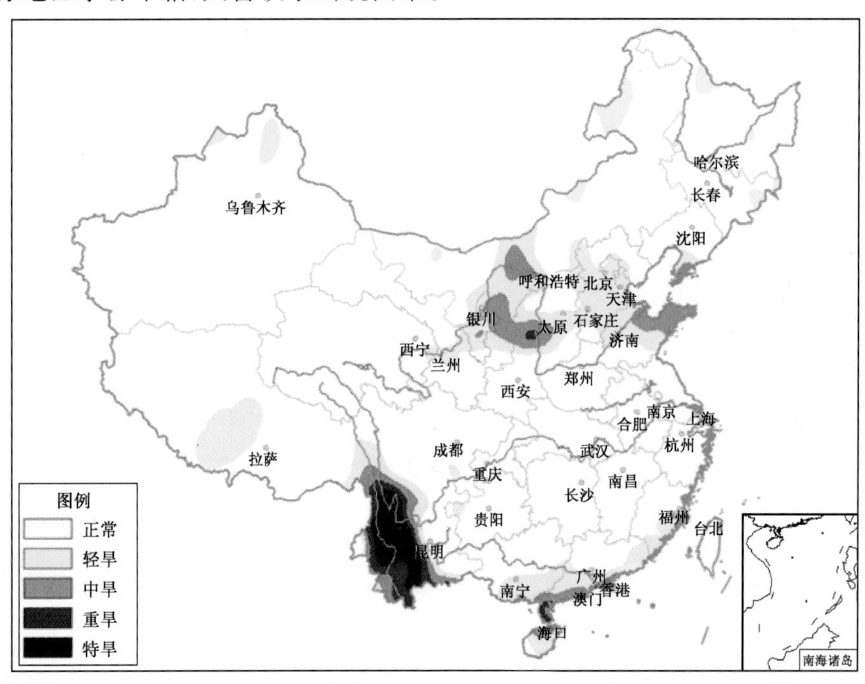

图 2.1.7　2015 年 7 月 4 日全国气象干旱监测图

Fig. 2.1.7　Drought monitoring in China on July 4, 2015

干旱造成昆明、玉溪、楚雄等 7 市（自治州）41 个县（市、区）480.6 万人受灾，155.8 万人因旱需生活救助，其中 119.5 万人饮水困难；农作物受灾面积 49.9 万公顷，其中绝收 8.7 万公顷；饮水困难大牲畜 97.1 万头（只）；直接经济损失 22.6 亿元。

3. 华北西部、西北东部及辽宁等地遭受夏秋旱

2015 年 7 月上旬至 9 月下旬，华北西部、西北东部及内蒙古中部、辽宁中西部等地降水量普遍不足 200 毫米，较常年同期偏少 2～5 成，其中辽宁中部部分地区偏少 5～8 成。降水偏少导致华北西部、西北东部及内蒙古中部、辽宁中西部等地出现中到重度气象干旱，局地特旱（图 2.1.8）。

干旱造成河流湖泊及水库蓄水不足，给人民生活、农业和畜牧业生产造成不利影响。由于土壤墒情持续偏差，旱区玉米、马铃薯、大豆等秋收作物生长发育和产量受到一定影响。气象卫星监测显示，2015 年 8 月密云水库水体面积约为 69 平方千米，较 2001 年以来同期平均值偏小约 11%，比 2014 年同期偏小约 10%。

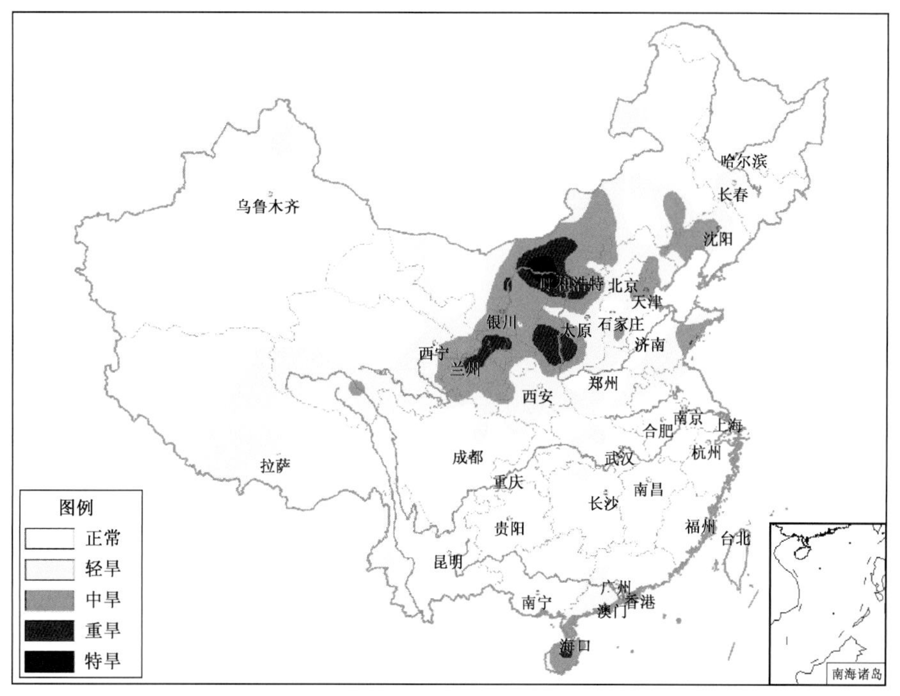

图 2.1.8　2015 年 8 月 31 日全国气象干旱综合监测图
Fig. 2.1.8　Drought monitoring in China on August 31, 2015

干旱造成内蒙古自治区的呼和浩特、包头、赤峰等 11 市（盟）64 个县（区、市、旗）361.8 万人受灾，因旱需生活救助 102 万人，56.3 万人饮水困难；农作物受灾面积 196.9 万公顷，其中绝收 32.3 万公顷；饮水困难大牲畜 211.3 万头（只）；直接经济损失 65.1 亿元。

甘肃省白银、庆阳、定西、临夏 4 市（自治州）19 个县（区）遭受干旱灾害，258.4 万人受灾，因旱需生活救助 14.5 万人，饮水困难 8.5 万人；农作物受灾面积 52.8 万公顷，其中绝收 2.5 万公顷；饮水困难大牲畜 8.7 万头（只）；直接经济损失 15.1 亿元。

山西省大同、长治、朔州等 8 市 49 个县（市、区）413.6 万人受灾，25.8 万人因旱需生活救助，其中 11.8 万人因旱饮水困难需救助；农作物受灾面积 92.7 万公顷，其中绝收 14.1 万公顷；饮水困难大牲畜 5.1 万头（只）；直接经济损失 50.5 亿元。

河北省石家庄、唐山、秦皇岛等 11 市 59 个县（市、区）816.4 万人受灾，因旱需生活救助 36.9 万人（其中 17.7 万人饮水困难）；农作物受灾面积 87.5 万公顷，其中绝收 15.0 万公顷；饮水困难大牲畜 9.2 万头(只);直接经济损失 46 亿元。

山东省烟台、潍坊、泰安等 7 市 32 个县(市、区)492.6 万人受灾,53.4 万人因旱需生活救助,其中 48.8 万人因旱饮水困难需救助;农作物受灾面积 50.3 万公顷,其中绝收 5.6 万公顷;饮水困难大牲畜 8.5 万头(只);直接经济损失 22.3 亿元。

吉林省吉林、四平、辽源等 7 市(自治州)24 个县(市、区)240.2 万人受灾,因旱需生活救助 25.3 万人;农作物受灾面积 80.3 万公顷,其中绝收 7.3 万公顷;直接经济损失 38 亿元。

宁夏自治区银川、吴忠、固原、中卫 4 市 11 个县(市、区)98.9 万人受灾,因旱需生活救助 60.4 万人,34.3 万人饮水困难;农作物受灾面积 17.1 万公顷,其中绝收 4.1 万公顷;饮水困难大牲畜 75.1 万头(只);直接经济损失 4.7 亿元。

黑龙江省哈尔滨、齐齐哈尔、大庆等 5 市(地区)15 个县(市、区)55.7 万人受灾,3200 余人因旱需生活救助;农作物受灾面积 39.9 万公顷,其中绝收 2.2 万公顷;直接经济损失 5.2 亿元。

陕西省渭南、延安 2 市 7 个县(市)38.7 万人受灾;农作物受灾面积 12.4 万公顷,其中绝收 1.1 万公顷;直接经济损失 5 亿元。

辽宁省沈阳、大连、鞍山等 13 市 67 个县(市、区)671 万人受灾,因旱需生活救助 35.3 万人,饮水困难 28.4 万人;农作物受灾面积 139.1 万公顷,其中绝收 23.5 万公顷;直接经济损失 58.1 亿元。

2.2 暴雨洪涝

2.2.1 基本概况

2015 年,全国平均年降水量较常年偏多,冬、夏季降水偏少,春季接近常年同期,秋季偏多明显。汛期(5—9 月),全国共出现 35 次暴雨天气过程,较 2014 年同期(29 次)偏多 6 次。春季,华南前汛期暴雨洪涝灾害重;夏季,南方暴雨过程多,部分城市内涝严重;华西秋雨频繁,四川、云南多地受灾;11 月,江南、华南出现强降雨,秋汛明显。据统计,2015 年全国因暴雨洪涝及其引发的滑坡、泥石流灾害共造成 6777.5 万人次受灾,死亡 540 人;农作物受灾面积 562 万公顷,其中绝收 65.9 万公顷;倒塌房屋 14.5 万间,损坏房屋 100 万间;直接经济损失 920.6 亿元。

总体上看,2015 年全国暴雨洪涝造成的受灾面积、死亡或失踪人数、直接经济损失较 1991—2014 年平均值均偏少。与 2014 年相比,死亡失踪人数和直接经济损失均偏少,农作物受灾面积偏大。年内未发生大范围的流域性暴雨洪涝灾害,暴雨洪涝造成的损失较常年偏轻。2015 年受灾较重的有湖南、四川、福建、安徽、湖北、云南、江西、贵州等省(图 2.2.1)。

2.2.2 主要暴雨洪涝灾害事例

1. 华南前汛期暴雨洪涝灾害重

华南前汛期于 5 月 5 日开始,入汛比常年偏晚 29 天,但雨势猛,多个城市频遭暴雨侵袭,内涝严重。5 月 5—31 日,华南地区平均降水量达 305.3 毫米,较常年同期(200.6 毫米)偏多 52.2%,是近 40 年来历史同期最多,同时也是有历史记录以来同期第四高值(图 2.2.2)。受强降雨影响,广西桂江、广东北江、湖南湘江、福建闽江上游以及江西赣江上中游、昌江、修水等 76 条河流发生超警洪水,其中 4 条河流发生超保洪水,江西赣江上游支流梅川江发生超历史特大洪水,福建闽江上游九龙溪发生 50 年一遇特大洪水,广西桂江发生 2008 年以来最大洪水。安徽、福建、广东、广西、贵州、湖北、湖南、江西、云南、浙江和重庆多地发生暴雨洪涝或滑坡等地质灾害。据统计,5 月暴雨洪涝共造成南方 12 省(市)1432.3 万人受灾,69 人死亡,25 人失踪,直接经济损失达 135.8 亿元。部分受灾较重的省份有:

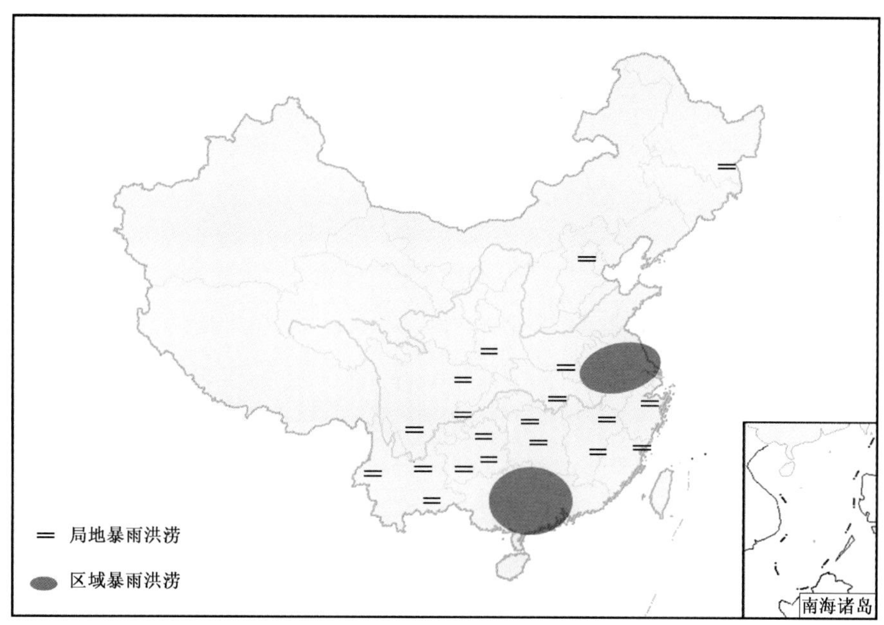

图 2.2.1　2015 年全国主要暴雨洪涝示意图

Fig. 2.2.1　Sketch map of major rainstorm induced floods over China in 2015

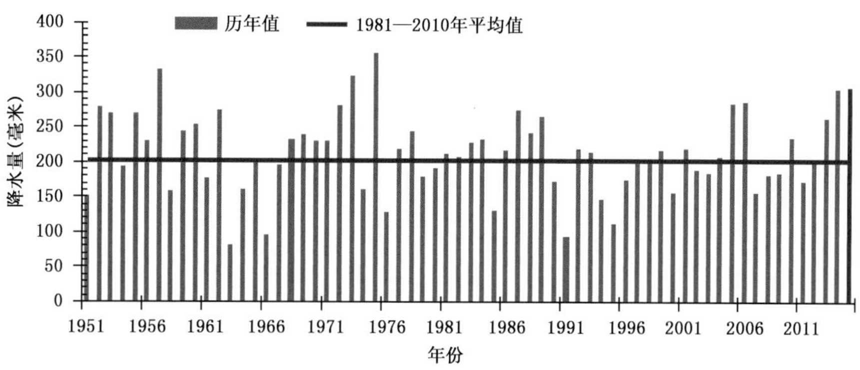

图 2.2.2　5 月 5—31 日华南地区降水量历年变化图(1951—2015 年)(毫米)

Fig. 2.2.2　Regional average precipitation from 5th May to 31th May over South China during 1951—2015 (unit:mm)

福建:5 月 18—22 日,福建西部出现大到暴雨,清流日降水量(367.9 毫米)突破历史极值,福建闽江上游九龙溪发生 50 年一遇特大洪水。三明、泉州、南平等 4 市 15 个县(市、区)29.9 万人受灾,9 人死亡,2 人失踪,4.3 万人紧急转移安置;2800 余间房屋倒塌,4.7 万间不同程度损坏;农作物受灾面积 3.4 万公顷,其中绝收 1.1 万公顷;直接经济损失 30.6 亿元。

江西:5 月 18—22 日,江西中南部连续出现暴雨至大暴雨天气,80 多个测站过程降水量超过 300 毫米,最强降雨出现的 18 日晚上到 19 日白天,兴国、石城、宁都、于都、瑞金等 5 个县(市、区)的 62 个测站出现特大暴雨。江西赣江上游支流梅川江发生超历史特大洪水,暴雨洪涝还造成赣州市 4 条干线公路 7 处路段因塌方等长时间阻断通行。暴雨天气造成南昌、景德镇、赣州等 6 市 29 个县(区)116.6 万人受灾,8 人死亡,3 人失踪,13.8 万人紧急转移安置;8900 余间房屋倒塌或严重损坏,6600 余间一般损坏;农作物受灾面积 3.7 万公顷,其中绝收 7600 公顷;直接经济损失 13.6 亿元。

贵州:5 月 18—22 日,贵州南部出现大到暴雨,主要过程出现在 19—20 日。此次暴雨过程共造成贵阳、六盘水、遵义等 9 市(自治州)34 个县(市、区)26.6 万人受灾,11 人死亡,8 人失踪,其中贵阳市云岩区山体滑坡房屋垮塌导致 9 人死亡、7 人失踪,近 4700 人紧急转移安置;300 余间房屋倒塌,1.1 万间不同程度损坏;农作物受灾面积近 1 万公顷,其中绝收 1100 公顷;直接经济损失 4.8 亿元。

2. 夏季,南方暴雨过程多,部分城市内涝严重

6—8 月,暴雨主要出现在南方地区,其中江淮、江南东北部以及广西、贵州南部、广东东南部等地暴雨日数普遍有 3～5 天,局地 6 天以上(图 2.2.3)。全国共出现 20 次暴雨过程,南方地区共出现 18 次暴雨过程,暴雨过程间隔时间短、雨量大。江淮、江南、西南部分地区出现极端性强降水,其中福建福州(244.4 毫米)、贵州长顺(247.8 毫米)和江苏常州(243.6 毫米)等 28 站日降水量达到或突破历史极值。频繁的降水造成南方地区部分江河水位上涨,农田渍涝、城市内涝严重。上海、深圳、武汉等多个大中城市发生严重积水,给市民日常生活、交通等造成较大影响。

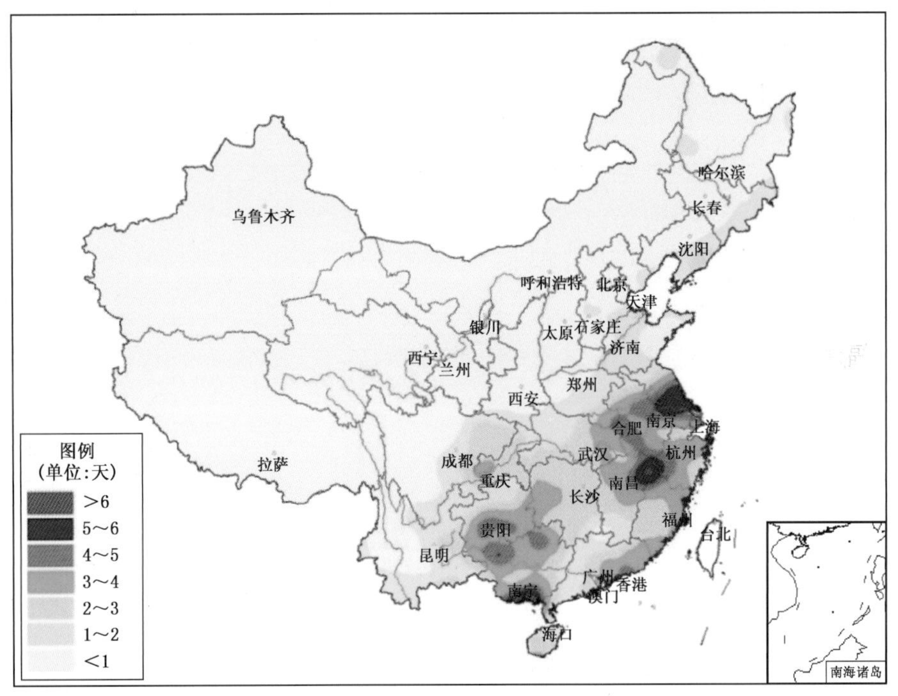

图 2.2.3　2015 年夏季全国暴雨日数分布图(单位:天)

Fig. 2.2.3　Distribution of rainstorm days over China in Summer in 2015 (unit:d)

6 月,南方地区共出现 8 次暴雨天气过程。6 月 16—19 日,长江中下游及重庆、贵州、广西等地出现大范围暴雨过程。6 月 22—30 日,黄淮、江淮及川陕等地出现两次强降雨过程,累计降水量普遍超过 50 毫米,其中河南东部和中部、江苏大部、安徽大部、陕西南部、四川东北部、重庆西北部等地有 100～200 毫米,江苏中部和南部、安徽中北部、四川东北部局部地区超过 200 毫米。期间,共出现 378 个暴雨站日,其中大暴雨以上有 62 站日。27 日,江苏常州、南京等站点日降雨量超过 200 毫米。受强降雨影响,江淮流域部分河流水位上涨,太湖平均水位 28 日涨至 3.86 米,超警戒水位 0.06 米,是 2012 年以来首次超警,长江下游支流滁河襄河口闸水位站(安徽省全椒县)、秦淮河东山水位站(江苏省南京市江宁区)洪峰水位分别超过历史最高水位 0.16 米、0.43 米。持续强降水导致多个省(区、市)发生洪涝,造成道路中断,部分农田被淹,对城市运行、道路交通和人民正常生活等造成较重影响,其中上海、南京、苏州、无锡、常州等城市内涝严重。6 月份南方地区的暴雨洪涝共造成 120 多人死亡失踪,直接经济损失超过 220 亿元。部分受灾较重的省份有:

湖北:6月16—17日,湖北东部出现暴雨、局部出现大暴雨,英山出现极端降水事件。据统计,武汉、宜昌、恩施等9市(自治州)33个县(市、区)66.4万人受灾,10人死亡,3人失踪,8600余人紧急转移安置;1300余间房屋倒塌,2400余间不同程度损坏;农作物受灾面积5.7万公顷,其中绝收5600公顷;直接经济损失6.7亿元。

江苏:6月24—30日,江苏出现持续性区域性降水,江淮之间和淮北地区出现暴雨或大暴雨过程,全省有12个站日雨量超6月历史极值(25日洪泽日雨量130.5毫米,27日沿江11个站日雨量170～270毫米,南京204.1毫米)。据统计,南京、无锡、常州等9市23个县(市、区)61万人受灾,1人死亡,2.8万人紧急转移安置;600余间房屋倒塌,1800余间严重损坏,1.9万间一般损坏;农作物受灾面积11.5万公顷,其中绝收6000公顷,直接经济损失14亿元。

四川:6月26—30日,四川东部出现暴雨,局地大暴雨天气,剑阁27日的日降水量247.3毫米,为该站日降水量历史第2高位。德阳、绵阳、广元等8市(自治州)29个县(市、区)71.8万人受灾,6人死亡,2人失踪,7.4万人紧急转移安置;近3500间房屋倒塌,7700余间严重损坏,1.7万间一般损坏;农作物受灾面积2.0万公顷,其中绝收5700公顷;直接经济损失11.2亿元。

陕西:6月25—30日,陕西中南部出现大到暴雨,局地出现大暴雨,城固(101.8毫米)、佛坪(142.1毫米)分别出现建站以来第二和第三大日降水量。铜川、宝鸡、咸阳等7市27个县(区)45万人受灾,4人死亡,10人失踪,3.4万人紧急转移安置;900余间房屋倒塌,近2500间严重损坏,7100余间一般损坏;农作物受灾面积3.8万公顷,其中绝收4600公顷;直接经济损失9.1亿元。

7月20—27日,四川盆地、贵州和江南、江汉、江淮及福建等地出现强降雨天气过程,造成部分公路低洼地段被淹、乡村道路交通中断、城区出现内涝、乡镇政府被淹,多条河流发生超警戒水位洪水。灾害造成福建、安徽、江西、河南、湖北、湖南、重庆、四川、贵州和云南等省(市)30多人死亡失踪,直接经济损失超过70亿元。

福建:7月20—25日,福建出现持续性强降水过程,东南部等地累计降水量超过200毫米。22日连城日雨量225.1毫米,刷新本站历史纪录,城区河水暴涨,县城及7个乡镇大面积进水受淹。三明、漳州、南平、龙岩4市13个县(市、区)41.8万人受灾,11人死亡,5人失踪,17万人紧急转移安置;2700余间房屋倒塌,近9900间不同程度损坏;农作物受灾面积2.1万公顷,其中绝收3800公顷;直接经济损失40亿元。

安徽:7月23—27日,安徽淮河以南地区出现暴雨,降水过程呈现历时短、强度大等特点。23日全省有300多个乡镇出现暴雨,其中六安木南单日雨量358.5毫米,突破六安国家站自建站以来单日雨量极值;24日暴雨范围最广,24日有130个乡镇小时降水超过50毫米,最大太湖中河142.7毫米(23日20—21时),创安徽省国家站小时雨量极值。此次过程造成铜陵、安庆、黄山等7市30个县(市、区)211.9万人受灾,5人死亡,12.3万人紧急转移安置;近1000间房屋倒塌,近4900间不同程度损坏;农作物受灾面积15.3万公顷,其中绝收1.8万公顷;直接经济损失19.2亿元。

8月份暴雨洪涝共造成18个省(区、市)70多人死亡失踪,直接经济损失近40亿元。其中,四川、重庆、云南受灾较重。8月16—20日,四川东部、重庆大部、湖北西部、湖南西部、贵州大部、广西西部等地降水量有50～100毫米,局部超过100毫米。

四川:8月16—19日,四川省东部出现一次大范围区域性暴雨,过程范围广,局地强度大。全省有16个市(州)56个县出现了暴雨,有15站出现大暴雨,高坪8月17日的降水量达192.7毫米,为这次暴雨过程日降水量的最大值,也突破了本站历史日降水量极大值。本次过程造成成都、攀枝花、泸州等12市(自治州)40个县(市、区)148.1万人受灾,17人死亡,13人失踪,3.7万人紧急转移安置;3600余间房屋倒塌,5100余间严重损坏,1.1万间一般损坏;农作物受灾面积9.1万公顷,其中绝收1.3万公顷;直接经济损失8.8亿元。

重庆:8 月 17—19 日,重庆出现年内最强的区域性暴雨过程,潼南最大日雨量 171.4 毫米。本次过程造成大足、巴南、江津等 12 个县(区)14.2 万人受灾,3 人死亡,近 8300 人紧急转移安置;近 2200 间房屋倒塌,4200 余间不同程度损坏;农作物受灾面积 6700 公顷,其中绝收 1300 公顷;直接经济损失 5.3 亿元。

云南:8 月 17—20 日,云南东北部出现暴雨天气。云南昆明、昭通、丽江等 5 市(自治州)12 个县(区)26.4 万人受灾,1 人死亡,4 人失踪,3300 余人紧急转移安置;400 余间房屋倒塌,4200 余间不同程度损坏;农作物受灾面积 4900 公顷,其中绝收近 700 公顷;直接经济损失 4 亿元。

3. 华西秋雨频繁,四川、云南多地受灾

9 月,华西地区降水频繁,部分地区出现大到暴雨,局地大暴雨甚至特大暴雨。西南地区东部(四川、重庆、云南、贵州)及广西区域平均降水日数 17.8 天,较常年同期(14.3 天)偏多 3.5 天,为 1988 年以来历史同期最多;区域平均降水量 156.3 毫米,较常年同期(119.8 毫米)偏多 30.5%,为 1986 年以来历史同期最多。由于秋雨频繁,造成部分河流水位上涨,农田被淹,城镇内涝严重,广西、云南、西藏等地的局部地区发生山洪、滑坡、泥石流灾害,部分地区出现阶段性多雨寡照天气,对秋收秋种有一定影响。

云南:9 月 15—16 日,丽江市华坪县北部区域因单点性极端强降水引发洪涝及泥石流灾害,保山市昌宁县因强降水引发山洪泥石流灾害。受局地性特大暴雨影响,保山市昌宁县、丽江市华坪县 5.3 万人受灾,14 人死亡,9 人失踪,近 6100 人紧急转移安置;1000 余间房屋倒塌,6700 余间不同程度损坏;农作物受灾面积 1600 公顷;直接经济损失 6.3 亿元。

4. 11 月,江南、华南出现强降雨,秋汛明显

11 月 10—20 日,江南、华南出现两次强降水天气过程,江南大部及广西等地降水量普遍有 100～200 毫米,比常年同期偏多 2 倍以上,湖南南部、江西南部、广西大部偏多 4～8 倍。广西、江西、湖南、浙江的降水量均为 1961 年以来历史同期最多;广西灵川、富川和湖南桂东等 63 站日降水量突破 11 月历史极值。受强降雨影响,江西贡水、修水,湖南湘江、潇水以及广西桂江、恭城河、蒙江、贺江、洛清江等河流先后出现超警戒水位,湘江中上游出现历史同期少有汛情。此次强降水造成的经济损失湖南最重,人员伤亡浙江最多。

湖南:11 月 11—18 日,湖南中南部出现大到暴雨,南部地区降水量较常年同期偏多 2 倍以上。衡阳、邵阳、郴州等 4 市 31 个县(市、区)遭受洪涝灾害,造成 60.2 万人受灾,4 人失踪,1.8 万人紧急转移安置;近 700 间房屋倒塌,2900 余间不同程度损坏;农作物受灾面积 3.7 万公顷,其中绝收 5900 公顷;直接经济损失 7.9 亿元。

浙江:11 月 13 日夜间,浙江省丽水市莲都区雅溪镇里东村发生山体滑坡,导致数十栋房屋被掩埋,300 余人紧急转移安置,38 人死亡,直接经济损失 400 余万元。

2.3 台风

2.3.1 基本概况

2015 年,西北太平洋和南海共有 27 个台风(中心附近最大风力≥8 级)生成,生成个数较常年(25.5 个)偏多 1.5 个。其中 1508 号“鲸鱼”(Kujira)、1510 号“莲花”(Linfa)、1513 号“苏迪罗”(Soudelor),1521 号“杜鹃”(Dujuan)和 1522 号“彩虹”(Mujigae)共 5 个台风先后在我国登陆(图 2.3.1)。2015 年台风生成个数偏多;起编时间较常年偏早,停编时间较常年略偏晚;登陆个数、登陆比例均较常年偏少;初、末台登陆时间均较常年略偏早;三台同存发生时间偏早;登陆位置总体偏南。

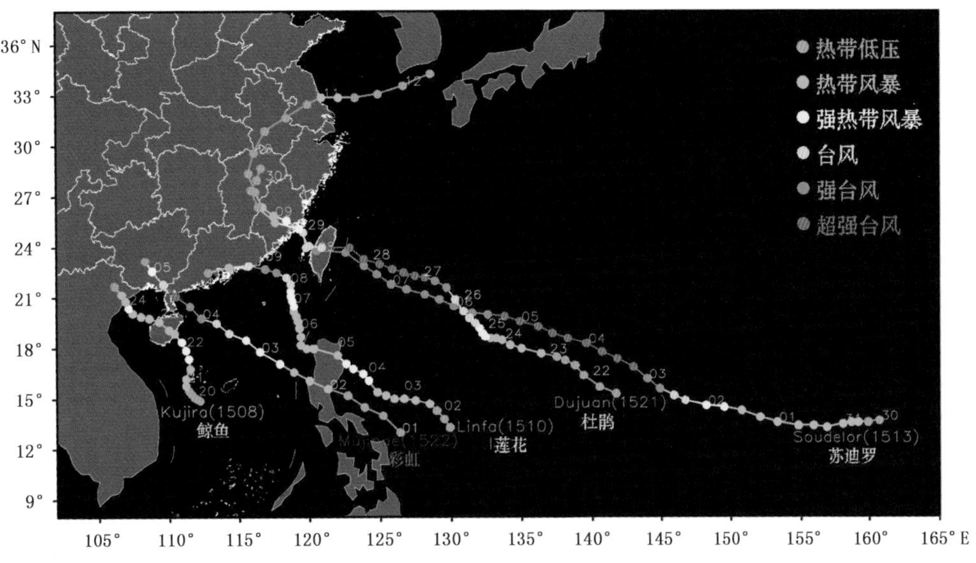

图 2.3.1　2015 年登陆中国台风路径图(中央气象台提供)

Fig. 2.3.1　The tracks of tropical cyclones landed on China during 2015 (Provided by Central Meteorological Office of CMA)

2015 年,影响我国的台风带来了大量降水,对缓解南方部分地区的夏伏旱和高温天气以及增加水库蓄水等十分有利,但由于登陆或影响时间集中,部分地区因降水强度大、风力强,造成了一定的人员伤亡和经济损失。据统计,全国共有 2375.6 万人次受灾,48 人死亡,9 人失踪,转移安置 359.5 万人,172.1 万公顷农作物受灾,倒塌房屋 2.3 万间,直接经济损失 684.2 亿元(表 2.3.1)。2015 年,台风造成的死亡人数明显少于 1990—2014 年平均值,但直接经济损失超过 1990—2014 年平均值。其中,影响较大的是 1513 号"苏迪罗"(Soudelor)和 1522 号"彩虹"(Mujigae)。总体而言,2015 年台风造成直接经济损失接近近十年的平均水平,而死亡人口则明显偏少。

表 2.3.1　2015 年我国台风主要灾情表

Table 2.3.1　List of tropical cyclones and associated disasters over China in 2015

国内编号及中英文名称	登陆时间(月.日)	登陆地点	最大风力(风速)	受灾地区	受灾人口(万人)	死亡人口(人)	失踪人口(人)	转移安置(万人)	倒塌房屋(万间)	受灾面积(万公顷)	直接经济损失(亿元)
1508 鲸鱼 Kujira	6.22	海南万宁	10(25)	海南	10.6			1.0		0.2	0.7
				云南	6.0					0.1	0.2
1509 灿鸿 (Chan-hom)				浙江	296.6			125.1	0.1	22.0	91.0
				上海	15.2			14.2		0.8	2.3
				江苏	58.3			6.2		5.4	2.2
				安徽	5.5					0.5	0.3
				山东	4.1					0.6	0.1
1510 莲花 Linfa	7.9	广东汕尾陆丰	13(38)	广东	202.9			6.3		9.6	17.3
				福建	0.7			0.3			0.1

续表

国内编号及中英文名称	登陆时间（月.日）	登陆地点	最大风力（风速）	受灾地区	受灾人口（万人）	死亡人口（人）	失踪人口（人）	转移安置（万人）	倒塌房屋（万间）	受灾面积（万公顷）	直接经济损失（亿元）
1513 苏迪罗 Soudelor	8.8 8.8	台湾花莲 福建莆田秀屿	15(48) 11(30)	浙江	284.4	15	3	25.7	0.2	9.2	110.8
				福建	191.2	8	2	45.4	0.5	10.4	78.8
				安徽	123.3	4		22.6	0.3	9.4	31.5
				江西	58.6	1		11.1	0.1	4.0	6.2
				江苏	166.5			1.0	0.1	20.5	15.2
1521 杜鹃 Dujuan	9.28 9.29	台湾宜兰 福建莆田秀屿	15(48) 10(28)	浙江	86.6			32.0		5.6	17.7
				福建	76.6			24.4		2.2	9.7
1522 彩虹 Mujigae	10.4	广东湛江坡头	16(52)	广东	410.6	18	4	24.0	0.7	52.1	270.7
				广西	275.9	1		13.4	0.3	16.1	17.7
				海南	102.0	1		6.8		3.4	11.7
合计					2375.6	48	9	359.5	2.3	172.1	684.2

2.3.2 主要台风灾害事例

1. 1508 号“鲸鱼”(Kujira)

1508 号“鲸鱼”6 月 21 日 11 时在南海中部海面生成，并于 22 日 18 时 50 分在海南省万宁市登陆，登陆时中心附近最大风速 25 米/秒（10 级，强热带风暴级），中心最低气压 982 百帕；24 日 11 时 40 分前后以热带风暴级在越南北部海防市沿海再次登陆。受“鲸鱼”影响，6 月 21—25 日，海南中南部、广东沿海、广西西部和南部、云南东部等地累计降雨量有 100～200 毫米，海南南部和广西西南部达 250～392 毫米；海南岛东部和南部沿海、广东中西部等地出现 8～10 级瞬时大风，海南西沙局地达 11～12 级。“鲸鱼”造成海南、云南两省有 16.6 万人受灾，农作物受灾面积约 3000 公顷，直接经济损失近 9000 万元。

海南 受“鲸鱼”影响，6 月 20 日 20 时至 24 日 08 时，海南岛西部、南部、中部和东部地区出现暴雨到大暴雨、局地特大暴雨；北部地区出现中到大雨、局地暴雨。全岛共有 52 个乡镇（区）雨量超过 100 毫米，其中 17 个乡镇（区）雨量超过 200 毫米，乐东、三亚和东方共有 6 个乡镇（区）雨量超过 300 毫米，最大为乐东尖峰镇 392.1 毫米。另外，三亚近海的蜈支洲岛测得最大过程雨量为 400.6 毫米。海南四周及近海普遍出现 9～11 级大风，其中万宁东澳镇洲仔岛测得最大阵风 14 级（41.7 米/秒）。“鲸鱼”造成海南万宁市、定安县 10.6 万人受灾，1 万人紧急转移安置，直接经济损失近 7000 万元。

云南 受“鲸鱼”影响，6 月 23 日夜间至 24 日上午，红河哈尼族彝族自治州泸西县降水明显且伴有雷暴，部分地区出现短时强降水，其中冒烟洞四级站 1 小时最大降水量 40.3 毫米，部分地区出现洪涝。据统计，“鲸鱼”造成云南 6.0 万人受灾，直接经济损失 2000 万元。

2. 1509 号“灿鸿”(Chan-hom)

1509 号“灿鸿”(Chan-hom)于 6 月 30 日 20 时在西北太平洋洋面上生成，之后向西北方向移动，强度逐渐增强；7 月 9 日 14 时加强为强台风级，23 时加强为超强台风级；10 日 5 时移入东海东南部海域；11 日 10 时减弱为强台风级，16 时 40 分前后在浙江省舟山市朱家尖镇沿海擦肩而过，“灿鸿”从生成至登陆维持时间近 12 天，生命史较长。

受“灿鸿”影响，10 日 8 时至 12 日 8 时，浙江中东部、上海、江苏东部、安徽南部等地降雨 50～

140毫米，浙江东北部和安徽黄山降雨150～280毫米，浙江绍兴、宁波等地300～400毫米，浙江余姚、宁海和象山局地420～531毫米。同时，浙江沿海及岛屿、上海沿海、江苏东南部沿海出现10～12级瞬时大风，舟山和象山局部达13～16级；其中浙江定海克冲岗最大瞬时风53米/秒(16级)、象山石浦49.3米/秒(15级)、舟山蚂蚁47.9米/秒(15级)；期间，浙江中北部沿海海面12级以上大风持续了12～24小时。"灿鸿"共造成浙江、江苏、上海、安徽和山东5省(市)379.7万人受灾，145.5万人紧急转移，1000余间房屋倒塌，农作物受灾面积29.3万公顷，直接经济损失95.9亿元。

浙江 受"灿鸿"影响，舟山、宁波、台州、绍兴、杭州东部、金华东部等地普降暴雨，部分地区大暴雨，局部特大暴雨。10日08时至12日08时，全省面雨量69毫米，其中宁波市189毫米，绍兴市129毫米，舟山市119毫米；县(市、区)面雨量较大的有余姚221毫米，象山212毫米，奉化202毫米，宁海200毫米；全省共有329个乡镇雨量超过100毫米，其中99个超过200毫米，27个超过300毫米，8个超过400毫米，3个超过500毫米；单站超过400毫米的为余姚大岚镇丁家畈531毫米，余姚四明山镇棠溪528毫米，宁海力洋镇茶山525毫米，象山新桥镇491毫米，余姚鹿亭乡上庄491毫米，余姚大岚镇华山488毫米，宁海胡陈乡张韩469毫米，余姚四明山镇溪山463毫米，奉化溪口镇商量岗424毫米，余姚梁弄镇万家岙409毫米。1小时雨强超过30毫米的有31个乡镇，最大象山新桥镇63毫米；3小时雨强超过60毫米的有59个乡镇，其中25个超过80毫米、8个超过100毫米，最大为象山新桥镇160毫米。

受"灿鸿"带来的大风和暴雨影响，舟山、宁波、绍兴、台州等地农作物、水产养殖受损严重，堤防、公路、电力、通信等基础设施损毁，城市行道树大面积折断；舟山市区、宁波市区及象山、上虞、新昌等地部分城区受淹，局部山区发生小流域山洪与地质灾害。"灿鸿"共造成浙江296.6万人受灾，转移安置125.1万人，房屋倒塌1000间，农作物受灾面积22.0万公顷，直接经济损失91.0亿元。

上海 受"灿鸿"影响，7月10日20时至7月12日06时，上海全市普降暴雨，部分地区有大暴雨，其中以金山114.6毫米为最大，徐家汇观测站降水量为94.3毫米；全市普遍出现了7～9级大风，沿江沿海地区9～11级大风，沿海海面出现12级大风(33.6米/秒)。

台风"灿鸿"对上海各行各业均有较大影响，全市树木倒伏万余棵；地铁一度停运，客运和轮渡停航，浦东、虹桥机场取消航班近1200架次，部分地区出现短时积水。"灿鸿"造成上海15.2万人受灾，转移安置14.2万人，农作物受灾面积8000公顷，直接经济损失2.3亿元。

江苏 9号台风"灿鸿"对江苏省的影响风重于雨，大风持续时间长、影响范围大，7月10日夜里至12日，江苏省淮河以南地区普遍维持7～9级的东北大风，东部沿海海面10～12级。11—12日，淮河以南大部分地区出现大到暴雨、局部大暴雨。10日08时至13日08时累计雨量：沿淮东部、江淮之间东部、苏南大部在25毫米以上，东部沿海、太湖周边地区超过50毫米，局部超过100毫米，最大149.0毫米(无锡市区雪浪街道)。"灿鸿"造成江苏58.3万人受灾，转移安置6.2万人，农作物受灾面积5.4万公顷，直接经济损失2.2亿元。

安徽 受台风"灿鸿"外围云系影响，7月10—12日，安徽省江南大部分地区出现明显降水，其中黄山、宣城等地有68个乡镇超过50毫米，13个乡镇超过100毫米，黄山风景区大峡谷最大246.7毫米。由于前期持续降雨，土壤高度饱和，水库塘坝蓄水偏高，造成部分乡镇发生山洪、滑坡等灾害，水利、道路等基础设施遭受水毁。"灿鸿"造成安徽5.5万人受灾，农作物受灾面积5000公顷，直接经济损失3000万元。

山东 受台风"灿鸿"影响，7月12日，山东半岛东部地区石岛(213.5毫米)、成山头(204.8毫米)、荣成(201.3毫米)、威海(149.3毫米)、文登(140.1毫米)5站出现大暴雨；石岛、成山头、荣成3站达到极端日降水量事件标准，石岛突破本站自建站以来7月日降水量极值。12—13日，渤海、渤海海峡、黄海北部和中部出现东北风5～8级、阵风9～10级，半岛地区6～7级、阵风8～9级，其他地区 3～4 级、阵风 5～6 级。

受台风"灿鸿"影响，渤海海峡烟台至大连、蓬莱至旅顺等省际航线客船全线停航，省内飞机航班共取消 72 班。台风带来的强降水缓解了山东部分地区的旱情。"灿鸿"造成山东 4.1 万人受灾，农作物受灾面积 6000 公顷，直接经济损失 1000 万元。

3. 1510 号"莲花"(Linfa)

1510 号台风"莲花"7 月 2 日晚上在菲律宾以东的西北太平洋洋面上生成，9 日 12 时 5 分前后在广东省汕尾市陆丰市甲东镇沿海登陆，登陆时中心附近最大风力有 13 级(38 米/秒，台风级)，中心最低气压为 965 百帕，9 日 22 时在深圳境内减弱为热带低压，之后强度持续减弱，中央气象台于 10 日早晨 5 时对其停止编号。

受台风"莲花"影响，7 月 9—10 日，广东中东部、福建东南部降水量在 25 毫米以上，其中广东东南部、福建局部有 50～100 毫米，广东局部超过 100 毫米，潮阳站达 170.8 毫米；9—10 日，粤东沿海市县及海面出现了 9 级～12 级、阵风 14～15 级的大风，其中汕头浮标站(离岸约 120 千米)录得 35.7 米/秒的海上最大平均风速、阵风 47.8 米/秒，最大浪高达 12 米；揭阳市惠来岐石镇录得 47.5 米/秒(15 级)的陆地最大阵风。台风"莲花"带来的风雨给广东和福建的农业、电力、交通等行业带来严重影响，两省共有 203.6 万人受灾，农作物受灾面积 9.6 万公顷，直接经济损失近 17.4 亿元。

广东　受台风"莲花"影响，7 月 8—9 日，揭阳、汕尾和汕头等市出现大到暴雨，局地大暴雨，全省有 16 个县(市)出现了暴雨以上降水，其中潮阳、惠来、南澳等 10 个县(市)出现大暴雨。台风"莲花"带来的风雨给广东省东南部大部分地区作物生长及未成熟收割的早稻带来严重影响；汕尾市和汕头市多个区域停电；揭阳潮汕机场取消进出港航班 57 班，32 个航班延误；深圳机场取消进出港航班 74 班；7 月 9 日，经由厦深线运行的全部动车组列车停运。"莲花"造成广东 202.9 万人受灾，转移安置 6.3 万人，农作物受灾面积 9.6 万公顷，直接经济损失 17.3 亿元。

福建　受"莲花"台风影响，福建省漳州市漳浦县全县普降大到暴雨，部分乡镇出现大暴雨，过程雨量以杜浔镇的 186.2 毫米为最大。沿海出现了 8～9 大风。"莲花"造成福建 7000 人受灾，转移安置 3000 人，直接经济损失 1000 万元。

4. 1513 号"苏迪罗"(Soudelor)

1513 号台风"苏迪罗"于 7 月 30 日在西北太平洋上生成，8 月 8 日 4 时 40 分前后在台湾花莲县秀林乡沿海登陆，登陆时中心附近最大风力 15 级(48 米/秒，强台风级)，中心最低气压 940 百帕；8 日 22 时 10 分前后在福建省莆田市秀屿区沿海登陆，登陆时中心附近最大风力 11 级(30 米/秒，强热带风暴级)，中心最低气压 980 百帕；之后深入内陆，先后穿过江西、安徽、江苏；中央气象台于 10 日 17 时对其停止编号。

"苏迪罗"深入内陆过程中，我国东部诸多省(市、区)受到不同程度的影响。大风大雨造成福建、浙江、安徽、江西、江苏等地城市内涝、农田受淹、房屋倒塌、公路和电力短时中断。"苏迪罗"共造成江苏、浙江、安徽、福建、江西 5 省 824 万人受灾，28 人死亡，5 人失踪，105.8 万人紧急转移安置，1.2 万间房屋倒塌，农作物受灾面积 53.6 万公顷，直接经济损失 242.5 亿元。

福建　"苏迪罗"正面袭击福建省，具有风强雨大、持续时间长、影响范围广等特点。福建沿海 37 站风力达 14 级以上，以莆田涵江 53 米/秒最大，霞浦、福州皆刷新本站历史纪录；10 个县市(区) 36 站过程雨量在 500 毫米以上，福州、周宁日雨量突破历史极值。受持续的强风暴雨影响，福建多地出现城市内涝及山洪地质灾害，交通及电力、水利设施受损较重。"苏迪罗"造成福建 191.2 万人受灾，45.4 万人紧急转移安置，死亡 8 人，失踪 2 人，5000 余间房屋倒塌，农作物受灾面积 10.4 万公顷，直接经济损失 78.8 亿元。

浙江　受"苏迪罗"影响，8 月 7 日开始，浙江省沿海大风逐渐增强，沿海和浙南地区普遍出现了

8 级以上大风,其中东南沿海和温州风力有 10～13 级,东南沿海 10 级大风持续 37 小时,风力较大的有苍南县沙岭 40.8 米/秒(13 级)、苍南望洲山、石砰、龙沙 39.1 米/秒(13 级)、苍南赤溪 39.0 米/秒(13 级)。300 毫米以上降水主要集中在温州南部、丽水东部、台州南部等地,500 毫米以上则主要出现在文成、泰顺、平阳等地。特大暴雨引发小流域山洪及泥石流、滑坡、塌方等地质灾害,造成较大的人员伤亡。"苏迪罗"造成浙江省 284.4 万人受灾,转移安置 25.7 万人,15 人死亡,3 人失踪,2000 余间房屋倒塌,农作物受灾面积 9.2 万公顷,直接经济损失 110.8 亿元。

安徽 受"苏迪罗"影响,8 月 8 日 08 时至 11 日 08 时,安徽淮河以南地区累计降水量普遍在 50 毫米以上,其中有 377 个乡镇降水量超过 100 毫米,主要集中在大别山区、江淮之间东部及江南南部。霍山佛子岭(372.5 毫米)、落儿岭(332.9 毫米)、青枫岭(329.1 毫米)、白沙岭(320.5 毫米)以及舒城天苍(305.4 毫米)等 5 个乡镇超过 300 毫米。9 日降水强度最大,沿淮东部及淮河以南中西部普降暴雨,有 113 个乡镇出现大暴雨,8 个乡镇特大暴雨,主要集中在大别山区的霍山、金寨及舒城一带,最大霍山佛子岭(327.8 毫米)。

台风"苏迪罗"带来的强风暴雨导致合肥高铁南站 30 余趟动车停运,合肥机场部分航班取消或延误。大风导致多地街道两旁的树木折断、倒伏,给人们出行及交通造成不利影响。"苏迪罗"造成安徽省 123.3 万人受灾,转移安置 22.6 万人,4 人死亡,3000 余间房屋倒塌,农作物受灾面积 9.4 万公顷,直接经济损失 31.5 亿元。

江西 8 月 8—10 日,江西北部、东部局部地区出现暴雨和大暴雨,庐山、武宁、德安、瑞昌等 4 个县(市、区)局部出现特大暴雨。武宁 8 月 9 日雨量 164.4 毫米,庐山 8 月 9 日雨量 283.5 毫米。全省有 57 个县(市、区)出现 5～6 级阵风,31 个县(市、区)出现 7 级以上阵风,庐山、南昌县、丰城、大余、玉山阵风风力达 8～10 级,以庐山 27.4 米/秒为最大。受强风暴雨影响,局部旅游景区、铁路交通、电力等受到不同程度影响。"苏迪罗"造成江西 58.6 万人受灾,转移安置 11.1 万人,1 人死亡,倒塌房屋 1000 余间,农作物受灾面积 4 万公顷,直接经济损失 6.2 亿元。

江苏 受 13 号台风"苏迪罗"影响,8 月 8 日起,江苏出现大风暴雨天气,降水集中区位于江淮之间及沿江地区。截止 11 日,过程累计雨量有 28 个站超过 100 毫米,其中有 3 站超过 250 毫米,大丰最大达 367.2 毫米。江淮之间东部地区出现了大风天气,瞬时最大风速为射阳 24.8 米/秒(10 级)。"苏迪罗"造成江苏 166.5 万人受灾,转移安置 1 万人,倒塌房屋 1000 余间,农作物受灾面积 20.5 万公顷,直接经济损失 15.2 亿元。

5. 1521 号"杜鹃"(Dujuan)

1521 号台风"杜鹃"于 9 月 28 日 17 时 50 分左右在台湾宜兰沿海登陆,登陆时中心附近最大风力 15 级(48 米/秒,强台风级),中心气压 945 百帕。29 日 8 时 50 分登陆福建莆田秀屿区沿海,登陆时中心附近最大风力 10 级(28 米/秒,强热带风暴级),中心气压 985 百帕。登陆后强度持续减弱,29 日 20 时停止编号。

受其影响,我国东南沿海一带出现狂风暴雨,福建、浙江等地出现大到暴雨,局地大暴雨。"杜鹃"造成福建、浙江两省共计 163.2 万人受灾,农作物受灾面积 7.8 万公顷,直接经济损失 27.4 亿元。

福建 受台风"杜鹃"正面袭击影响,9 月 29—30 日,福建省共有 62 个县(市)的 642 个站降水量在 100.0 毫米以上,主要分布中北部沿海,其中 13 个县(市)的 52 个站在 250.0 毫米以上,区域站以闽侯青龙山的 460.9 毫米为最大,基本站以福清的 248.3 毫米为最大。29—30 日,28 个县(市)的 73 个站出现 8 级以上大风,以平潭牛山岛 37.5 米/秒(13 级)为最大;34 个县(市、区)的 154 个站点出现 10 级以上阵风,其中平潭牛山岛、平潭北厝、晋安区北岭风力达 14 级,以平潭牛山岛的 45.9 米/秒为最大。

台风“杜鹃”登陆时，恰逢天文大潮，导致“风、雨、潮”三碰头，福建沿海潮位全线超警，莆田、厦门遭遇罕见高潮位，9月29日0时16分，厦门潮位达到最高的762厘米，为1949年以来第二高潮位，厦门岛内部分区域海水倒灌、被淹。“杜鹃”造成福建76.6万人受灾，紧急转移24.4万人，农作物受灾2.2万公顷，直接经济损失9.7亿元。

浙江 受“杜鹃”影响，28日夜里到29日，浙江省东部沿海和浙南地区出现了暴雨、大暴雨，全省共有386个乡镇超过100毫米，其中102个乡镇超过200毫米，24个乡镇超过300毫米；单站较大的有宁海西店镇岭口408毫米、镇海区澥浦镇岚山384毫米、鄞州区龙观乡380毫米；28—29日，浙江省沿海持续出现8～10级大风，浙南沿海局部11级，最大出现在苍南桥墩镇玉苍山30.7米/秒(11级)、苍南钱库镇望洲山30.5米/秒(11级)、苍南赤溪镇流歧岙村30.3米/秒(11级)。

“杜鹃”影响期间由于正值天文大潮，宁波市大面积积水，温州等地局部发生小流域山洪与山体滑坡等地质灾害，鳌江口局部海水倒灌，造成堤防、公路、电力、通信等基础设施损毁。“杜鹃”造成浙江86.6万人受灾，紧急转移32.0万人，农作物受灾5.6万公顷，直接经济损失17.7亿元。

6. 1522号“彩虹”(Mujigae)

1522号台风“彩虹”于10月4日14时10分前后在广东省湛江市坡头区沿海登陆，登陆时中心附近最大风力16级(52米/秒，超强台风级)，中心最低气压935百帕，18时前后移入广西境内，5日14时中央气象台对其停止编号。

“彩虹”是1949年以来10月登陆广东的最强台风，也是10月进入广西内陆的最强台风，造成广东、广西、海南3省(区)788.5万人受灾，20人死亡，4人失踪，44.2万人紧急转移安置，1万间房屋倒塌，农作物受灾面积71.5万公顷，直接经济损失300.1亿元。

广东 10月3—4日，南海北部海面、粤西沿海市县及海面出现12～15级大风，阵风16～17级，珠江口外海面出现7～9级大风，其中湛江麻章区湖光镇录得平均风46.4米/秒(15级)、阵风67.2米/秒(超过17级)的全省最大风速。4日08时至7日08时，粤西、珠江三角洲和清远市出现了暴雨到大暴雨、局部特大暴雨，全省共有273个乡镇(社区)录得250毫米以上的累积雨量，大于100毫米的站数占总站数的42.1%，其中阳江阳春市永宁镇录得577.9毫米的全省最大累积雨量。

10月4日，受台风“彩虹”外围螺旋云带影响，珠江三角洲和汕尾出现了强降水并伴随着大风、龙卷风。4日15—16时，佛山市多地遭遇龙卷风，其中顺德的勒流镇、乐从镇、伦教镇、杏坛镇等地出现龙卷风造成3人死亡。4日17时，广州市番禺区南村镇、石碁镇片区出现龙卷风，造成3人死亡。龙卷风还导致海珠、番禺大面积停水停电。4日上午10时左右，海丰县小漠镇南方澳度假村附近海域出现了龙卷风，持续1分多钟。

“彩虹”对广东省西南部地区养殖业、渔业、热带水果造成巨大损失。强风暴雨造成多地出现洪涝灾害，部分农田被淹、被毁，土壤肥力流失，水产养殖设施被冲毁，养殖的虾、蟹、鱼等被冲走。大风使湛江、茂名等地晚稻出现大面积倒伏；沿海地区的香蕉、甘蔗、橡胶等经济林果茎枝出现折断、倒伏，还造成蔬菜大棚倒塌，棚内作物受灾。湛江市区全城交通近乎瘫痪，外围多条高速公路关闭，广州至湛江方向航班全部取消。2日20时起，琼州海峡全线停航，直到5日8时30分琼州海峡才恢复通航。粤海铁路南、北港码头2日20时起同时停运，6日12时起，粤海铁路南、北港码头才恢复正常承运。广东黄金周旅游业受创。“彩虹”造成广东410.6万人受灾，18人死亡，4人失踪，24万人紧急转移安置，7000间房屋倒塌，农作物受灾面积52.1万公顷，直接经济损失270.7亿元。

广西 受“彩虹”影响，广西出现大范围暴雨天气，强降水主要出现在桂东。10月4日08时至6日20时，全区有6个乡镇累计降雨量超过500毫米，有108个乡镇达300～500毫米，有198个乡镇达200～300毫米，有493个乡镇达100～200毫米，有477个乡镇达50～100毫米。10月4—6日，广西共出现暴雨34站次，大暴雨16站次，特大暴雨1站。10月4日20时至5日20时，金秀降雨量达335.5毫米，打破当地建站以来最大日降雨量纪录；平南(216.8毫米)、陆川(204.5毫米)、北流(181.3毫米)、玉林(137.5毫米)、蒙山(128.4毫米)、贵港(106.6毫米)等地日降雨量均打破当地建站以来10月最大日降雨量纪录。10月4—5日，北部湾海面出现10级大风，桂南部分地区出现8～9级、阵风10～12级的大风，其中玉林市博白县老虎头水库阵风达36.4米/秒(12级)。

"彩虹"所带来的强风和强降雨，对广西部分地区的农业、交通运输、电力、旅游等行业造成危害或不利影响，并导致部分中、小河流出现超警戒水位，局地发生洪涝和地质灾害，给人民生命财产和社会经济造成较为严重的损失。"彩虹"造成广西275.9万人受灾，1人死亡，13.4万人紧急转移安置，3000间房屋倒塌，农作物受灾面积16.1万公顷，直接经济损失17.7亿元。

海南 10月2—4日，受"彩虹"影响，海南出现一次明显的风雨天气过程，海南东北部地区普降大到暴雨、局地大暴雨，最大过程雨量为文昌龙楼镇263.2毫米；另外，海南北部和东部陆地普遍出现8～10级阵风，其中文昌翁田镇测得最大阵风10级(25.5米/秒)；东部近海的七洲列岛测得最大阵风14级(41.8米/秒)。海南共15个市县156个乡镇受灾，受灾人口102万人，1人死亡，6.8万人紧急转移安置，农作物受灾面积3.4万公顷，直接经济损失11.7亿元。

2.4 冰雹与龙卷风

2.4.1 基本概况

2015年，全国31个省(区、市)有2082个县(市)次出现冰雹或龙卷风，共造成3202.3万人次受灾，515人死亡，1.3万间房屋倒塌，66.3万间房屋不同程度损坏；农作物受灾面积291.8万公顷，其中绝收30.9万公顷；直接经济损失322.7亿元。与近10年相比，2015年风雹天气造成的农作物受灾面积偏小，但死亡人数偏多，直接经济损失偏重。

2.4.2 冰雹

1. 主要特点

(1)降雹次数偏多

2015年，全国31个省(区、市)均遭受冰雹袭击。据统计，全国共有2082个县(市)次出现冰雹，降雹次数比2005—2014年平均值(1575个县次)偏多。

(2)初雹、终雹时间均偏早

2015年，全国最早一次冰雹天气出现在1月8日(云南德宏傣族景颇族自治州陇川、瑞丽、梁河、盈江等地)，较2005—2014年平均初雹时间(2月2日)偏早25天；最晚一次冰雹天气出现在11月6日(江苏盐城市射阳县)，较2005—2014年平均终雹时间(11月23日)偏早17天。

(3)降雹主要集中在夏季和春季

从降雹的季节分布来看，2015年夏季出现冰雹最多，共有1313个县(市)次，占全年降雹总次数的63.1%；春季降雹次多，共有642个县(市)次，占全年的30.8%；秋季共有91个县(市)次降雹，占全年的4.4%；冬季只有36个县(市)次降雹，仅占全年的1.7%。

从各月降雹情况看，2015年7月最多，共534个县(市)次降雹，占全年的25.6%；8月次多，464个县(市)次降雹，占全年的22.3%；5月、6月、4月分居第三、第四、第五位，分别有359个县(市)次、315个县(市)次、258个县(市)次降雹，各占全年的17.2%、15.1%、12.4%。

(4)华北、西北、西南地区东部、江淮及内蒙古等地降雹较多

2015年，华北、西北、西南地区东部、江淮及内蒙古等地降雹较多。从各省分布来看，河北最多，降雹274县(市)次；甘肃次多，降雹183县次；云南居第三位，降雹162县次；河南(161县次)、新疆

(143 县次)、陕西(131 县次)、贵州(110 县次)、山西(100 县次)、山东(99 县次)、内蒙古(97 县次)、四川(86 县次)等省(区)降雹均超过 80 县次(图 2.4.1),局部受灾较重。

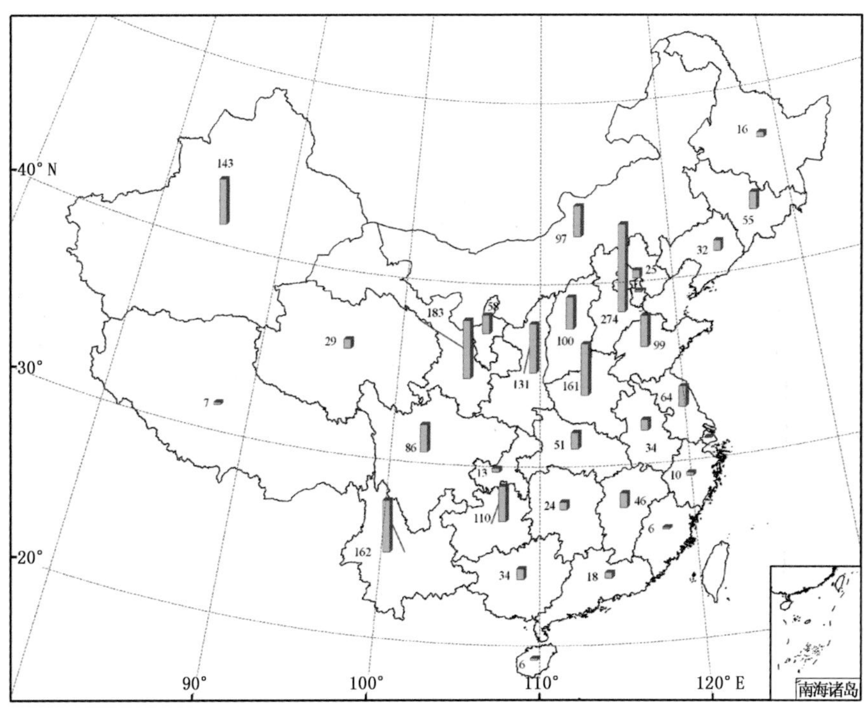

图 2.4.1　2015 年全国降雹县(市)次分布

Fig. 2.4.1　Distribution of hail events over China in 2015

2. 部分风雹灾害事例

(1)1 月 8—11 日,云南省德宏傣族景颇族自治州陇川县、潞西市、梁河县、瑞丽市、盈江县,普洱市孟连傣族拉祜族佤族自治县、思茅区、澜沧拉祜族自治县及西双版纳傣族自治州景洪市、保山市腾冲县多次出现冰雹、雷暴、大风及短时强降水天气。其中,瑞丽市冰雹最大直径 15 毫米,降雹持续时间 6 分钟左右,为当地冬季所罕见;景洪市局部地面积雹厚 15～20 厘米;孟连县多地出现大暴雨。全省共计受灾人口 12.7 万人,1 人死亡;农作物受灾面积 19.6 万公顷;损坏房屋 1700 多间;直接经济损失 2.0 亿元。

(2)3 月 23—25 日,云南省西双版纳、红河、普洱、玉溪、文山、思茅、普洱、大理、曲靖、德宏、楚雄等市(自治州)14 个县(市)遭受风雹灾害。其中,红河哈尼族彝族自治州建水县 1 小时最大降水量 24.4 毫米,风雹持续时间 10 分钟左右,最大冰雹直径 40 毫米;文山壮族苗族自治州砚山县风雹持续时间 20 分钟左右;思茅市墨江哈尼族自治县风雹持续时间 20 分钟,最大冰雹直径 40 毫米。全省共计 7.5 万人受灾;农作物受灾面积 9300 公顷,其中绝收 2400 公顷;直接经济损失 1.9 亿元。

(3)4 月 1—4 日,湖北省黄石市阳新县、经济技术开发区和黄冈市蕲春县、荆州市监利县、武汉等地遭受大风、暴雨、冰雹等强对流天气袭击。其中,黄冈市部分乡镇风雹持续时间 15 分钟;黄石市局部过程降雨量 92.7 毫米。共计 7.6 万人受灾;倒塌和严重损坏房屋 1250 多间,一般损坏房屋 6350 多间;农作物受灾面积 2060 公顷;直接经济损失 3220 万元。

(4)4 月 1—2 日,重庆市万州、长寿、丰都、城口、开县等 6 县(区)遭受风雹灾害。其中,城口县风雹持续 10～20 分钟;万州区梨树 1 小时最大降水量达 41.5 毫米;丰都县极大风速 23.1 米/秒。灾害共造成 4.5 万人受灾,1 人死亡;5400 余间房屋不同程度损坏;农作物受灾面积 2400 公顷;直接经济损失 2100 余万元。

(5)4 月 2—5 日，江西省南昌、九江、景德镇、宜春、抚州、上饶、吉安等 7 市 24 个县(市、区)遭受冰雹、暴雨、雷电等强对流天气袭击。其中，15 县(市、区)23 个站点 1 小时最大降水量在 30 毫米以上；德兴市冰雹最大直径 10 毫米。灾害共造成 24 万人受灾，4 人死亡；500 余间房屋倒塌，3600 余间房屋损坏；农作物受灾面积 1.2 万公顷；直接经济损失 1.3 亿元。

(6)4 月 4—5 日，四川省眉山、广安 2 市 4 个县(区)遭受风雹、暴雨灾害。其中，眉山市彭山区风雹持续 10 多分钟，最大冰雹直径 10 毫米；广安市武胜县瞬时极大风速达 38.5 米/秒，岳池县最大过程降水量 94.2 毫米，冰雹直径 3 毫米左右。灾害共造成 29.7 万人受灾，8 人死亡；7.4 万间房屋损坏；农作物受灾面积 1.2 万公顷；直接经济损失 2.1 亿元。

(7)4 月 19—21 日，粤北、珠江三角洲和粤东大部分市县出现大到暴雨和 8～10 级大风；清远、韶关、惠州、江门、佛山、汕尾、揭阳、潮州、汕头、广州等市有 15 个县(市、区)出现冰雹，汕头市澄海区近海出现水龙卷。其中，惠州市博罗县最大冰雹直径约 60 毫米；揭阳潮汕国际机场最大冰雹直径 32 毫米，最大重量 12 克，风雹持续时间 22 分钟；广州白云机场多个进出港航班受影响。全省共计 7.3 万人受灾，死亡 1 人；直接经济损失 3300 余万元。

(8)4 月 19—21 日，贵州省铜仁、黔西南、黔东南 3 市(自治州)6 个县部分地区遭受冰雹、雷雨大风及强降水袭击。其中，黔东南苗族侗族自治州从江县城连遭两轮暴雨、冰雹袭击，降雹持续 5～10 分钟，最大冰雹直径 15 毫米。灾害共造成 5.6 万人受灾；损坏农房 1.57 万间；直接经济损失 2300 多万元。

(9)4 月 20—21 日，陕西省咸阳、延安 2 市 4 个县遭受风雹灾害。其中，延安市富县局地风雹时间超过 40 分钟，最大冰雹直径 10 毫米。灾害共造成 7.4 万人受灾；农作物受灾面积 7700 公顷；直接经济损失 9400 余万元。

(10)4 月 20 日，甘肃省白银、天水、平凉、定西、庆阳、陇南 6 市 10 个县(区)遭受风雹灾害。其中，天水市秦安县、庆阳市庆城县冰雹最大直径约 10 毫米，风雹持续时间 10 分钟左右；陇南市礼县最大冰雹直径 20 毫米，地面积雹最厚达 5 厘米。灾害共造成 6.2 万人受灾，农作物受灾面积 8500 公顷，直接经济损失 6300 余万元。

(11)4 月 21 日，云南省文山、昆明、红河、西双版纳 4 市(自治州)7 个县(市)遭受雷雨大风、冰雹和短时强降水袭击。其中文山壮族苗族自治州砚山县风雹持续时间约 40 分钟，冰雹最大直径约 25 毫米；西双版纳傣族自治州勐海县县城极大风速 18.6 米/秒。灾害共造成 3.3 万人受灾；受灾面积 1100 公顷；损坏房屋 5700 多间；直接经济损失 4340 万元。

(12)4 月 25—27 日，陕西省铜川、咸阳、渭南、延安 4 市 9 个县遭受风雹灾害。延安市富县、洛川县风雹持续约 25 分钟，冰雹直径 4～10 毫米；咸阳市乾县降雹持续时间 5～10 分钟，冰雹直径 3～5 毫米，瞬时风力 6 级左右。灾害共造成 6.4 万人受灾；农作物受灾面积 5400 公顷；直接经济损失近 4500 万元。

(13)4 月 25—26 日，甘肃省陇南、庆阳、平凉 3 市 8 个县部分地区出现冰雹、大风和雷阵雨天气。其中，陇南市礼县风雹最长持续时间 35 分钟左右，冰雹最大直径 25 毫米，地面积雹最厚达 10 厘米；平凉市崇信县风雹持续时间约 15 分钟，最大冰雹直径 50 毫米。灾害共造成 2.8 万人受灾；农作物受灾面积 2980 公顷；直接经济损失 2621 万元。

(14)4 月 27—29 日，江苏省南京、无锡、徐州、宿迁、淮安、盐城、扬州、镇江、常州、苏州 10 市 25 个县(市、区)遭受冰雹、雷暴大风、短时强降水、龙卷风等强对流天气袭击，最大冰雹直径 50 毫米(南京市六合区)，最大风力达 12 级(太湖小雷山 35 米/秒，无锡市区雪浪街道 33.3 米/秒)，1 小时最大降水量 96 毫米(常州金坛)。全省共计 61.1 万人受灾，死亡 5 人；损坏房屋 7.7 万间；农作物受灾面积 4.9 万公顷，成灾 2.2 万公顷，绝收 1600 多公顷；直接经济损失 6.8 亿元。

(15)4 月 27—29 日，安徽省合肥、六安、亳州、宿州、滁州、蚌埠 6 市 10 个县(区)出现雷雨大风、短时强降水和冰雹、龙卷风等强对流天气。其中肥西、灵璧、五河等地最大冰雹直径 10～20 毫米；明光、广德、郎溪、滁州等地最大风力 8 级以上，最大 3 小时降水量 60.3 毫米(明光潘村湖)。全省共计 82 万人受灾，1 人死亡；1.2 万间房屋不同程度损坏；农作物受灾面积 9.0 万公顷；直接经济损失 1.9 亿元。

(16)4 月 27—29 日，云南省昭通、红河、文山等 4 市(自治州)7 个县(市、区)遭受风雹灾害。灾害共造成 5.1 万人受灾，1 人死亡；农作物受灾面积 4500 公顷；直接经济损失 5300 余万元。

(17)4 月 28 日，河北省沧州市献县和衡水市故城县、饶阳县遭受雷电、瞬时大风、冰雹和短时强降水袭击。其中，献县风雹持续 15 分钟左右；故城县冰雹最大直径 20 毫米，日降水量 54.8 毫米。灾害共造成农作物受灾面积 2000 余公顷；受灾人口 1.2 万人；直接经济损失 1.1 亿元。

(18)4 月 30 日至 5 月 1 日，湖南省出现强降雨，并伴有雷电大风、冰雹等强对流天气。其中，沅陵县最大过程降雨量 158.4 毫米，长沙县 1 小时雨强达 81.3 毫米；湘西、湘北部分地区最大风速 17 米/秒以上。灾害共造成 2.9 万人受灾，死亡 2 人；直接经济损失 3552 万元。

(19)4 月 30 日至 5 月 1 日，四川省泸州、广元、宜宾 3 市 8 个县(区)遭受风雹、暴雨灾害。其中，泸州市合江县 1 小时最大降雨量 25.7 毫米，极大风速 30.3 米/秒。灾害共造成 13.8 万人受灾；8200 余间房屋不同程度损坏；农作物受灾面积 7500 公顷；直接经济损失 1 亿元。

(20)5 月 5—7 日，河北省石家庄、邯郸、邢台等 5 市 8 个县(区)遭受风雹灾害。其中，石家庄市赞皇县风雹持续 20 分钟，冰雹最大直径 20 毫米；邯郸市邱县、隆尧县冰雹最大直径 30 毫米，地面冰雹堆积厚度最大约 12 厘米，风雹持续时间最长 30 分钟；邢台市临城县风雹持续近 20 分钟。此次强对流天气共造成 14 万人受灾；农作物受灾面积 2.2 万公顷；直接经济损失 5600 余万元。

(21)5 月 6—7 日，河南省焦作、郑州、开封、洛阳、平顶山、驻马店、周口、许昌、南阳、漯河 10 市 39 个县(市、区)遭受风雹灾害。洛阳市区最大冰雹直径 30 毫米，风雹持续时间约 20 分钟；长葛市最大 2 小时降水量达 51.4 毫米；全省大部地区瞬时风速在 10 米/秒以上，其中沁阳、扶沟、睢县 3 站超过 20 米/秒。此次强对流天气共造成 174.4 万人受灾，2 人死亡；1.7 万间房屋不同程度损坏；农作物受灾面积 15.9 万公顷，其中绝收 2.4 万公顷；直接经济损失 12.1 亿元。

(22)5 月 6 日，山东省泰安、临沂、聊城 3 市 3 个县遭受风雹灾害，其中聊城市冠县风雹持续时间约 10 分钟。灾害共造成 5.6 万人受灾；农作物受灾面积 4200 公顷；直接经济损失 2100 余万元。

(23)5 月 6—8 日，陕西省宝鸡、咸阳、安康、商洛、西安 5 市 10 个县(区)遭受风雹灾害。其中，西安市南郊最大冰雹直径约 5 毫米，商洛市商州区瞬间极大风速 20.2 米/秒，丹凤县双槽最大过程降水量 99.2 毫米。灾害共造成 19.8 万人受灾，1 人死亡；农作物受灾面积 8100 公顷；直接经济损失 6600 万元。

(24)5 月 6—9 日，云南省昭通、文山 2 市(自治州)7 个县遭受大风、冰雹、短时强降雨袭击。其中，昭通市镇雄县风雹持续时间 30 多分钟，最大冰雹直径约 40 毫米，地面积雹厚 30 多厘米；永善县瞬时最大风速 14.7 米/秒，1 小时最大降水量 28.9 毫米，最大冰雹直径 35 毫米，风雹持续约 10 分钟。灾害共造成 40.9 万人受灾，1 人死亡；7.4 万间房屋不同程度损坏；农作物受灾面积 3.7 万公顷；直接经济损失 1.6 亿元。

(25)5 月 7—10 日，贵州省贵阳、六盘水、遵义、安顺、黔南、黔东南、铜仁等 9 市(自治州、地区)31 个县(市、区)遭受风雹灾害。其中，铜仁市碧江区 1 小时最大降雨量达 67.1 毫米，最大冰雹直径 20 毫米；遵义市余庆县极大风速 32.4 米/秒，冰雹直径 5～8 毫米，风雹持续时间 5～15 分钟；六盘水市水城县风雹持续时间最长约 30 分钟，冰雹最大直径 15 毫米。灾害共造成 28.4 万人受灾；

76900余间房屋不同程度损坏;农作物受灾面积1.6万公顷;直接经济损失1.6亿元。

(26)5月6—8日,四川省攀枝花、宜宾、阿坝、凉山、达州等市(自治州)9个县遭受大风、冰雹、短时强降雨等强对流天气袭击。其中,凉山彝族自治州雷波县冰雹最大直径12毫米,最大日降雨量51.2毫米;宜宾市筠连县瞬时最大风力达8级以上。灾害共造成10.2万人受灾;7600余间房屋不同程度损坏;农作物受灾面积5600公顷,其中绝收1000公顷;直接经济损失近2900万元。

(27)5月7—8日,湖北省十堰、宜昌、荆州3市5个县(市、区)遭受风雹、暴雨灾害,造成12.3万人受灾;2300余间房屋不同程度损坏;农作物受灾面积7000公顷;直接经济损失4300余万元。

(28)5月8日,安徽省淮北、宿州2市5个县(区)遭受风雹灾害,造成17.1万人受灾;3000余间房屋不同程度损坏;农作物受灾面积1.8万公顷;直接经济损失1亿元。

(29)5月8日,湖南省永州市江永县、宁远县、蓝山县遭受雷雨大风、冰雹和强降水袭击,其中宁远县极大风速达21.4米/秒。灾害共造成8.1万人受灾,直接经济损失7590万元。

(30)5月10—11日,湖北省武汉、鄂州、荆州、黄冈等市15个县(市、区)遭受风雹灾害,局部瞬时风力达7～9级,荆门等地最大风速25.1米/秒。灾害共造成33.9万人受灾,农作物受灾面积2.9万公顷,直接经济损失1亿元。

(31)5月10—11日,江西省萍乡、九江、新余等5市15个县(区)遭受风雹、洪涝灾害。其中,新余市最大风力8级,1小时最大降水量72.1毫米。灾害共造成19.5万人受灾;近1500间房屋不同程度损坏;农作物受灾面积1.1万公顷;直接经济损失8500余万元。

(32)5月10—11日,湖南省衡阳市常宁市和湘潭市湘潭县、岳塘区出现了大风、冰雹等灾害性天气。常宁市最大风速19.4米/秒,日最大降水量70.0毫米。灾害共造成8.4万人受灾,直接经济损失5600多万元。

(33)5月10—11日,广西南宁、桂林等市8个县(区)遭受风雹、暴雨灾害,造成5.7万人受灾,1人死亡;农作物受灾面积2400公顷;直接经济损失2300余万元。

(34)5月11—13日,贵州省六盘水、遵义、毕节、黔东南、黔西南5市(自治州)10个县(市、区)遭受风雹灾害。其中,遵义市桐梓县最大冰雹直径10毫米,12小时最大降水量79.9毫米;六盘水市水城县风雹持续时间最长约20分钟,最大冰雹直径28毫米。灾害共造成9.2万人受灾;5400余间房屋不同程度损坏;农作物受灾面积约3900公顷;直接经济损失约7000万元。

(35)5月11日,河南省南阳市4个县(区)遭受风雹、洪涝灾害,造成16.4万人受灾,农作物受灾面积1.9万公顷,直接经济损失1.2亿元。

(36)5月14—17日,贵州省遵义、铜仁、黔东南、黔西南4市(自治州)18个县(市、区)遭受风雹灾害。其中,黔西南布依族苗族自治州贞丰县风雹持续时间约40分钟,最大冰雹直径30毫米。全省10.8万人受灾,1人死亡;1300余间房屋不同程度损坏;农作物受灾面积3400公顷;直接经济损失8600余万元。

(37)5月16日,新疆兵团一师、阿拉尔农场、幸福农场垦区遭受冰雹袭击,造成3.5万公顷农作物受灾,直接经济损失2.0亿元。

(38)5月18—19日,新疆阿克苏地区5个县遭受风雹灾害,其中柯坪县、阿瓦提县风雹持续5～20分钟,最大冰雹直径10毫米,共造成6.5万人受灾,农作物受灾面积1.9万公顷,直接经济损失2.5亿元。兵团一师、二师、五师等6师12个团(场)遭受风雹灾害,冰雹直径2～10毫米,1小时最大降水量11.7毫米,导致1.8万人受灾,农作物受灾面积2.5万公顷,直接经济损失1.5亿元。

(39)5月19日,陕西省商洛、延安2市4个县(区)发生风雹灾害,其中商洛市洛南县风雹过程持续约20分钟,最大冰雹直径30毫米。此次灾害共造成3.4万人受灾,农作物受灾面积2200公顷,直接经济损失2600多万元。

(40)5月19日,甘肃省天水、平凉、定西等4市9个县(区)遭受风雹、暴雨灾害。其中,天水市张家川回族自治县风雹持续半小时,最大冰雹直径10毫米,1小时最大降水量29.8毫米;平凉市庄浪县风雹持续时间最长35分钟,地面最大积雹厚度4厘米,冰雹直径10～30毫米。灾害共造成14万人受灾,农作物受灾面积1.2万公顷,直接经济损失近8000万元。

(41)5月29—31日,甘肃省平凉、庆阳、白银、天水、张掖、定西、陇南7市16个县(区)遭受风雹、暴雨灾害。其中,平凉市静宁县2个小时降雨量25毫米,风雹持续时间最长约30分钟,最大冰雹直径28毫米,地面积雹厚度5～6厘米,崇信县最大风速达17.9米/秒,最大冰雹直径10毫米;庆阳市环县、镇原县风雹持续时间15～20分钟,最大冰雹直径12毫米;天水市秦安县风雹持续时间20分钟,冰雹最大直径约50毫米,地面积雹厚度约4厘米。全省共计39.1万人受灾;农作物受灾面积4.8万公顷;直接经济损失6.3亿元。

(42)5月31日至6月1日,吉林省长春、四平、松原、白城4市8个县(市、区)遭受风雹灾害。其中,四平市梨树县瞬时最大风速37.6米/秒,突破该站建站以来大风极值;白城市通榆县局地出现龙卷风。全省共计5.9万人受灾;损坏5300余间房屋;农作物受灾面积2.0万公顷;直接经济损失8400余万元。

(43)6月1日,四川省阿坝藏族羌族自治州3个县遭受风雹和强降水袭击。其中,金川县最大冰雹直径24毫米,10余处发生泥石流。灾害共造成7000余人受灾,直接经济损失3500余万元。

(44)6月2日,新疆阿克苏地区沙雅县和伊犁哈萨克自治州昭苏县、特克斯县遭受风雹灾害,造成1万余人受灾;农作物受灾面积6100公顷;直接经济损失3400余万元。

(45)6月2—4日,江苏省苏州、南通、镇江、泰州4市8个县(市、区)遭受风雹灾害,导致6.8万人受灾,农作物受灾面积3.2万公顷,直接经济损失3100余万元。

(46)6月3日,四川省阿坝、甘孜2自治州9个县遭受风雹灾害,其中阿坝藏族羌族自治州马尔康县最大冰雹直径9毫米。灾害共造成5.8万人受灾;近1700间房屋损坏;农作物受灾面积7600公顷,其中绝收4800公顷;直接经济损失1.9亿元。

(47)6月4日,山西省忻州、大同、朔州、晋中等5市8个县(区)遭受风雹灾害,其中忻州市偏关县冰雹最大直径5毫米。灾害共造成6.9万人受灾;农作物受灾面积9900公顷;直接经济损失4200余万元。

(48)6月5—6日,内蒙古赤峰、呼伦贝尔、兴安3市(盟)6个旗(市、区)遭受风雹、暴雨灾害。其中,赤峰市翁牛特旗风雹持续13分钟,最大冰雹直径20毫米;敖汉旗最大冰雹直径40毫米,低洼处最大积雹厚度近10厘米;呼伦贝尔市扎兰屯市风雹持续20多分钟,最大冰雹直径25毫米。灾害共造成5.3万人受灾;农作物受灾面积1.3万公顷;直接经济损失5300余万元。

(49)6月8—10日,陕西省宝鸡、延安、榆林3市9个县(区)出现大风、雷电、冰雹、短时强降雨等强对流天气,造成4.3万人受灾;农作物受灾面积6800公顷,其中绝收1000公顷;直接经济损失7700余万元。

(50)6月8—9日,甘肃省兰州、白银、张掖、定西、平凉、陇南、酒泉等9市(自治州)16个县(区)遭受风雹灾害。其中,白银市会宁县冰雹直径5～10毫米,风雹持续时间3～10分钟;平凉市华亭县最大冰雹直径25毫米,风雹持续时间最长20分钟;陇南市礼县最大冰雹直径15毫米,风雹持续时间约20分钟;酒泉市肃州区最大阵风7～8级,最大冰雹直径8毫米;张掖市高台县县城10分钟降水量9.8毫米,为近10年最强,极大风速达21.7米/秒,冰雹直径10～15毫米不等。全省共计15.4万人受灾;4600余间房屋损坏;农作物受灾面积2.2万公顷;直接经济损失1.1亿元。

(51)6月9—11日,新疆阿克苏、喀什、和田、塔城等7自治州(地区)22个县(市)遭受风雹、暴雨灾害。其中,塔城地区乌苏市降雹持续3～5分钟,冰雹直径约5毫米。灾害共造成36万人受灾;农作物受灾面积 7.5 万公顷，其中绝收 1.3 万公顷；直接经济损失 6.3 亿元。

(52)6 月 9—11 日，河北省石家庄、唐山、秦皇岛、张家口、保定、沧州、廊坊、邯郸、衡水、邢台 10 市 30 个县(市、区)遭受风雹灾害。其中，张家口市怀来县风雹持续时间约 20 分钟，冰雹最大直径 30 毫米；沧州市青县风雹持续时间 10～20 分钟，最大冰雹直径 30 毫米，河间市瞬时最大风力 9 级，最大冰雹直径 12 毫米；廊坊市文安县最大冰雹直径 20 毫米。全省共计 91.2 万人受灾，2 人死亡；农作物受灾面积 10.4 万公顷，其中绝收 2.0 万公顷；直接经济损失 4.6 亿元。

(53)6 月 10 日，河南省安阳、濮阳、鹤壁、新乡、平顶山、南阳等市部分县(区)遭受风雹灾害。其中濮阳市濮阳县最大风速达 29.5 米/秒(风力 11 级)；鹤壁市浚县最大冰雹直径 10 毫米，风雹持续时间约 10 分钟。灾害共造成 15.9 万人受灾，2 人死亡；近 3800 间房屋不同程度损坏；农作物受灾面积 1.2 万公顷；直接经济损失 1.5 亿元。

(54)6 月 10—11 日，山东省德州、聊城、菏泽、滨州 4 市 10 个县(区)遭受风雹灾害。其中，滨州市无棣县最大风速 30.6 米/秒(11 级)；菏泽市郓城县最大冰雹直径 5 毫米；德州市庆云县风雹持续时间约 10 分钟。灾害共造成 12.4 万人受灾；农作物受灾面积 1.3 万公顷；直接经济损失 4800 余万元。

(55)6 月 17 日，辽宁省抚顺、锦州、营口、朝阳 4 市 4 个县(市)遭受风雹灾害。其中，朝阳市建平县风雹持续时间 31 分钟，抚顺市清原县地面冰雹最厚达 18 厘米。灾害共造成 1.9 万人受灾，1 人死亡；农作物受灾面积 2200 公顷；直接经济损失 7100 余万元。

(56)6 月 21 日，内蒙古鄂尔多斯、呼伦贝尔 2 市 4 个县(旗)遭受风雹灾害。其中，鄂尔多斯市乌审旗最大冰雹直径达 40 毫米，风雹持续时间约 20 分钟；呼伦贝尔市鄂伦春旗风雹持续时间 30 分钟左右。灾害共造成近 2 万人受灾；农作物受灾面积 1.5 万公顷，其中绝收 1500 公顷；直接经济损失 5900 余万元。

(57)6 月 21 日，宁夏回族自治区中卫市中宁县、海原县及吴忠市同心县遭受冰雹、暴雨袭击，最大冰雹直径 10～25 毫米，风雹持续时间 20～30 分钟。灾害共造成 1.0 万人受灾，农作物受灾面积 3418 公顷，其中绝收 2080 公顷；直接经济损失 3253 万元。

(58)6 月 22—24 日，新疆喀什、博尔塔拉、巴音郭楞、喀什 4 市(自治州、地区)4 个县(市)及兵团一师、三师 2 师 4 个团遭受风雹灾害。其中，喀什地区英吉沙县最大冰雹直径 20 毫米；博尔塔拉蒙古自治州温泉县阵风 4～5 级。灾害共造成 1.2 万人受灾；农作物受灾面积 7900 公顷；直接经济损失 6600 余万元。

(59)6 月 28 日，黑龙江省哈尔滨、鸡西、双鸭山等 5 市 9 个县(市、区)遭受风雹灾害。灾害共造成 3.7 万人受灾；农作物受灾面积 9200 公顷，其中绝收 1200 公顷；直接经济损失 4000 余万元。

(60)6 月 29 日，新疆兵团二师 3 个团遭受风雹灾害，造成 900 余人受灾，农作物受灾面积 1600 公顷，直接经济损失 2500 余万元。

(61)7 月 3—6 日，甘肃兰州、白银、甘南、庆阳、定西、临夏等 7 市(自治州)18 个县(区)遭受风雹灾害。其中，庆阳市环县风雹持续时间约 30 分钟，最大冰雹直径 20 毫米。灾害共造成 10.7 万人受灾；农作物受灾面积 1.5 万公顷，其中绝收 1300 公顷；直接经济损失 5600 余万元。

(62)7 月 4 日，内蒙古呼和浩特、赤峰 2 市 4 个县(旗)遭受风雹灾害。其中赤峰市敖汉旗 1 小时最大降水量 19.2 毫米，风雹持续时间约 15 分钟，冰雹最大直径 15 毫米。灾害共造成 4 万余人受灾，农作物受灾面积 8300 公顷，直接经济损失 1900 余万元。

(63)7 月 4—6 日，山西省大同、朔州 2 市 8 个县遭受风雹灾害。其中，大同市阳高县冰雹最大直径 30 毫米，风雹持续时间 20 分钟。灾害共造成 11.5 万人受灾；农作物受灾面积 1.9 万公顷，绝收 2500 公顷；直接经济损失 2.4 亿元。

(64)7月4—7日，新疆博尔塔拉、伊犁、塔城、阿勒泰4地区(自治州)9个县(市)遭受风雹灾害。其中，阿勒泰地区哈巴河县冰雹最大直径达40毫米，福海县风雹持续时间15～20分钟，瞬间极大风速25.8米/秒。灾害共造成2.9万人受灾，1人死亡；农作物受灾面积1.8万公顷，其中绝收近5700公顷；直接经济损失1.9亿元。

(65)7月13—15日，河北省石家庄、邯郸、张家口、衡水4市15个县(市、区)遭受风雹灾害。其中，石家庄市深泽县极大风速18.5米/秒，行唐县风雹持续时间20多分钟；衡水市桃城区最大冰雹直径30毫米。灾害共造成19.4万人受灾；农作物受灾面积2.7万公顷，绝收1100公顷；直接经济损失3.0亿元。

(66)7月13—15日，甘肃省兰州、金昌、白银、武威、定西、平凉、庆阳、临夏8市(自治州)12个县(区)遭受风雹灾害。其中，兰州市永登县风雹持续时间20多分钟，最大冰雹直径40毫米。灾害共造成10.6万人受灾；农作物受灾面积1.0万公顷；直接经济损失1.8亿元。

(67)7月13—16日，青海省西宁、海东、海北、海南等5市(地区、自治州)12个县(区)遭受风雹灾害。其中，海东地区化隆回族自治县风雹持续时间7～8分钟，最大冰雹直径8毫米。灾害共造成16万人受灾，1人死亡；农作物受灾面积2.6万公顷，其中绝收5900公顷；直接经济损失1.7亿元。

(68)7月14日，山西省太原、大同、忻州3市8个县(区)遭受风雹、暴雨灾害。其中，忻州市定襄县最大风力7～8级，最大1小时降雨量达35.3毫米，风雹持续时间约20分钟。灾害共造成3.5万人受灾；农作物受灾面积7000公顷，其中绝收2800公顷；直接经济损失1.5亿元。

(69)7月14—15日，河南省开封、洛阳、焦作等5市9个县(市、区)遭受风雹灾害，造成16.5万人受灾，农作物受灾面积7500公顷，直接经济损失3200余万元。

(70)7月14—18日，陕西省西安、铜川、宝鸡、咸阳、延安、榆林等8市29个县(区)遭受大风、冰雹、暴雨袭击。其中，宝鸡市陇县风雹过程持续40多分钟，最大冰雹直径40毫米，麟游县麟北煤田极大风速达34.1米/秒；咸阳市旬邑县平均雹径15毫米，风雹持续时间30多分钟；延安市宝塔区2小时降水量达82.2毫米，富县风雹持续40分钟。全省共计33.2万人受灾，1人死亡；农作物受灾面积6.0万公顷，其中绝收1.1万公顷；直接经济损失9.1亿元。

(71)7月16日，内蒙古鄂尔多斯市5个旗遭受风雹、暴雨灾害，其中伊金霍洛旗风雹持续时间25分钟，冰雹直径约3毫米。灾害共造成1.3万人受灾；农作物受灾面积1.5万公顷；直接经济损失4200多万元。

(72)7月16日，甘肃省庆阳、平凉、临夏、定西、白银5市9个县遭受风雹灾害。其中，平凉市灵台县1小时最大降雨量达29.2毫米，风雹持续时间10～15分钟，最大冰雹直径40毫米；定西市临洮县冰雹直径6～10毫米，4个小时降雨量45毫米，风雹持续8～20分钟。灾害共造成25万人受灾，农作物受灾面积1.6万公顷，直接经济损失2400多万元。

(73)7月17日，甘肃省临夏、定西、天水、庆阳4市(自治州)5个县遭受风雹灾害。其中，临夏回族自治州永靖县40分钟降水量16.3毫米，风雹持续时间约10分钟，最大冰雹直径30毫米。灾害共造成13.3万人受灾；农作物受灾面积6505公顷；直接经济损失4545万元。

(74)7月18—19日，山西省运城、临汾、晋中、太原、吕梁、阳泉、大同7市11个县(市)部分乡镇遭受风雹袭击。其中，吕梁市古交市风雹持续时间5～15分钟，最大冰雹直径30毫米左右。灾害共造成5.2万人受灾；农作物受灾面积7300多公顷，直接经济损失7787万元。

(75)7月18日，甘肃省定西、平凉、庆阳市3市5个县遭受风雹灾害。其中庆阳市庆城县风雹持续时间30分钟左右，最大冰雹直径40毫米。灾害共造成5.0万人受灾；农作物受灾面积5070公顷；直接经济损失4010万元。

(76)7月19日，甘肃省平凉市灵台县、华亭县、泾川县遭受风雹灾害。其中，灵台县降雹持续时间约15分钟，冰雹最大直径30毫米；泾川县降雹持续26分钟，最大冰雹直径15毫米。灾害共造成超过1万人受灾；农作物受灾面积5800多公顷；直接经济损失1.1亿元。

（77）7月20—22日，山西省太原、忻州、长治、临汾、大同、阳泉6市8个县（区）遭受冰雹、暴雨、大风袭击。其中，长治市长子县最大风速19.8米/秒，1小时最大降水量34毫米，降雹持续15分钟，最大冰雹直径18毫米；灵丘县两个小时降雨量达108毫米。灾害共造成3.1万人受灾；农作物受灾面积9500多公顷；直接经济损失7780多万元。

（78）7月20—22日，甘肃省天水、张掖、庆阳、定西、陇南、兰州6市15个县（区）遭受风雹、暴雨灾害。其中，庆阳市环县风雹持续约30分钟，最大冰雹直径20毫米。灾害共造成11.2万人受灾，2人死亡；农作物受灾面积8800公顷，其中绝收近2000公顷；直接经济损失1.4亿元。

（79）7月21—22日，河北省邯郸、保定、张家口等4市18个县（市、区）遭受风雹灾害。其中，邯郸市降雹持续时间约15分钟，最大冰雹直径29毫米。灾害共造成19.5万人受灾，1人死亡；农作物受灾面积1.4万公顷；直接经济损失4500余万元。

（80）7月22日，云南省曲靖市沾益县和丽江市宁蒗县、华坪县遭受冰雹灾害，造成农作物受灾面积330多公顷；直接经济损失2640余万元。

（81）7月24—25日，河南省洛阳、安阳、新乡、濮阳4市9个县（市）遭受雷雨大风、冰雹、暴雨袭击。其中，新乡市获嘉县4个乡镇过程降水量超过50毫米，冰雹如杏核大小。灾害共造成13.5万人受灾，2人死亡；农作物受灾面积1.2万公顷；直接经济损失6780多万元。

（82）7月24日，陕西省渭南市合阳县、铜川市耀州区、延安市宝塔区出现短时强降水和大风、冰雹、雷电天气。其中，合阳县2小时最大降雨量26.5毫米，阵风6级，风雹持续时间25～45分钟，最大冰雹直径40毫米。灾害共造成1.3万人受灾，农作物受灾面积9768公顷，直接经济损失5000余万元。

（83）7月27—29日，吉林省长春、吉林、四平、松原、延边5市（自治州）6个县（市、区）遭受风雹灾害，导致2.6万人受灾；农作物受灾面积7000公顷，其中绝收1300公顷；直接经济损失近4600万元。

（84）7月27日，辽宁省阜新、朝阳、葫芦岛3市3个县（市）遭受风雹灾害，造成2.4万人受灾，1人死亡；农作物受灾面积4600公顷，其中绝收1600公顷；直接经济损失近2200万元。

（85）7月27—30日，内蒙古呼和浩特、包头、赤峰、乌兰察布、呼伦贝尔、鄂尔多斯6市（盟）31个县（市、区、旗）遭受风雹、暴雨灾害。其中，乌兰察布市丰镇市最大过程降雨量126.8毫米；呼伦贝尔市莫力达瓦达斡尔族自治旗最大1小时雨量达60.2毫米；鄂尔多斯市伊金霍洛旗风雹持续时间约30分钟；呼和浩特市土默特左旗最大冰雹直径30毫米。灾害共造成12.7万人受灾，3人死亡；农作物受灾面积2.7万公顷，绝收6200公顷；直接经济损失1.8亿元。

（86）7月27—30日，河北省张家口、石家庄、唐山、秦皇岛、承德、邢台、保定等9市54个县（市、区）遭受风雹、暴雨灾害。其中，邢台市内丘县最大冰雹直径20毫米，任县最大风力8～9级。灾害共造成83.7万人受灾，6人死亡；近6700间房屋不同程度损坏；农作物受灾面积7.9万公顷，其中绝收1.4万公顷；直接经济损失8.0亿元。

（87）7月27日，四川省成都、攀枝花、绵阳、宜宾、阿坝、凉山、资阳等7市（自治州）9个县（区）遭受风雹灾害。灾害共造成8.1万人受灾，2人死亡；1400余间房屋不同程度损坏；农作物受灾面积5800公顷，其中绝收1600公顷；直接经济损失7800余万元。

（88）7月30—31日，河南省洛阳、新乡、焦作、三门峡等7市14个县（市、区）遭受风雹灾害。其中，三门峡市灵宝市冰雹最大直径10毫米，最大风力8～9级。灾害共造成6.9万人受灾，1人死亡；农作物受灾面积5300公顷；直接经济损失3300余万元。

(89)7月30—31日，山东省济南、淄博、潍坊、临沂、德州、聊城、泰安7市25个县(市、区)遭受风雹、暴雨袭击。其中，临沂市蒙阴县全县平均降雨量108.3毫米，瞬时最大风力9级；潍坊市临朐县风雹持续10～20分钟，最大冰雹直径30毫米。灾害共造成95.9万人受灾；农作物受灾面积8.5万公顷，其中绝收1.1万公顷；直接经济损失8.2亿元。

(90)7月31日至8月1日，江苏省徐州、淮安、泰州等4市9个县(市、区)遭受风雹灾害，造成21.7万人受灾；1600余间房屋不同程度损坏；农作物受灾面积2.6万公顷，其中绝收1800公顷；直接经济损失4.4亿元。

(91)8月24日，陕西省铜川、延安、榆林等4市10个县(区)遭受风雹、洪涝灾害，造成5.1万人受灾；农作物受灾面积6200公顷，其中绝收1000公顷；直接经济损失5000余万元。

(92)8月1—4日，甘肃省兰州、白银、天水、定西、临夏、平凉等8市(自治州)17个县(市、区)遭受风雹、暴雨灾害。其中，临夏回族自治州和政县降雹持续时间10分钟左右，最大冰雹直径约15毫米，东乡县1个多小时最大降水量37.1毫米；天水市张家川回族自治县风雹持续19分钟，最大冰雹直径8毫米；平凉市静宁县风雹持续时间最长约30分钟，地面冰雹堆积厚度达5～6厘米。全省共计12.8万人受灾；农作物受灾面积1.3万公顷，其中绝收600余公顷；直接经济损失1.4亿元。

(93)8月1—4日，四川省攀枝花、乐山、宜宾、甘孜、凉山等9市(自治州)20个县(区)遭受风雹、暴雨灾害，造成3.4万人受灾；农作物受灾面积7200公顷，其中绝收1400余公顷；直接经济损失3000余万元。

(94)8月3—4日，河南省郑州、洛阳、焦作、鹤壁、新乡、三门峡、濮阳、开封8市23个县(市、区)遭受暴雨、大风、冰雹等强对流天气袭击。其中，三门峡市灵宝市最大风力8级，最大过程降雨量121.6毫米，最大冰雹直径30毫米。全省共计12.7万人受灾，2人死亡；农作物受灾面积9400余公顷；直接经济损失7900余万元。

(95)8月4—6日，湖北省十堰、宜昌、荆州、武汉、荆门、随州、恩施7市(自治州)20个县(市、区)出现暴雨、雷电、大风、冰雹等强对流天气。其中，宜昌市宜都市最大风力7～9级，聂家河镇最大1小时降雨量达80毫米；恩施土家族苗族自治州鹤峰县风雹持续时间约20分钟。灾害共造成19.7万人受灾；农作物受灾1.4万公顷；损坏房屋3800余间；直接经济损失1.2亿元。

(96)8月5—6日，河北省张家口、承德、保定3市8个县遭受风雹灾害。其中，张家口市怀来县风雹持续20分钟，最大冰雹直径40毫米。灾害共造成2.1万人受灾；农作物受灾面积3500公顷，其中绝收500余公顷；直接经济损失近1900万元。

(97)8月5—6日，山东省潍坊、临沂、泰安3市9个县(市、区)遭受风雹灾害，造成11.1万人受灾；1300余间房屋不同程度损坏；农作物受灾面积6300公顷；直接经济损失近4600万元。

(98)8月5—6日，江苏省徐州、连云港、淮安等6市12个县(市、区)遭受雷雨大风、冰雹、强降水天气袭击，局部出现龙卷风。此次风雹天气共造成6.3万人受灾，1人死亡；农作物受灾面积6600公顷；直接经济损失1.3亿元。

(99)8月5日，安徽省合肥、宿州、亳州3市5个县遭受风雹、暴雨灾害。其中，亳州市蒙城县最大1小时降雨量59.9毫米；合肥市肥西县、宿州市灵璧县极大风速分别达25.4米/秒、25.1米/秒。灾害共造成8.5万人受灾，1人死亡；农作物受灾面积近5800公顷；直接经济损失2280余万元。

(100)8月7日，内蒙古自治区赤峰市宁城县、翁牛特旗、敖汉旗出现冰雹、暴雨天气。宁城县风雹持续时间20分钟，最大冰雹直径40毫米；敖汉旗40分钟最大降雨量达43.2毫米，风雹持续约18分钟。灾害共造成1.2万人受灾；农作物受灾面积4700多公顷，成灾近2000公顷；直接经济损失2750多万元。

(101)8月11—12日，云南省曲靖、保山、临沧、大理、丽江、楚雄、玉溪、昭通、昆明、文山10市

(自治州)17个县(区、市)出现强对流天气。其中,大理白族自治州鹤庆县风雹持续时间15分钟;玉溪市峨山彝族自治县最大冰雹直径10毫米;昭通市昭阳区冰雹及强风持续时间约半小时;楚雄彝族自治州姚安县最大2小时降水量35.5毫米,最大风力8～9级。全省共计3.5万人受灾,农作物受灾面积6200多公顷,直接经济损失2.6亿元。

(102)8月14日,新疆博尔塔拉、克孜勒苏、伊犁3自治州4个县(市)遭受风雹灾害。克孜勒苏柯尔克孜自治州乌恰县测站冰雹最大直径8毫米。灾害共造成1.8万人受灾;农作物受灾面积1.2万公顷;直接经济损失7200余万元。

(103)8月17—20日,河北省石家庄、唐山、秦皇岛、保定、张家口等7市32个县(市、区)遭受风雹灾害。其中,张家口市部分县最大冰雹直径10～30毫米,风雹持续时间15～30分钟;保定市安新县最大冰雹直径12毫米;石家庄市深泽县测站最大风速15.0米/秒。全省共计59.5万人受灾;农作物受灾面积4.6万公顷,其中绝收7000公顷;直接经济损失近3.8亿元。

(104)8月20日,新疆兵团四师4个团遭受风雹灾害,造成5900余人受灾,农作物受灾面积3700公顷,直接经济损失近2600余万元。

(105)8月22—24日,河北省石家庄、唐山、邯郸、衡水、邢台等8市31个县(市、区)遭受风雹灾害,造成25.1万人受灾;农作物受灾面积2.5万公顷,其中绝收3300公顷;直接经济损失1.5亿元。

(106)8月22—24日,河南省开封、洛阳、平顶山、三门峡、濮阳、南阳、驻马店等8市11个县(市、区)遭受风雹灾害。其中,南阳市西峡县风雹最长持续时间约半小时;长垣县最大瞬时风速达21.5米/秒。灾害共造成32.4万人受灾;农作物受灾面积2.4万公顷,绝收1900公顷;直接经济损失2.4亿元。

(107)8月22—24日,山东省德州、济南、枣庄、泰安、聊城、滨州等7市14个县(市、区)遭受风雹、暴雨灾害。其中,滨州市无棣县降雹持续10分钟左右,最大冰雹直径20毫米,最大风力7级,1小时最大降水量42.1毫米;德州市武城县冰雹直径10毫米左右;济南市最大风速达到25.2米/秒;聊城市局地3小时最大降水量55.4毫米。全省共计16.4万人受灾;农作物受灾面积1.6万公顷,其中绝收1400公顷;直接经济损失9600余万元。

(108)8月23日,山西省阳泉、晋城、晋中、运城4市9个县遭受风雹、暴雨袭击。其中,运城市万荣县、芮城县、稷山县风雹持续时间约20分钟,最大冰雹直径10～30毫米;闻喜县风力达7级以上。此次灾害共造成6.1万人受灾;农作物受灾面积5060公顷;直接经济损失4960万元。

(109)8月23日,甘肃省天水、平凉、陇南、庆阳4市6个县(区)遭受风雹、暴雨灾害。其中,庆阳市正宁县风雹持续时间15分钟左右,测站最大冰雹直径6毫米,1小时最大降雨量30.4毫米。灾害共造成7.6万人受灾,农作物受灾面积5050公顷,直接经济损失近7880万元。

(110)8月26—27日,河南省洛阳、新乡、南阳、信阳4市5个县(区)遭受风雹灾害,造成11.6万人受灾,3人死亡;2300余间房屋不同程度损坏;农作物受灾面积1.1万公顷;直接经济损失7670多万元。

(111)8月26日,陕西省延安市宝塔区、洛川县和榆林市靖边县遭受风雹灾害,其中洛川县冰雹直径2～3毫米。灾害共造成1.2万人受灾,农作物受灾面积1000多公顷,其直接经济损失6800多万元。

(112)8月27—29日,山东省济南、潍坊、济宁、临沂、日照、聊城、菏泽、滨州8市14个县(市、区)遭受风雹灾害。其中,滨州市沾化区测站日降水量52.1毫米,极大风速18.1米/秒;聊城市东昌府区日降水量76.7毫米,极大风速26.0米/秒,莘县最大冰雹直径30毫米;日照市东港区风雹天气持续半小时,风力6～7级;菏泽市郓城县最大冰雹直径9毫米。全省共计27.3万人受灾;农作物受灾面积2.5万公顷,其中绝收4700公顷;直接经济损失2亿元。

(113)8月28日，河北省沧州、邢台、廊坊、唐山、衡水5市7个县(市)遭受雷雨大风、冰雹和短时强降水袭击。其中，沧州市东光县最大冰雹直径10毫米，极大风速19.3米/秒，泊头市日最大降水量34.4毫米；邢台市沙河市、廊坊市大城县冰雹最大直径达30毫米以上；唐山市滦南县瞬时最大风力达8级。灾害共造成1.8万人受灾；农作物受灾面积1.9万公顷；直接经济损失2.6亿元。

(114)8月28—30日，山西省大同、长治、晋中等4市15个县(区)遭受风雹灾害，造成17.4万人受灾；100余间房屋不同程度损坏；农作物受灾面积1.0万公顷，其中绝收1700公顷；直接经济损失1亿元。

(115)8月29—31日，河南省郑州、开封、洛阳、安阳等11市29个县(市、区)遭受风雹灾害。郑州市荥阳市风雹过程持续1小时。全省共计52.6万人受灾；农作物受灾面积4.4万公顷，绝收1400公顷；直接经济损失2.4亿元。

(116)8月30—31日，河北省石家庄、邢台、保定、沧州等6市9个县(区)遭受风雹灾害。其中，沧州市青县冰雹直径10毫米左右，沧县24小时最大降雨量达173毫米。灾害共造成2.9万人受灾；农作物受灾面积2900公顷；直接经济损失6300余万元。

(117)9月1日，山东省潍坊市青州市、临沂市河东区、菏泽市曹县遭受风雹灾害。其中，曹县过程降水量33.2毫米，极大风速10.6米/秒。灾害共造成2.1万人受灾，农作物受灾面积1700公顷，直接经济损失1000余万元。

(118)9月7—8日，新疆喀什地区麦盖提县、阿克苏地区柯坪县及兵团一师一团、兵团三师伽师总场遭受风雹和短时强降水袭击。其中，麦盖提县降雹持续约5分钟，最大冰雹直径10毫米。灾害共造成3100余人受灾，农作物受灾面积4970多公顷，直接经济损失1.8亿元。

(119)10月1日，河北省邯郸、邢台2市4个县(区)遭受风雹灾害。灾害共造成4.2万人受灾，农作物受灾面积1000公顷，直接经济损失近4200万元。

(120)10月1日，河南省郑州、洛阳、平顶山等4市6个县(市)遭受风雹灾害，造成1.4万人受灾，1人死亡；农作物受灾面积1300公顷；直接经济损失近2000万元。

(121)10月1日，陕西省咸阳市礼泉、旬邑、淳化等4个县遭受风雹灾害，造成24.5万人受灾；农作物受灾面积1.6万公顷；直接经济损失7900余万元。

(122)10月16—17日，贵州省贵阳、六盘水、毕节3市5个县(区)遭受风雹灾害。其中，六盘水市水城县风雹持续时间约40分钟，最大冰雹直径15毫米。灾害共造成3.1万人受灾；3800余间房屋不同程度损坏；农作物受灾面积1900公顷；直接经济损失3300余万元。

2.4.3 龙卷风

1. 主要特点

(1)发生次数明显偏少

2015年，全国有11个省(区)、26个县(市、区)发生了龙卷风(表2.4.1)，龙卷风出现次数较2005—2014年平均值(56个县次)明显偏少。

(2)主要发生在在夏季和春季

从2015年龙卷风的季节分布来看，春季发生最多，共出现龙卷风12县次，占全年总次数的46.2%；夏季次多，共出现龙卷风10县次，占全年的38.5%；秋季出现龙卷风4县次，占全年的15.4%；冬季没有出现龙卷风。从逐月分布来看，4月龙卷风最多，发生7县次，占全年26.9%；5月、8月次多，各发生5县次，各占全年19.2%；10月发生4县次，占全年15.4%；6月发生3县次，占全年11.5%；7月发生2县次，占全年7.7%；其他月份未发生龙卷风。

(3)江苏、安徽、广东发生相对较多

2015年，江苏龙卷风发生最多，有7县次，占全国龙卷风总数的26.9%；安徽次之，有5个县次，占全国龙卷风总数的19.2%；广东居第三位，有4个县次，占全国龙卷风总数的15.4%。

表2.4.1　2015年龙卷风简表

Table 2.4.1　List of major tornado events over China in 2015

发生时间（月·日）	发生地点	发生时间（月·日）	发生地点
4.13	浙江省温州市瑞安市	6.8	吉林省白城市通榆县
4.20	广东省汕头市澄海区	6.19	江苏省徐州市沛县
4.28	江苏省宿迁市泗洪县	7.1	黑龙江省哈尔滨市呼兰区
4.28	安徽省宿州市埇桥区、灵璧县、泗县、宿马园区	7.24	江苏省扬州市高邮市
5.8	湖南省永州市江永县	8.5	江苏省宿迁市泗洪县、盐城市大丰市
5.17	内蒙古自治区通辽市奈曼旗	8.6	江苏省南京市六合区、盐城市建湖县
5.19	辽宁省沈阳市康平县	8.9	安徽省宣城市宣州区
5.24	海南省海口市	10.4	广东省汕尾市海丰县、佛山市顺德区、广州市番禺区
5.31	吉林省白城市通榆县	10.26	江西省九江市德安县
6.7	黑龙江省绥化市庆安县		

2. 部分龙卷风及飑线灾害事例

(1)4月28日18时30分，江苏省宿迁市泗洪县部分乡镇遭受冰雹、大风及暴雨、龙卷风袭击，最大冰雹直径30毫米左右。灾害造成全县2640公顷小麦倒伏，20个钢架大棚受损，直接经济损失2185万元。

(2)4月28日15—18时，安徽省宿州市埇桥区、灵璧县、泗县、宿马园区等县区的26个乡镇不同程度遭受冰雹、龙卷风袭击，最大冰雹直径30毫米。全市共计40万人受灾，农作物受灾面积4.5万公顷，直接经济损失7610万元。

(3)5月8日10时，湖南省永州市江永县潇浦镇五爱村遭遇罕见龙卷风、冰雹袭击，持续时间约半个小时。灾害造成当地210户房屋受损，320多公顷农作物受灾，损坏树木500多棵。

(4)5月17日17时左右，内蒙古自治区通辽市奈曼旗出现龙卷风，局部瞬时最大风速达26.8米/秒。新镇、黄花塔拉苏木、沙日浩来镇3个苏木镇14个嘎查村共计31.3万人受灾；1208间农房受损；直接经济损失300万元，其中林业损失250万元。

(5)5月19日17时50分，辽宁省沈阳市康平县两家子乡前双山子、聂家窝堡村遭受龙卷风袭击，造成直接经济损失847万元。

(6)5月31日15时35分左右，吉林省白城市通榆县开通镇北郊八里铺、北城区遭到龙卷风袭击。龙卷风前后共持续约10分钟。全县共计2.7万人受灾；倒损房屋近600间；农作物受灾面积1.5万公顷，成灾面积6116公顷；死亡家禽1.6万只；直接经济损失2110万元。

(7)6月1日晚，重庆东方轮船公司所属"东方之星"号客轮航行至湖北省荆州市监利县长江大马洲水道时，遭受突发罕见的强对流天气(飑线伴有下击暴流)带来的强风暴雨袭击，瞬时极大风力达12～13级，1小时降雨量达94.4毫米，造成442人死亡。

(8)6月7日，黑龙江省绥化市庆安县大罗镇发生龙卷风，东阳村、东风村瞬间最大风力11级以上，持续时间约5分钟。灾害造成299人受灾，243间农房损坏，直接经济损失近100万元。

(9)6月19日傍晚，江苏省徐州市沛县西部地区遭受暴雨和龙卷风挟着冰雹袭击。此次灾害造成全县9.5万人受灾；农作物受灾面积6110公顷，成灾面积5540公顷，绝收面积1540公顷；房屋受损358间，倒塌房屋154间；直接经济损失1.5亿元。

(10)7月1日15时10分，黑龙江省哈尔滨市呼兰区遭受龙卷风、冰雹袭击，降雹过程持续41分钟，冰雹最大直径24毫米，龙卷风最大风速达70米/秒，持续约半分钟。灾害导致2.3万人受灾；农作物受灾面积4.1万公顷；损坏房屋284间；直接经济损失7447万元。

(11)7月24日12时15分许，江苏省扬州市高邮市区遭受龙卷风袭击，造成20多户房屋不同程度受损，几十棵树被连根拔起。

(12)8月5日14时40分左右，江苏省宿迁市泗洪县归仁、青阳、车门、上塘、四河、双沟等乡镇遭受龙卷风突袭。全县6条10千伏主干线路一度中断供电。同日17时40分左右，盐城市大丰市草堰镇合新村、成村、三渣村遭受龙卷风、冰雹和大暴雨袭击，造成333公顷农作物受灾。

(13)8月6日16时20—41分，江苏省盐城市建湖县颜单镇古虹村、三虹村、沈杨村共3个村遭受龙卷风袭击。龙卷风南北宽约2公里，东西宽3～4千米，由西南向东北移动，造成直接经济损失400万元。同日下午，南京市六合区遭遇狂风暴雨、冰雹和龙卷风袭击。

(14)8月9日19时许，受台风"苏迪罗"影响，安徽省宣城市宣州区境内部分乡镇遭受龙卷风袭击，造成沈村、养贤、朱桥、古泉等乡镇村民房屋倒塌，电力设施、树木及农作物严重受损，2人死亡。

(15)10月4日，受台风"彩虹"环流影响，广东省汕尾市海丰县、佛山市顺德区、广州市番禺区等地出现了龙卷风。10时左右，海丰县小漠镇南方澳度假村附近海域出现龙卷风(水龙卷)，持续1分多钟；15—16时，顺德区勒流镇、乐从镇、伦教镇、杏坛镇等地出现龙卷风，造成海珠、番禺大面积停水停电；17时，番禺区南村镇、石碁镇片区出现龙卷风。此次龙卷风导致4500人受灾，7人死亡，直接经济损失10.7亿元。

2.5 沙尘暴

2.5.1 基本概况

2015年，我国共出现了14次沙尘天气过程(表2.5.1)，其中11次出现在春季(3—5月)。2015年，我国沙尘首发时间接近2000—2014年平均值，但较2014年偏早26天；北方地区春季沙尘过程次数较常年同期偏少，但比2014年同期偏多，沙尘暴次数与2003年和2013年并列为2000年以来同期第一少；北方地区春季平均沙尘日数较常年同期明显偏少，为1961年以来历史同期第五少。

表2.5.1 2015年我国主要沙尘天气过程纪要表(中央气象台提供)

Table 2.5.1 List of major sand and dust storm events and associated disasters over China in 2015 (provided by Central Meteorological Observatory)

序号	起止时间	过程类型	主要影响系统	影响范围
1	2月21—22日	扬沙	地面冷锋、蒙古气旋	内蒙古中西部、陕西北部、华北北部、辽宁、吉林南部等地的部分地区出现扬沙或浮尘天气，内蒙古中部局地出现沙尘暴，朱日和、二连浩特出现强沙尘暴。

续表

序号	起止时间	过程类型	主要影响系统	影响范围
2	3月2日	扬沙	地面冷锋	南疆盆地、内蒙古西部、宁夏、陕西中北部、山西南部、河北南部、河南北部、山东北部等地出现扬沙或浮尘天气，南疆盆地东部局地出现强沙尘暴。
3	3月8日	扬沙	地面冷锋	南疆盆地、内蒙古西部、甘肃西部等地的部分地区出现扬沙或浮尘天气，南疆盆地若羌、且末出现沙尘暴。
4	3月14日	扬沙	地面气旋	内蒙古中部及东部偏南地区、山西北部出现扬沙或浮尘天气。
5	3月27—29日	扬沙	地面气旋	宁夏北部、内蒙古中西部、辽宁中部、北京、天津、河北、山东西部、江苏北部等地的部分地区出现扬沙或浮尘，内蒙古正蓝旗出现沙尘暴。
6	3月31日至4月1日	强沙尘暴	热低压、地面气旋和冷锋	宁夏北部、内蒙古西部、甘肃中西部、青海柴达木盆地、南疆大部出现扬沙或浮尘，部分地区出现沙尘暴，其中新疆铁干里克，内蒙古额济纳、拐子湖，甘肃敦煌、安西、肃北，青海小灶、诺木洪等地出现强沙尘暴。
7	4月15日	扬沙	地面冷锋	新疆东部、内蒙古中西部、宁夏北部、陕西北部、山西中北部、河北北部、东北地区西部等地出现扬沙天气，局地出现沙尘暴。
8	4月27—29日	沙尘暴	地面冷锋	南疆盆地大部、北疆中东部、甘肃西部、青海西北部等地出现扬沙天气，部分地区出现沙尘暴，其中南疆盆地西南部的墨玉县、和田县、民丰县，北疆玛纳斯县等地出现了强沙尘暴。此外，受锋面气旋影响，内蒙古中部、东北地区西南部部分地区出现扬沙。
9	4月30日	扬沙	地面冷锋	宁夏中北部、内蒙古河套西部等地的部分地区出现扬沙或浮尘天气。
10	5月5日	扬沙	地面气旋	内蒙古东南部、黑龙江南部、吉林、辽宁北部等地出现扬沙天气，其中内蒙古东南部、吉林西部局地有沙尘暴。
11	5月10日	扬沙	热低压、地面气旋和冷锋	新疆南疆盆地、青海柴达木盆地、内蒙古西部、宁夏北部、陕西西北部等地的部分地区出现扬沙或浮尘天气，南疆盆地局地出现沙尘暴或强沙尘暴。
12	5月31日	扬沙	地面气旋	内蒙古东南部、吉林西部、辽宁北部等地出现扬沙天气。
13	6月9—10日	扬沙	热低压、地面冷锋	新疆大部、内蒙古中部、宁夏东部、陕西西北部等地的部分地区出现扬沙或浮尘天气，南疆盆地局地出现沙尘暴或强沙尘暴。
14	8月15—17日	扬沙	地面冷锋	南疆盆地、青海北部、甘肃北部、宁夏北部、内蒙古西部等地的部分地区出现扬沙或浮尘天气。

2.5.2 2015 年我国北方沙尘天气主要特征和过程

1. 春季沙尘过程数较常年同期明显偏少，沙尘暴次数为 2000 年以来并列第一少

春季(3—5 月)，我国共出现 11 次沙尘天气过程(9 次扬沙，1 次沙尘暴，1 次强沙尘暴)(表 2.5.1)，较常年同期(17 次)明显偏少，接近 2000—2014 年同期平均(11.6 次)(表 2.5.2)。其中沙尘暴和强沙尘暴过程有 2 次，较 2000—2014 年同期平均次数(6.9 次)偏少 4.9 次，较 2014 年同期偏少 1 次，与 2003、2013 年并列为 2000 年以来历史同期最少(图 2.5.1)。11 次沙尘天气过程中有 5 次出现在 3 月，3 次出现在 4 月，3 次出现在 5 月(表 2.5.2)。

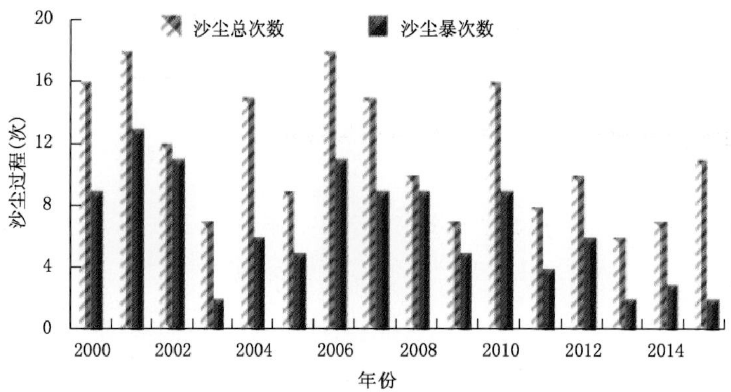

图 2.5.1 春季中国沙尘天气过程次数及沙尘暴过程次数历年变化图

Fig. 2.5.1 Frequency of sand and dust storm events over China in spring during 2000—2015

表 2.5.2 2000—2015 年春季(3—5 月)及各月我国沙尘天气过程统计

Table 2.5.2 Statistics of sand and dust storm events in spring (from March to May) during 2000—2015

时间	3 月	4 月	5 月	总计
2000 年	3	8	5	16
2001 年	7	8	3	18
2002 年	6	6	0	12
2003 年	0	4	3	7
2004 年	7	4	4	15
2005 年	1	6	2	9
2006 年	5	7	6	18
2007 年	4	5	6	15
2008 年	4	1	5	10
2009 年	3	3	1	7
2010 年	8	5	3	16
2011 年	3	4	1	8
2012 年	2	6	2	10
2013 年	3	2	1	6
2014 年	2	3	2	7
2015 年	5	3	3	11
2000—2014 年平均	3.9	4.8	2.9	11.6

2. 沙尘首发时间接近 2000—2014 年平均

2015 年，我国首次沙尘天气过程发生在 2 月 21 日，与 2000—2014 年平均首发时间(2 月 19 日)接近，但较 2014 年(3 月 19 日)偏早 26 天(表 2.5.3)。

表 2.5.3 2000 年以来历年沙尘天气最早发生时间

Table 2.5.3 The earliest beginning date of sand and dust storms during 2000—2015

年份	最早发生时间	年份	最早发生时间
2000	1 月 1 日	2008	2 月 11 日
2001	1 月 1 日	2009	2 月 19 日
2002	3 月 1 日	2010	3 月 8 日
2003	1 月 20 日	2011	3 月 12 日
2004	2 月 3 日	2012	3 月 20 日
2005	2 月 21 日	2013	2 月 24 日
2006	2 月 20 日	2014	3 月 19 日
2007	1 月 26 日	2015	2 月 21 日

3. 北方地区春季沙尘日数为 1961 年以来同期第五少

2015 年春季，我国北方平均沙尘日数为 2.6 天，较常年同期(5.1 天)偏少 2.5 天，比 2000—2014 年同期(3.7 天)偏少 1.1 天，为 1961 年以来历史同期第五少(图 2.5.2)；平均沙尘暴日数 0.3 天，分别比常年同期(1.1 天)和 2000—2014 年同期(0.8 天)偏少 0.8 天和 0.5 天，为 1961 年以来历史同期最少(图 2.5.3)。

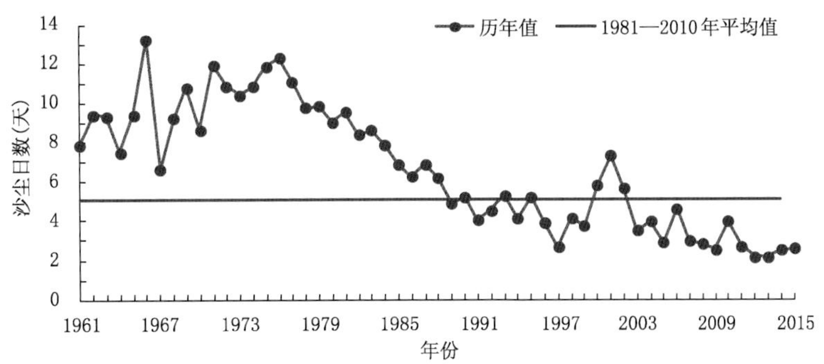

图 2.5.2 春季(3—5 月)中国北方沙尘(扬沙以上)日数历年变化图(1961—2015 年)

Fig. 2.5.2 Sand and dust (sand-blowing, sandstorm, strong sandstorm) days averaged over northern China in spring during 1961—2015

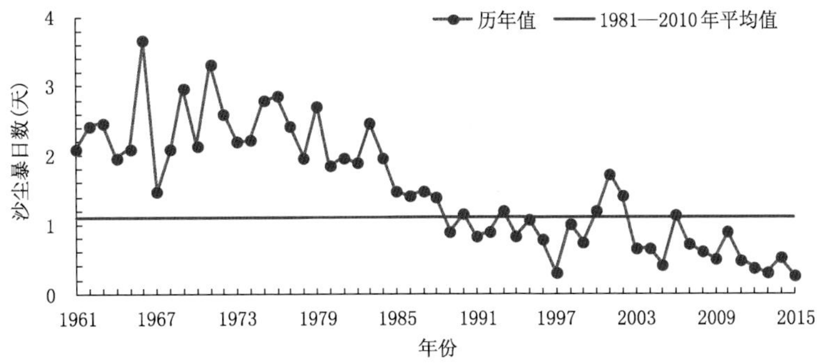

图 2.5.3 春季(3—5 月)中国北方沙尘暴日数历年变化图(1961—2015 年)

Fig. 2.5.3 Sandstorm days averaged over northern China in spring during 1961—2015

2015 年春季，沙尘天气出现在西北东北部和西部、华北北部、东北西南部及内蒙古大部、西藏西部等地，其中新疆南部、甘肃西部、青海西北部、宁夏北部、内蒙古中部和西部、辽宁西北部和吉林西部等地沙尘日数普遍在 3 天以上，南疆盆地、内蒙古西部和中北部等地部分地区沙尘日数超过 10

天，局部地区在15天以上(图2.5.4)。与常年同期相比，北方大部地区沙尘日数偏少，尤其是新疆西南部、内蒙古西部和中部、宁夏大部等地偏少5～10天，部分地区偏少10天以上(图2.5.5)。

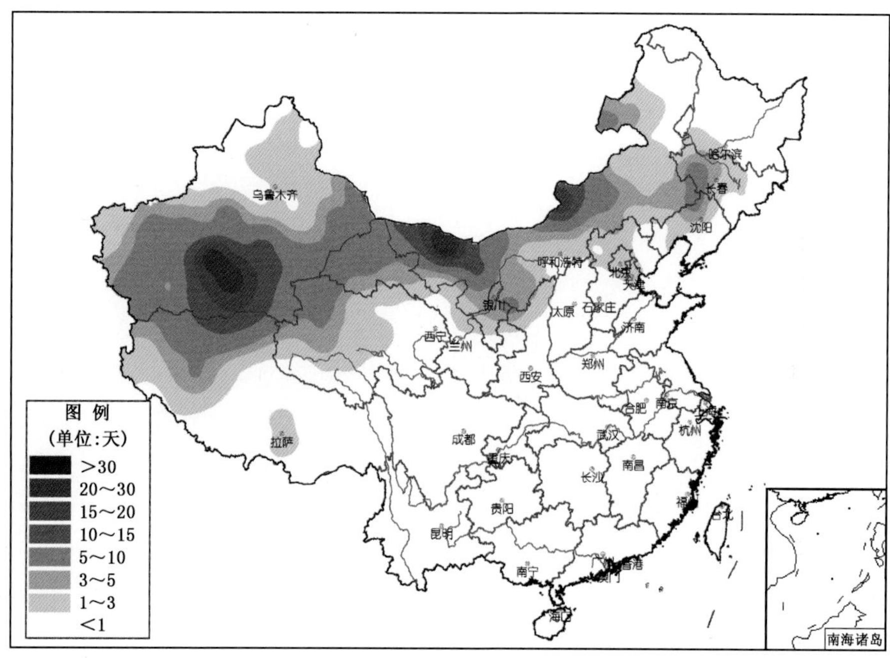

图2.5.4　2015年全国春季沙尘日数分布图(天)

Fig. 2.5.4　Distributions of sand and dust (sand-blowing, sandstorm, strong sandstorm) days over China in spring in 2015(unit:d)

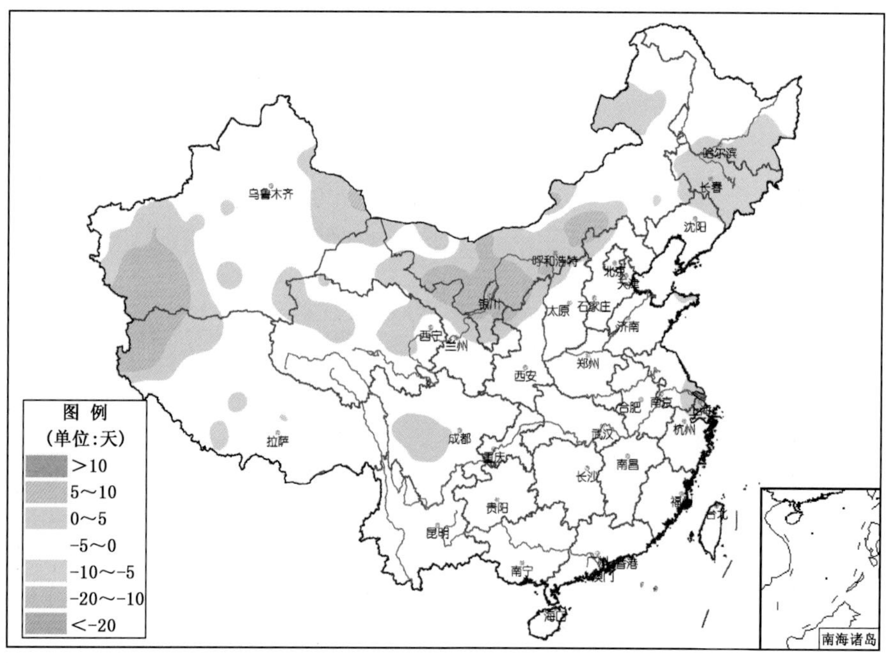

图2.5.5　2015年春季全国沙尘日数距平分布图(天)

Fig. 2.5.5　Distributions of sand and dust (sand-blowing, sandstorm, strong sandstorm) days anomaly over China in spring in 2015(unit:d)

2.5.3 沙尘天气影响

2015 年全国沙尘天气的影响总体偏轻，但部分较强沙尘天气过程对人们日常生活、空气质量、设施农业等产生不利影响。4 月 27—29 日的沙尘暴天气过程是 2015 年影响我国范围最广、造成损失最重的一次。

4 月 15 日，内蒙古、西北地区东部、华北、黄淮北部、东北地区西部等地出现 5～7 级风，阵风 8～9 级；内蒙古中南部、宁夏、陕西中北部、山西、河北、北京、天津、河南北部、山东北部及黑龙江西南部、吉林西部、辽宁西北部等地出现扬沙或浮尘天气，北京、山西东北部、内蒙古南部等地局地出现沙尘暴。沙尘天气对上述部分地区的民航、公路运输、设施农业造成一定影响，空气质量明显下降，影响人民群众的正常生活。4 月 15 日，沙尘暴随 9 级大风袭击北京，黄沙弥漫，能见度迅速下降，多个监测站点 PM_{10} 小时浓度超过 1000 微克/立方米，达到重度污染。同日，内蒙古呼和浩特机场多架航班延误；乌兰察布市集宁区大风沙尘天气造成 1 人死亡，部分路灯、广告牌、房屋玻璃等不同程度受损。。

4 月 27—29 日，南疆盆地大部、北疆中东部、甘肃西部、青海西北部、内蒙古中部、东北地区西南部等地出现了扬沙天气，部分地区出现沙尘暴。其中，南疆盆地西南部的墨玉县、和田县、民丰县，北疆玛纳斯县等地出现了强沙尘暴。此次沙尘天气造成新疆克拉玛依、吐鲁番、哈密等 12 地（市、自治州）28 个县（市、区）64.1 万人受灾，农作物受灾面积 9.5 万公顷，其中绝收 1600 公顷，200 余间房屋不同程度损坏，直接经济损失 2.3 亿元；新疆生产建设兵团一师、二师、三师等 12 师 64 个团（场）4.9 万人受灾，农作物受灾面积 4.2 万公顷，直接经济损失 5600 余万元。南疆铁路客运吐鲁番至鱼儿沟干线及兰新铁路客运百里风区干线列车停运 20 个小时；乌拉泊至小草湖高速公路实施大货车双向管制 20 个小时。

2.6 低温冷冻害和雪灾

2.6.1 基本概况

2015 年，全国平均霜冻日数（日最低气温≤2℃）111.6 天，较常年偏少 9.8 天，为 1961 年以来最少（图 2.6.1）。全国平均降雪日数 14.9 天，比常年偏少 11.5 天，为 1961 年以来第 2 少（图 2.6.2）。

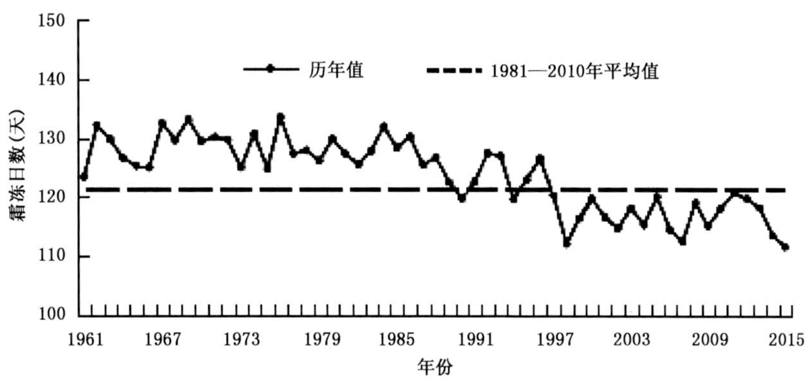

图 2.6.1　1961—2015 年全国平均霜冻日数历年变化图（天）
Fig. 2.6.1　Annual frost days over China during 1961—2015 (unit:d)

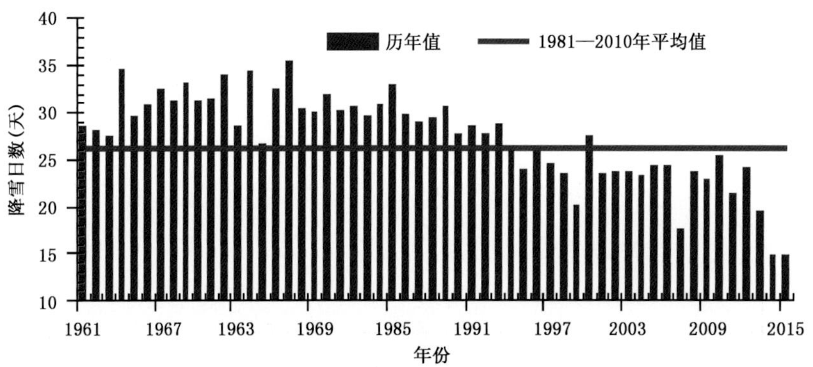

图 2.6.2 1961—2015 年全国平均年降雪日数历年变化图(天)

Fig. 2.6.2 Annual snowfall days over China during 1961—2015 (unit:d)

2015 年,全国因低温冷冻害和雪灾造成农作物受灾面积 90.0 万公顷,其中绝收面积 3.7 万公顷;729.6 万人次受灾,8 人死亡;直接经济损失 89.0 亿元。与 2014 年相比,受灾面积、死亡人数和直接经济损失均偏少。总体而言,2015 年为低温冷冻害和雪灾偏轻年份。

2015 年,我国主要低温冷冻害和雪灾事件有(表 2.6.1):1 月下旬中东部地区出现大范围雨雪降温天气;2 月东北地区降雪量显著偏多;4 月上旬南方遭遇倒春寒;5 月上中旬北方部分地区遭受霜冻灾害;10 月,黑龙江、内蒙古遭受低温冻害;11 月下旬中东部部分地区遭遇雪灾;12 月上中旬,北方部分地区遭遇雪灾。

表 2.6.1 2015 年全国主要低温冷冻害和雪灾事件简表

Table2.6.1 List of major low-temperature, frost and snowstorm events over China in 2015

时间	影响地区	灾害概况
1 月下旬	中东部地区	1 月 27—31 日,西北东部、华北西南部、黄淮西部、江淮、江南北部、西南东部等地出现降雪或雨夹雪。山西南部、河南中南部、湖北北部、安徽中部等地最大积雪深度 5～10 厘米,局部超过 10 厘米,安徽舒城和霍山达 20 厘米。强降雪天气对当地交通运输和设施农业造成了一定的不利影响。
2 月	东北地区	2 月,黑龙江降水量为 1961 年以来历史同期最多。2 月 21 日,黑龙江出现强降雪天气,有 6 个台站降暴雪,30 个台站降大雪, 22 日,10 个台站降暴雪,8 个台站降大雪。 2 月 25 日,辽宁省大连市发生雪灾,积雪深度 15 厘米,大棚损坏 30 座,直接经济损失 2713.5 万元。
4 月上旬	南方地区	4 月 1—9 日,湖北省日平均气温普降 5～17℃,大部地区较常年同期偏低 2～4℃,8 日过程极端最低气温普遍为 2～6℃,鄂西中高山地区最低气温降至 0℃左右,出现了全省范围的倒春寒天气。全省 1.7 万公顷茶园受到冻害,造成经济损失约 2 亿元。 4 月 5—14 日,湖南省出现大范围降温天气过程,大部达到轻到中度“倒春寒”天气标准,对全省早稻秧构成一定影响。

续表

时间	影响地区	灾害概况
5月上中旬	北方部分地区	5月5—16日，北方地区出现大范围降温天气，部分地区最大降温幅度达8～12℃，青海、甘肃、宁夏、陕西、山西、河北等省（区）出苗较早的作物遭受冻害。
10月	黑龙江、内蒙古	10月上旬黑龙江哈尔滨和绥化、10月中旬绥化市北林区遭受低温冷冻灾害。 10月，内蒙古赤峰市、呼伦贝尔市先后遭受了低温冷冻灾害。
11月下旬	中东部地区	11月23—25日，河南省出现区域性强冷空气过程，全省98.2%的观测站达到中等以上强度等级。其中有70%站达强冷空气等级，6%站达寒潮等级。 11月22—26日，山西先后有56个县（市）出现寒潮天气，占统计站数的52%，其中广灵24小时降温幅度最大，达10.1℃，大同48小时降温幅度最大，达14.3℃。 11月23—24日，山东鲁南和鲁中南部部分地区出现大到暴雪，造成部分乡镇的蔬菜大棚倒塌受损，部分农作物和草莓等经济作物不同程度受损减产，部分房屋和企业厂房倒塌或损坏。
12月上中旬	北方部分地区	12月1—3日，内蒙古巴彦淖尔市乌拉特后旗遭受雪灾，共造成受灾人口3735人，受灾面积106万公顷，受灾牲畜28.38万头（只），死亡大牲畜20头、羊2161只，直接经济损失516万元。 12月3日，黑龙江11个台站降暴雪，4个台站降大暴雪，导致高速公路封闭、航班延误，给人们出行带来严重影响。 12月9—13日，新疆出现了一次区域性寒潮暴雪过程。天山山区及其两侧出现大到暴雪，其中乌鲁木齐出现历史最强暴雪（过程累计降雪量达46.3毫米，积雪深度45厘米），乌鲁木齐等10站最大日降雪量破历史极值；乌鲁木齐等6县遭受雪灾。

2.6.2 低温冷冻害和雪灾的影响

1. 1月下旬，中东部地区出现大范围雨雪降温天气

1月27—31日，西北东部、华北西南部、黄淮西部、江淮、江南北部、西南东部等地出现降雪或雨夹雪，降水量一般有5～10毫米，河南南部、湖北、安徽中南部、江苏南部、浙江北部、江西北部、湖南东北部等地有10～25毫米，局部超过25毫米。山西南部、河南中南部、湖北北部、安徽中部等地最大积雪深度5～10厘米，局部超过10厘米，安徽舒城与霍山达20厘米。强降雪天气对当地交通运输和设施农业造成了一定的不利影响。

安徽 1月27—30日，安徽出现大范围降雪天气，有71个市（县）出现积雪，以29日范围最广，达65个。沿淮西部及江淮之间最大积雪深度超过10厘米，其中六安和舒城21厘米，霍山20厘米，巢湖和含山19厘米，肥西和马鞍山18厘米，合肥16厘米；有33个市（县）最大积雪深度为2009年以来历史同期最大。受降雪天气影响，安徽境内多条高速公路实行交通管制或封闭。

贵州 1月28日，贵州省铜仁市出现了低温冰冻天气，全市大部最低气温降至1℃以下。铜仁大兴、万山、梵净山及地势高处出现冻雨和道路结冰，铜仁凤凰机场跑道结冰，29日机场被迫临时关闭，取消航班累计达到 92 架次。29 日清晨，铜仁市碧江区川硐教育园区路段因路面结冰，造成 4 车相撞，4 人受伤。

湖北 1 月 27 日至 2 月 2 日，湖北省出现大范围雨雪过程，共 69 县（市）出现积雪，其中有 4 县（市）超过 10 厘米，最大积雪达到 12 厘米（十堰、老河口、枣阳）；1 月 28—29 日，江汉平原南部、宜昌东部、荆门地区东部出现冻雨。

湖南 1 月 27 日至 2 月 2 日，湖南省出现一次范围较广的低温雨雪冰冻天气，共有 50 个县（市）出现冰冻，主要分布在湘中以北地区，其中凤凰冰冻持续时间为 5 天。受冰冻雨雪天气影响，湖南境内多条干道出现道路结冰现象。

江苏 1 月 27—29 日，江苏省出现大范围雨雪天气过程，南京、镇江、南通和扬州部分地区出现大到暴雪，除东南部地区外，其余大部分地区出现积雪，16 站积雪深度超过 5 厘米，主要集中在江淮地区，最大积雪深度出现在东台达 9 厘米。受降雪天气影响，江苏多地菜价、肉价上涨。

2.2 月，东北地区降雪量显著偏多

2 月，除黑龙江东部、辽宁西部降水量为 5～10 毫米外，东北其余大部地区降水量有 10～25 毫米；与常年同期相比，东北大部地区降水量偏多 1～3 倍，黑龙江西部、吉林西部偏多 3～4 倍，局部地区偏多 4 倍以上。东北三省区域平均降雪量 14.8 毫米，为 1961 年以来历史同期第 4 多。东北大部地区降雪日数有 5～10 天，比常年同期偏多 1～3 天。吉林、黑龙江大部积雪日数有 10～20 天，部分地区超过 20 天。降雪量大，降雪日数多，积雪时间长，给交通和人们出行带来不利影响。

黑龙江 黑龙江 2 月降水量为 1961 年以来历史同期最多。其中，2 月 21 日全省出现强降雪天气，有 6 个台站降暴雪，30 个台站降大雪；2 月 22 日，10 个台站降暴雪，8 个台站降大雪。受降雪天气影响，黑龙江省境内主干线高速公路全线封闭。哈尔滨火车站大量旅客滞留。

辽宁 2 月 25 日，辽宁省出现强降雪天气，大连市遭受雪灾，积雪深度 15 厘米，大棚损坏 30 座，直接经济损失 2713.5 万元。大雪造成辽宁境内近 20 条高速公路封闭，10 条高速公路限行。省快速汽车客运站的客运车辆全部停运；大连、丹东、锦州等附近海域航线也受到影响。

3.4 月上旬，南方遭遇倒春寒

4 月上旬，江淮东部、江汉、江南等地出现大幅降温，最大降温幅度普遍有 14～20℃，局部地区达 20℃以上，湖北、江西、湖南和安徽等地极端最低气温在 6℃以下，部分地区最低气温降至 0℃左右。江汉南部和江南大部出现倒春寒天气，部分直播早稻出现烂种烂秧，蔬菜、茶叶、果树、中药材等遭受不同程度冻害。

湖北 4 月 1—9 日，湖北省日平均气温普降 5～17℃，大部地区气温较常年同期偏低 2～4℃。6—9 日湖北大部日平均气温不足 12℃，其中 7—8 日大部地区日平均气温在 10℃以下，8 日出现过程极端最低气温 2～6℃，鄂西中高山地区最低气温降至 0℃左右，出现了全省范围的倒春寒天气，其中神农架地区为重度，荆门、利川、咸丰、宣恩为中度，其他地区为轻度倒春寒。全省近 1.7 万公顷茶园受到冻害，经济损失约 2 亿元。

湖南 4 月 5—14 日，湖南省出现大范围降温过程，全省大部达到轻到中度“倒春寒”天气标准，对全省早稻育秧造成一定不利影响。

4.5 月上中旬，北方部分地区遭受霜冻灾害

5 月 5—16 日，我国北方出现大范围降温天气过程，华北、黄淮北部、西北地区东北部、内蒙古大部、黑龙江北部、吉林东部等地过程最大降温幅度有 8～12℃，部分地区超过 12℃。5 月 10 日，北京南郊观象台日最高气温为 5 月上旬 1961 年以来历史同期最低值。青海、甘肃、宁夏、陕西、山西、河北等省（区）露地蔬菜及出苗较早的春播作物遭受冻害，直接经济损失达 5.2 亿元。

河北 5 月 12—13 日，河北承德、张家口等地果树、玉米、谷子等遭受冻害，受灾面积约 4 万公顷。

山西 5月12日，山西省吕梁市部分地段的早播玉米受到霜冻害。5月12日，忻州市五寨出现霜冻，受灾人口3.5万人，玉米、谷子、胡麻等农作物受灾，受灾面积为1.0万公顷，成灾面积9500公顷。

5.10月，黑龙江、内蒙古遭受低温冻害

10月8—11日，受较强冷空气影响，东北、华北等地出现明显大风降温天气，局地降幅较大。其中，内蒙古呼伦贝尔市阿荣旗最低气温达－1℃，黑龙江哈尔滨、绥化部分地区最低气温达－2℃。黑龙江哈尔滨、绥化遭受低温冷冻灾害，共造成农作物受灾面积2.2万公顷，直接经济损失9200余万元。10月中旬，内蒙古呼伦贝尔市阿荣旗遭受低温冷冻灾害，农作物受灾面积4000公顷，直接经济损失1600余万元。

6.11月下旬，中东部地区遭遇寒潮、雪灾

11月21—27日，我国中东部地区出现大范围低温、雨雪天气，最低气温0℃线南压至长江中下游地区，华北大部最低气温为－16～－8℃，其中河北北部和山西北部达－24～－16℃；山东中西部最低气温降至－14～－9℃。河北保定(－15.6℃)、山东济南(－10.1℃)等113站的最低气温跌破1961年以来11月最低气温记录；华北、黄淮、江淮等地降水量15～30毫米，山东中南部、河南北部和江苏中北部等地有30～60毫米，山东南部局地达71毫米。山东济宁、菏泽等地最大积雪深度达25～32厘米，菏泽雪深突破了当地近30年来的历史纪录。寒潮大雪天气导致河北、山东等省用电负荷大幅增加，各大医院感冒患者人数激增，大雪还造成公交停运，中小学停课，设施农业、交通出行受到严重影响。

河南 11月23—25日，河南省出现区域性强冷空气过程，全省111个监测站中有109站(占98.2%)达到中等以上强度等级。其中有78站(占70%)达强冷空气等级；7站(占6%)(主要出现在周口)达寒潮等级。受强冷空气影响，全省出现近五年来最大降雪过程。23日8时至25日5时，全省平均降雪(雨)量21毫米。中北部最大积雪深度多在10厘米以上，其中长垣县积雪深度最大，达到24.2厘米。降雪造成多条高速公路被管制，高速铁路降速运行，多个航班延误。

山西 11月22—26日，山西先后有56个县(市)出现寒潮天气，占统计站数的52%，其中广灵24小时降温幅度最大，达10.1℃，大同48小时降温幅度最大，达14.3℃。

山东 11月23—24日，鲁南和鲁中的南部部分地区出现大到暴雪。持续降雪造成部分乡镇的蔬菜大棚倒塌受损，部分农作物和草莓等经济作物不同程度受损减产，部分房屋和企业厂房倒塌或损坏。灾情涉及临沂、济宁、枣庄、泰安、日照、德州、菏泽等7市、48个县(市、区)和7个开发区的491个乡镇。灾害导致山东省受灾人口48.2万人，死亡4人；农作物受灾面积2.1万公顷；直接经济损失21.9亿元，其中农业损失14.3亿元。

7.12月，北方部分地区出现强降雪天气

12月，我国北方大部有1～5天的降雪天气，其中新疆北部、黑龙江中部和东北部、吉林中部、内蒙古东北部局地降雪日数在10天以上。1—3日，东北地区大部和内蒙古东部出现强降雪天气，黑龙江东部和吉林中部有暴雪或特大暴雪，累计降雪量达17～26毫米。9—13日，新疆多地出现大到暴雪，乌鲁木齐市遭遇特大暴雪袭击，为1951年以来首次出现特大暴雪，打破了冬季最强单日降雪纪录(累计降水量达46毫米)；降雪造成大面积航班延误，部分中小学停课。

内蒙古 12月1—3日，巴彦淖尔市乌拉特后旗遭受雪灾，造成受灾人口3735人，受灾面积106万公顷，受灾牲畜28.4万头(只)，死亡大牲畜20头、羊2161只，直接经济损失516万元。

黑龙江 12月3日，黑龙江省有11个台站降暴雪，4个台站降大暴雪。暴雪天气导致高速公路封闭、航班延误，给人们出行带来严重影响。

新疆 12 月 9—13 日，新疆出现了一次区域性寒潮暴雪过程。天山山区及其两侧出现大到暴雪，其中乌鲁木齐等 10 站最大日降雪量破历史极值。乌鲁木齐等地遭受雪灾，造成 3526 人受灾，直接经济损失 674.4 万元。

2.7 雾和霾

2015 年，我国雾主要分布在黄淮中部和东南部、江汉大部、江淮东部、江南东部、四川盆地东部及湖南中部、辽宁东部、北疆等地；霾主要分布在东北南部、华北、黄淮东部、江淮中部和东部、江南北部、华南中部等地。全年共出现 11 次大范围的雾霾天气过程，对交通运输、人体健康产生较大影响。

2.7.1 基本概况

2015 年，我国的雾主要出现在 100°E 以东地区及新疆北部，中东部地区及新疆北部雾日数一般有 10～30 天，黄淮中部和东南部、江汉大部、江淮东部、江南东部、四川盆地东部以及福建北部、湖南中部、辽宁东部、北疆等地在 30 天以上（图 2.7.1）。

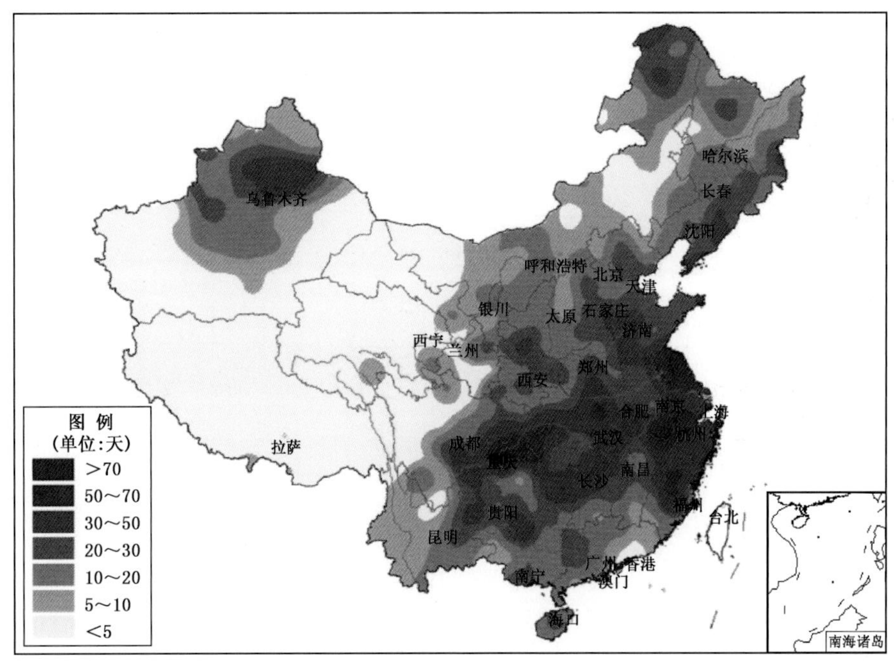

图 2.7.1 2015 年全国雾日数分布图（天）
Fig. 2.7.1 Distribution of fog days over China in 2015 (unit:d)

2015 年，我国 100°E 以东地区平均雾日数 23.6 天，较常年偏多 2 天，为 1995 年以来最多（图 2.7.2）。2015 年我国雾多发月份为 11 月和 12 月，分别占全年雾日数的 14% 和 17%（图 2.7.3）。

2015 年，我国中东部地区霾日数普遍有 20～50 天，其中，吉林中南部、辽宁中部、北京、山西中南部、河北南部、河南西北部、山东西部、江苏、安徽东北部、广东中西部等地有 50～70 天，局地超过 70 天（图 2.7.4）。

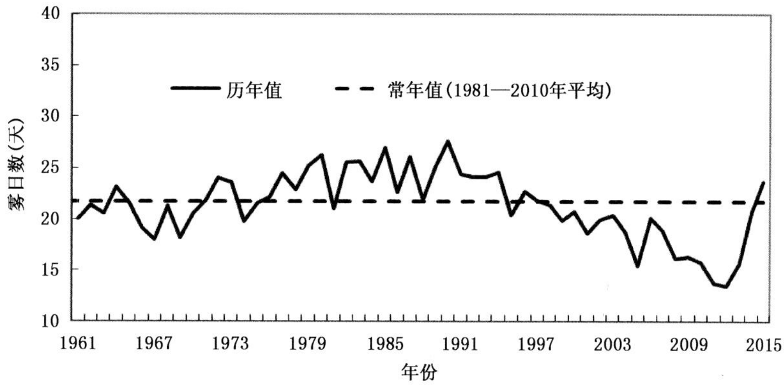

图 2.7.2　1961—2015 年中国 100°E 以东地区平均年雾日数历年变化图(天)

Fig. 2.7.2　Annual variations of area averaged fog days in the area east of 100°E of China during 1961—2015 (unit: d)

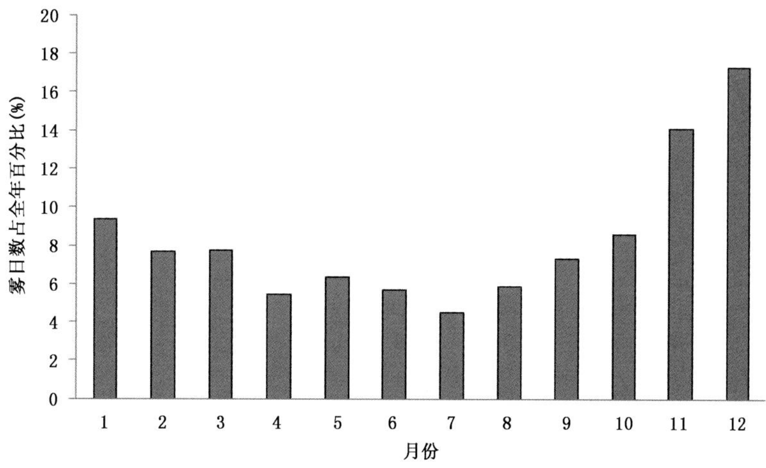

图 2.7.3　2015 年各月雾日数占全年的百分比(%)

Fig. 2.7.3　Monthly percentage distribution of fog days over China in 2015 (unit:%)

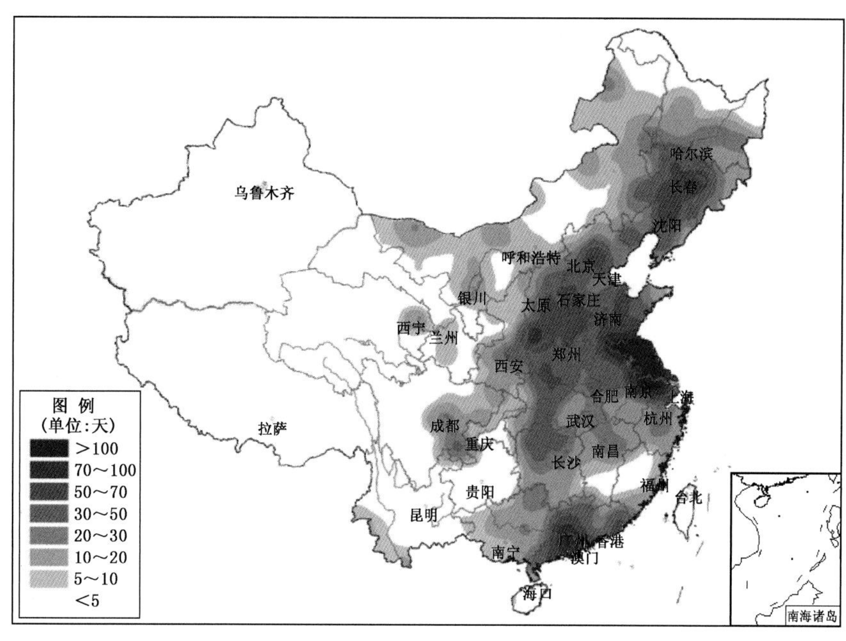

图 2.7.4　2015 年全国霾日数分布图(天)

Fig. 2.7.4　Distribution of haze days over China in 2015 (unit:d)

2015 年，我国 100°E 以东地区平均霾日数为 27.5 天，比常年偏多 18 天，为 1961 年以来第三多，仅次于 2013 年和 2014 年(图 2.7.5)。2015 年我国霾多发月份为 1—3 月和 10—12 月，这 6 个月的霾日数占全年的 77%，其中 1 月最多，12 月次多(图 2.7.6)。

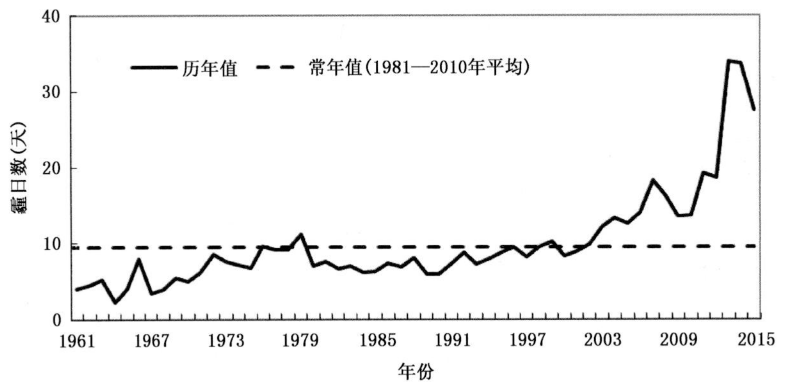

图 2.7.5　1961—2015 年中国 100°E 以东地区平均年霾日数历年变化图(天)

Fig. 2.7.5　Annual variations of averaged haze days in the area east of 100°E of China during 1961—2015 (unit: d)

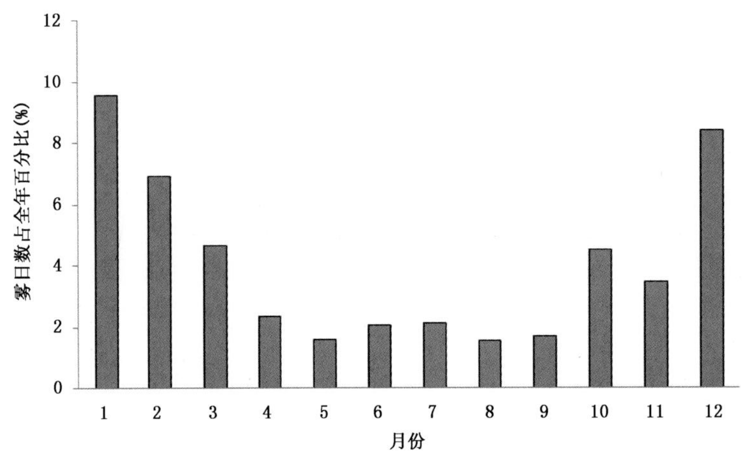

图 2.7.6　2015 年各月霾日数占全年的百分比(%)

Fig. 2.7.6　Monthly percentage distribution of haze days over China in 2015 (unit: %)

2.7.2　主要雾和霾灾害事例

2015 年，我国共出现 11 次大范围、持续性雾霾天气过程(主要集中在 1 月、11 月和 12 月)，空气污染程度重，能见度低，对交通运输以及人体健康不利。主要雾和霾的灾害事例如下：

1. 1 月，4 次大范围雾霾天气过程使我国中东部地区交通受阻

1 月，我国主要有 4 次雾霾过程：2—5 日，华北、黄淮、江淮、江汉及陕西等地出现霾，河北南部、江苏北部等地出现重度霾；8—11 日，华北南部、黄淮、江淮以及湖北、湖南等地出现雾、霾；13—16 日，华北、黄淮、四川盆地及陕西、湖北、湖南、江苏、安徽等地出现雾、霾，部分地区出现重度霾，北京中南部、天津西部、河北中部、湖南、江西北部等地的部分地区一度出现能见度不足 1000 米的雾；23—26 日，华北、黄淮等地出现中度或重度霾，京津冀多个站点 23 日 $PM_{2.5}$ 日均浓度超过 150 微克/立方米，其中北京朝阳最高，最大小时均值浓度达 386.5 微克/立方米。雾霾导致湖北、江苏、江西、四川、天津、山东、广西、贵州、云南等地多条高速公路临时封闭，多个航班延误。其中，13 日，京昆高速川北段受大雾影响导致多车追尾，南充境内高速公路连续 6 天因大雾实施交通管制，贵阳龙洞堡国际机场有 50 架次航班延误；14—15 日，天津多个高速公路封闭，天津机场 38 个出港航班、24 个进港航班不能正常起降；15—16 日，山东有 50 多个高速公路收费站临时封闭或间隔放行，济南遥墙国际机场 6 架次航班延误，2 架次航班取消；25 日，山东有 70 多个高速公路收费站临时关闭，济南遥墙国际机场多架次航班延误或取消，最长延误时间超过 4 小时；26 日上午，受突起浓雾影响，兰海高速公路贵遵段发生 5 起车辆追尾事故，造成 1 人死亡；26—27 日，受雾影响，广西防城港实施海上交通管制 17 个小时，暂停所有船舶进出港。

2. 2 月，华北、东北等地雾霾天气影响交通

2 月 14—16 日，北京、天津、河北、辽宁、吉林、河南、山东、四川盆地等地出现雾霾天气，部分地区 $PM_{2.5}$浓度超过 250 微克/立方米，北京、河北中部局地 $PM_{2.5}$浓度超过 300 微克/立方米。同期，华南南部、江苏、安徽南部、浙江北部、四川盆地、广西等地部分地区出现能见度不足 1000 米的雾。15 日，因雾导致能见度低，黑龙江哈尔滨市环城高速公路 84 千米处 11 辆车相撞，造成 1 人死亡；哈尔滨太平国际机场多架次航班延误。15 日，山东大部出现雾天气，并伴有中度以上霾天气，能见度低致使济南遥墙国际机场 23 架次进港航班和 32 架次出港航班延误，个别航班延误时间超 4 小时。另外，11 日，成自泸高速公路成都往自贡方向 162 千米处因雾 56 辆车发生连环追尾交通事故，造成 2 人死亡。

3. 11 月，东北、华北、黄淮地区出现 3 次大范围雾霾天气过程，其中有一次为年度最严重雾霾天气过程

11 月，我国主要发生了 3 次大范围雾霾天气过程。6—8 日，东北地区出现霾天气，部分地区 $PM_{2.5}$浓度超过 250 微克/立方米，哈尔滨市 $PM_{2.5}$小时峰值浓度接近 1000 微克/立方米，长春、沈阳等城市 $PM_{2.5}$小时峰值浓度超过 1000 微克/立方米。受重度霾天气影响，机场、高速公路多次封闭，中小学校停课。9—15 日，东北中南部、华北大部、黄淮、江淮中东部等地出现持续性雾霾天气，上述部分地区 $PM_{2.5}$浓度超过 250 微克/立方米，北京 $PM_{2.5}$峰值浓度达到 344 微克/立方米。受雾霾天气影响，9 日，吉林境内的京哈、珲乌等主要高速部分路段实行交通管制，长春龙嘉机场 87 个航班延误；11 日，哈尔滨机场有 261 个航班受影响，其中取消航班 155 个；12 日，辽宁多地出现能见度小于 200 米的浓雾天气，沈阳绕城高速、沈康高速全线、灯辽高速全线等多条高速公路封闭；15 日，河北中南部因持续性大雾天气，青银高速、京港澳高速石安段、邢衡高速邢台段、大广高速衡大段等部分站口实行了双向关闭。11 月 27 日至 12 月 1 日，华北大部、黄淮、江淮东部及河南北部、山东西北部等地出现中到重度霾，并伴有大范围能见度不足 1000 米的雾，部分地区出现能见度不足 200 米的浓雾，能见度 3 千米以下且 $PM_{2.5}$浓度超过 150 微克/立方米覆盖面积达到 41.7 万平方千米。其中，京津冀地区过程平均 $PM_{2.5}$浓度普遍超过 250 微克/立方米；30 日北京、河北局地最高小时浓度超过 900 微克/立方米，北京琉璃河站高达 976 微克/立方米。华北区域多条高速公路关闭，大量航班停飞。28 日，石家庄机场所有进港航班处于延误状态。30 日，近万人滞留咸阳机场；大雾笼罩长江口水域，上海港大量船舶出入境受阻。此次过程具有强度强、影响范围广、过程发展快、强浓雾与严重霾混合、能见度持续偏低、影响严重等特点，为 2015 年最严重的一次雾霾天气过程。

4. 12 月，我国中东部地区出现两次大范围雾霾天气过程，北京两次启动重污染天气红色预警

12 月，我国中东部地区出现 2 次大范围雾霾天气过程。6—10 日，华北、黄淮及辽宁等地出现大范围雾霾天气，北京、天津、河北、河南、山东西部、山西中南部、陕西关中出现中度霾，部分地区出现重度霾，局地 $PM_{2.5}$浓度超过 500 微克/立方米，北京启动首个重污染天气红色预警。6 日，30 多个从武汉前往重庆、成都、深圳、北京等地航班延误 2 个多小时，造成 2000 余名旅客滞留天河机场；另有10余个进港航班延误或备降周边机场。8日，受大雾天气影响，四川省多条高速公路实施交通管制，部分路段封闭。19—25日，华北中南部、黄淮大部、江淮东部及陕西关中等地出现中到重度霾，华北中南部、黄淮大部出现大面积严重污染，北京南部、河北中南部部分地区$PM_{2.5}$峰值浓度均超过500微克/立方米，河北南部局地超过1000微克/立方米，北京再次启动重污染天气红色预警。期间，华北、黄淮、江淮和江南等地夜间至次日上午多次出现大雾，局地能见度不足200米，对公路交通造成不利影响。23日，郑州机场取消或延误航班200多架次；济南遥墙国际机场取消航班70多架次；24日，北京、天津等地的部分机场、高速公路都受到影响，北京首都机场出现部分航班延误；23—25日，山东有25条高速公路的200个进出站口因雾霾临时关闭。

2.8 雷电

2.8.1 基本概况

2015年，全国共发生雷电灾害1346起，其中造成火灾或爆炸21起，人身事故107起，导致106人死亡，68人受伤。雷电在全国造成大量电子设备、电力系统、建筑物受损，雷击造成建筑物损坏事件112起，办公和家用电子电器损坏事件875起，损坏电子电器设备20844件，共造成直接经济损失约0.6亿元，间接经济损失约0.4亿元。一次造成百万元以上直接经济损失的雷电灾害3起。2015年雷电造成的灾害事故主要集中在电力、通信、石化、教育和交通等行业，其中电力行业雷灾事故110起，通信行业110起，石化行业32起，教育行业26起，交通行业3起。

从2003—2015年全国雷电灾情表（表2.8.1）可以看出，2015年雷电灾害事故数延续了下降趋势，由雷灾造成的死亡和受伤人数也持续减少，但雷击死亡率为2003年以来最高，达到60.9%。从雷灾造成的经济损失来看，2015年直接经济损失为2003年以来最少。

表2.8.1　2003—2015年全国雷电灾情表

Table 2.8.1　Statistics of lightning disasters over China during 2003—2015

年份	雷灾事故数	受伤人数	死亡人数	雷击死亡率	直接经济损失(亿元)	间接经济损失(亿元)
2015	1346	68	106	60.9%	0.6	0.4
2014	2076	118	170	59%	0.7	0.4
2013	3380	177	178	50.1%	2.5	3.2
2012	4600	193	214	52.6%	1.4	1.2
2011	3993	241	253	51.2%	2.0	1.8
2010	7515	261	319	55%	1.8	3.6
2009	13481	310	371	54.5%	2.3	6.4
2008	8604	345	446	56.4%	2.2	6.2
2007	12967	718	827	53.5%	4.3	7.4
2006	19982	640	717	52.8%	3.8	1.0
2005	11026	690	646	48.4%	2.5	0.3
2004	8892	1059	770	42.1%	2.2	0.4
2003	7625	391	328	45.6%	1.8	0.3

2.8.2 雷电灾情空间分布

2015 年,我国沿海地区、南方中部和西南地区是雷电灾害的多发区(图 2.8.1)。2015 年全年雷灾事故数超过 100 起的省份有 2 个,较 2014 年进一步下降,均发生在南方沿海地区。年雷灾事故数最多的地区为广东,年雷灾事故数达 522 起;浙江次之,达 328 起。在年雷灾事故数排名前 10 的省(区)中,沿海有 6 个,南方中部地区有 3 个,西南地区占 1 个。

从雷电导致的伤亡人数来看,全年雷击伤亡超过 10 人的有 6 个省(区),沿海地区占 50%,中部和西南地区分别占 1 个和 2 个。其中,广东省雷击伤亡人数最多,达到 33 人,江西和广西次之,分别为 26 人和 16 人。雷击导致死亡人数超过 10 人的省只有江西和广东,雷击导致死亡人数分别为 25 和 19 人(图 2.8.2)。

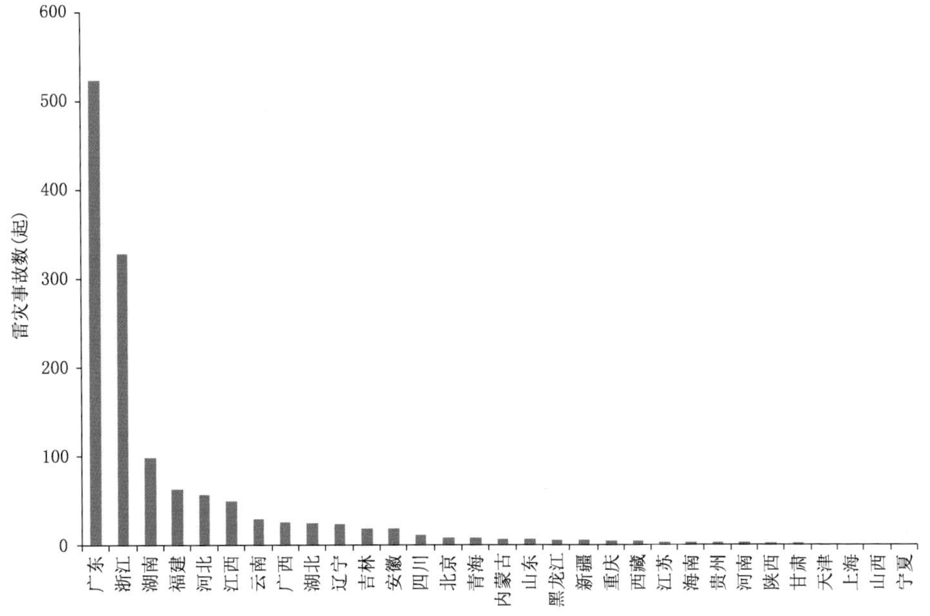

图 2.8.1 2015 年全国各省(区、市)雷灾事故分布图

Fig. 2.8.1 Lightning damage events of each province (municipality, autonomous region) over China in 2015

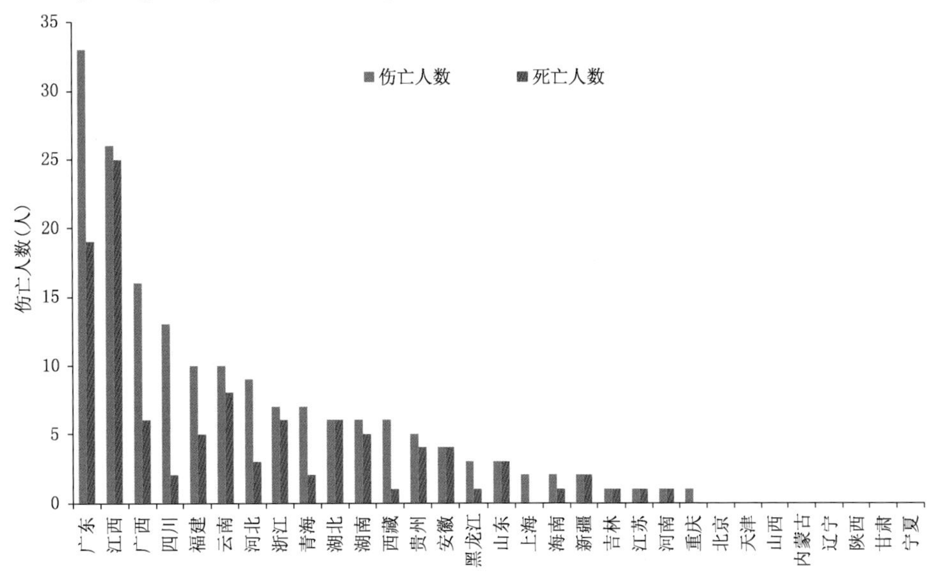

图 2.8.2 2015 年全国各省(区、市)雷击伤亡人数分布图(人)

Fig. 2.8.2 Lightning fatalities of each province (municipality, autonomous region) over China in 2015 (unit: person)

在考虑人口权重后，浙江和广东的雷灾事故率为前两位，西藏自治区为第3位；西藏和青海的雷灾伤亡率分列第1、2位（表2.8.2）。

表2.8.2 2015年全国各省(区、市)每百万人口雷击死亡率、受伤率、伤亡率和雷灾事故发生率及其排序

Table 2.8.2 Rate per million people of lightning fatalities, injuries, casualties and damage reports, and their ranks for each province over China in 2015

省份	人口数*（百万）	雷击死亡		雷击受伤		雷击伤亡		总雷灾事故	
		死亡率	排序	受伤率	排序	伤亡率	排序	事故率	排序
北京	13.82	0	22	0	17	0	24	0.58	12
天津	10.01	0	23	0	18	0	25	0.1	23
河北	67.44	0.04	15	0.09	9	0.13	12	0.85	8
山西	32.97	0	24	0	19	0	26	0	30
内蒙古	23.76	0	25	0	20	0	27	0.29	18
辽宁	42.38	0	26	0	21	0	28	0.57	13
吉林	27.28	0.04	16	0	22	0.04	19	0.7	10
黑龙江	36.89	0.03	18	0.05	10	0.08	17	0.16	19
上海	16.74	0	27	0.12	8	0.12	13	0.06	26
江苏	74.38	0.01	20	0	23	0.01	22	0.05	28
浙江	46.77	0.13	8	0.02	15	0.15	10	7.01	1
安徽	59.86	0.07	14	0	24	0.07	18	0.32	16
福建	34.71	0.14	6	0.14	5	0.29	6	1.82	4
江西	41.4	0.6	1	0.02	14	0.63	3	1.21	7
山东	90.79	0.03	17	0	25	0.03	20	0.08	25
河南	92.56	0.01	21	0	26	0.01	23	0.03	29
湖北	60.28	0.1	12	0	27	0.1	15	0.41	15
湖南	64.4	0.08	13	0.02	16	0.09	16	1.54	6
广东	86.42	0.22	4	0.16	4	0.38	4	6.05	2
广西	44.89	0.13	7	0.22	3	0.36	5	0.58	11
海南	7.87	0.13	9	0.13	7	0.25	7	0.51	14
重庆	30.9	0	28	0.03	12	0.03	21	0.16	20
四川	83.29	0.02	19	0.13	6	0.16	9	0.14	21
贵州	35.25	0.11	10	0.03	13	0.14	11	0.11	22
云南	42.88	0.19	5	0.05	11	0.23	8	0.7	9
西藏	2.62	0.38	3	1.91	1	2.29	1	1.91	3
陕西	36.05	0	29	0	28	0	29	0.06	27
甘肃	25.62	0	30	0	29	0	30	0.08	24
青海	5.18	0.39	2	0.97	2	1.35	2	1.54	5
宁夏	5.62	0	31	0	30	0	31	0	31
新疆	19.25	0.1	11	0	31	0.1	14	0.31	17
全国	1262.28	0.1		0.1		0.2		0.9	

*人口数来自于我国第五次全国人口普查。

2.8.3 雷电灾情时间分布

2015年，我国雷灾事故主要集中发生在4—8月(图2.8.3)。雷灾事故数和雷击死亡人数都在5月份达到峰值，分别占全年的24.8%和33%；雷击受伤人数的次峰值也出现在5月，占全年的25%，而峰值出现在7月，占全年比例达26.5%。

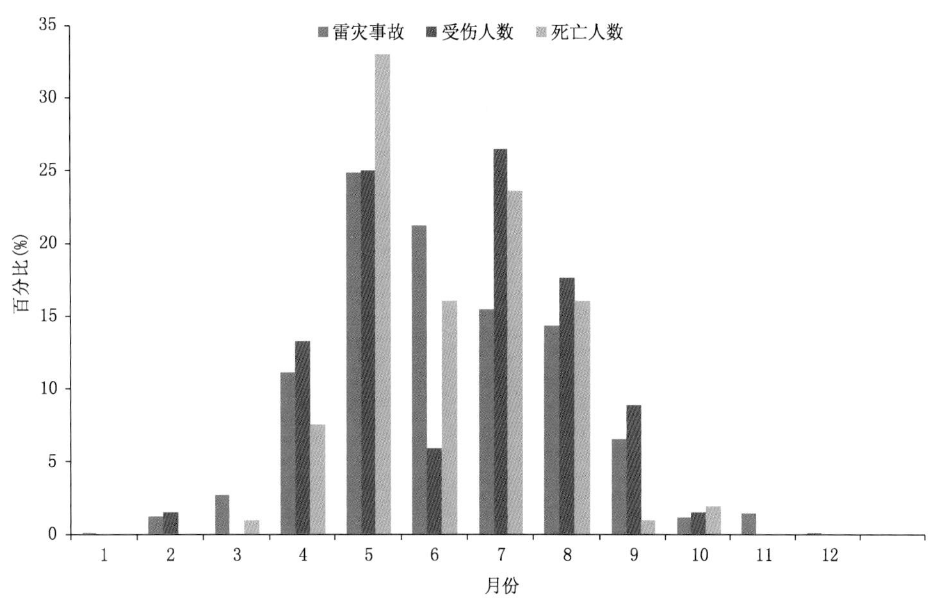

图2.8.3 2015年全国雷电灾害百分比月变化图(%)

Fig. 2.8.3 Monthly variations for percentage of lightning damage over China in 2015 (unit: %)

2.8.4 2015年较大雷电灾害事件

(1)3月18日23时00分，浙江省杭州市建德乾潭镇建德市畅达公路养护有限公司遭雷击，造成直接经济损失120万元，间接经济损失30万元。

(2)4月6日下午，福建省福州市闽清福建瑞美陶瓷有限公司遭雷击，造成1人死亡，5人受伤。

(3)4月21日20时40分，云南省昆明市呈贡区魁阁南路龙王庙旁金勇棉絮厂遭雷击，击毁1间厂房，造成直接经济损失200万元。

(4)5月14日11时30分左右，河北省邯郸市邯郸县西扶仁村4名村民遭雷击受伤。

(5)5月15日16时00分，广西壮族自治区百色市右江区永乐镇六马村雷外屯正在百兰村路边候车亭避雨的11名候车人和行人遭雷击，造成2人死亡，9人受伤。

(6)6月11日14时18分，广东省湛江市吴川市振文镇下坉村4名正在4楼天面从事绑扎钢筋工作的人员遭雷击，造成2人死亡，2人受伤。

(7)8月3日20时00分，西藏自治区日喀则市定日县加措乡门当岗村5人遭雷击受伤。

(8)8月4日19时00分，湖北省十堰市丹江口市江南江北地区供电部门遭雷击，损坏12条高压输电线、12套高压线路设备、3小时跳闸停电，共造成直接经济损失150万元，间接经济损失250万元。

(9)8月10日15时30分，广东省广州市海珠区海珠湖海珠湿地维护中心遭雷击，造成4人受伤，直接经济损失1.5万元。

(10)8月15日15时07分，山东省泰安市肥城市汶阳镇浊前村南蔬菜基地遭雷击，造成3人死亡。

2.9 高温热浪

2015 年夏季，全国平均高温（日最高气温≥35℃）日数比常年同期偏多。其中，新疆区域平均高温日数 21.2 天，比常年同期偏多 7 天，海南省平均高温日数 25.1 天，较常年同期偏多 14.5 天，均为 1961 年以来历史同期最多。持续高温天气导致新疆、广东和海南用电负荷屡创新高，多地中暑或呼吸道感染等疾病患者明显增多。新疆的异常持续高温对春小麦、春玉米的生长发育造成不利影响，部分林果出现高温热害。

2.9.1 高温概况

1. 新疆高温强度强

2015 年夏季，新疆大部极端最高气温一般为 38～40℃，其中新疆西北部和东南部部分地区达 40～42℃，局部地区超过 42℃（图 2.9.1），吐鲁番东坎儿 7 月 24 日最高气温达 47.7℃。2015 年，全国共有 265 站日最高气温达到极端事件标准，极端高温事件站次比为 0.19，较常年（0.12）略偏多，但较 2013 年（0.8）和 2014 年（0.35）明显偏少。年内，全国有 66 站日最高气温突破历史极值，主要分布在四川、云南、新疆、宁夏、吉林、辽宁等省（区），其中吉林榆树最高气温达 41.7℃。年内，全国有 213 站连续高温日数达到极端事件标准，极端连续高温事件站次比（0.16）较常年（0.13）偏多。

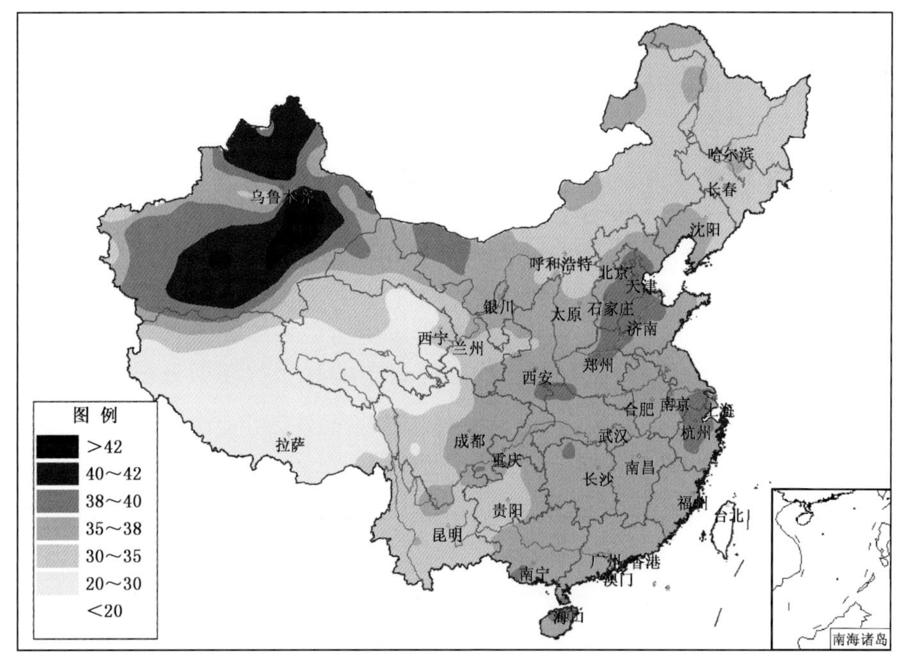

图 2.9.1　2015 年夏季全国极端最高气温分布图（℃）

Fig. 2.9.1　Distribution of extreme maximum temperatures over China in summer 2015 (unit: ℃)

2. 高温日数略偏多

夏季，全国平均高温（日最高气温≥35℃）日数 7.8 天，比常年同期（6.9 天）偏多 0.9 天（图 2.9.2）。从空间分布上看，新疆大部、江西中部和西南部、福建中部、广东大部、广西南部及海南等地高温日数有 20～40 天，其中新疆东部超过 40 天（图 2.9.3）。与常年同期相比，华南中南部及新疆大部高温日数偏多 5～10 天，其中新疆南部部分地区、广西南部、广东西南部及海南等地偏多 10

天以上(图 2.9.4)。

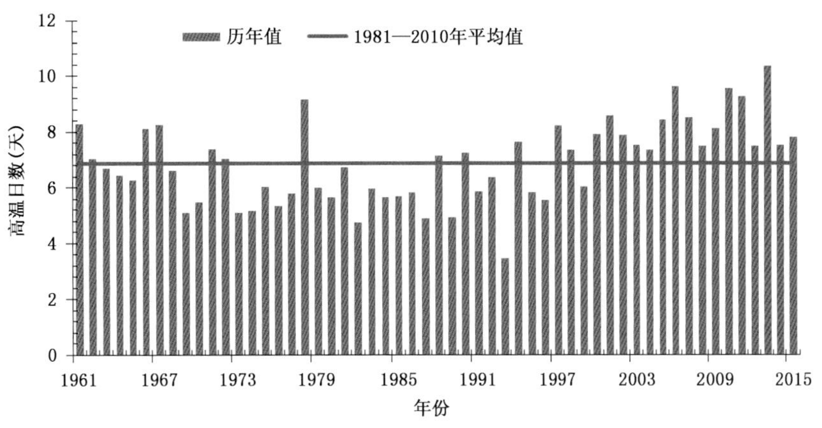

图 2.9.2 1961—2015 年全国平均夏季高温日数历年变化图(天)
Fig. 2.9.2 Annual mean hot days (daily maximum temperature≥35℃) in summer over China during 1961—2015 (unit:d)

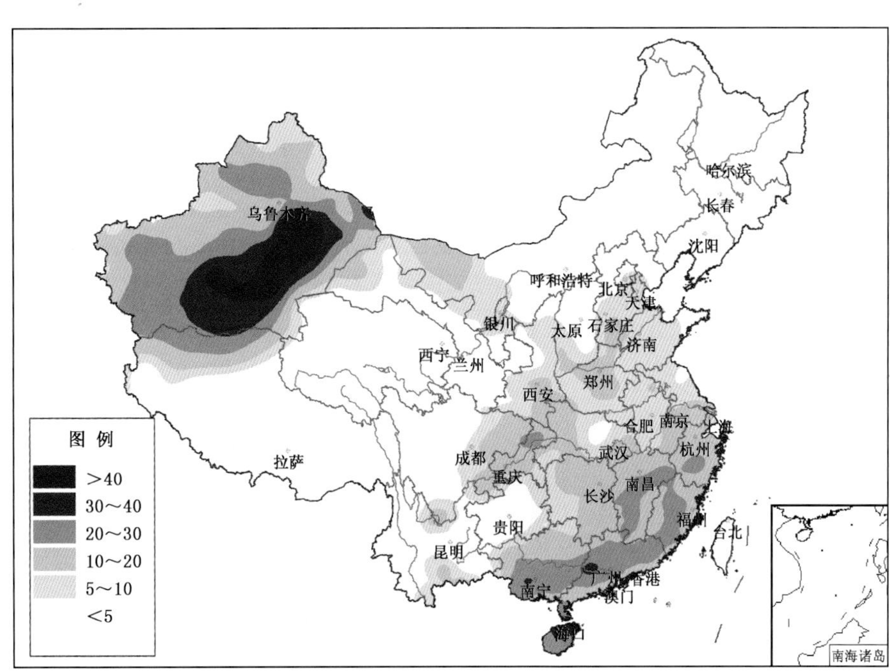

图 2.9.3 2015 年夏季全国高温日数分布图(天)
Fig. 2.9.3 Distribution of hot days (daily maximum temperature≥35℃) over China in summer 2015 (unit:d)

2.9.2 主要高温事件及影响

2015 年,我国共出现 3 次较大范围的高温天气过程,分别发生在 6 月 16—21 日、6 月 26 日至 7 月 3 日、7 月 12 日至 8 月 10 日。

7 月 12 日至 8 月 10 日,江南中东部大部、广东北部、湖北部分地区、重庆中北部、四川东部部分地区、新疆大部高温日数普遍有 10~15 天,其中南疆大部及北疆的部分地区达 15~20 天,新疆东南部部分地区超过 20 天;新疆持续高温天气范围广,38℃以上高温覆盖面积最大达 75.3 万平方千米。持续高温天气对新疆、广东和海南等地的电力供应、人体健康和农业生产等产生了一定影响;对春小麦、春玉米的生长发育造成不利影响,部分林果出现高温热害现象。

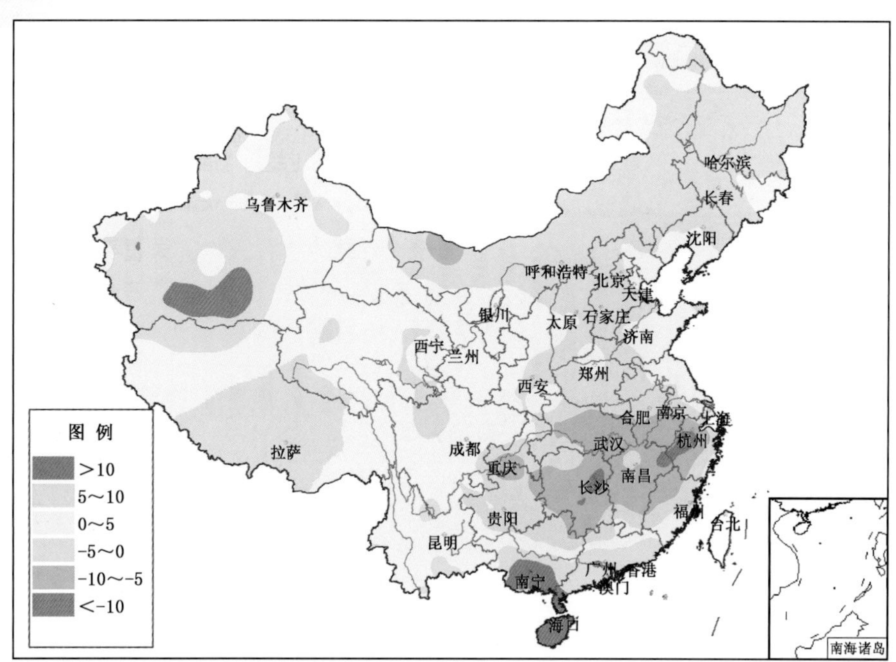

图 2.9.4 2015 年夏季全国高温日数距平分布图(天)

Fig. 2.9.4 Distribution of hot days (daily maximum temperature≥35℃) anomalies over China in summer 2015 (unit:d)

新疆 7 月,新疆出现异常持续高温,对春玉米授粉灌浆造成一定影响;对平原区春小麦灌浆乳熟不利,对产量形成有一定影响;部分林果出现高温热害现象,对林果品质与产量提高造成了一定影响。7 月中下旬,持续高温天气使新疆电网用电负荷屡创新高。7 月 23 日,全网最大负荷为 2573 万千瓦,较 2014 年同期增长了 11.7%,创下历史最高记录。截至 7 月 25 日的连续一周时间内,新疆维吾尔自治区人民医院急救中心的中暑患者明显增多。

广东 持续高温天气致使用电负荷不断攀升。7 月 3 日 11 时 11 分,广东统调负荷高达 9348.1 万千瓦,超 2014 年全年最高负荷(9072.5 万千瓦)。7 月 13 日,东莞电网最高负荷达到 1288.4 万千瓦,较 2014 年电网最高负荷 1269.3 万千瓦提升了 1.5%。7 月 13 日,东莞市人民医院和康华医院的中暑病人较往年增多,1 人因中暑死亡。

海南 7 月初海口市人民医院呼吸道疾病患者明显增多。受持续高温天气影响,8 月 18 日,海南电网统调最高负荷创 2015 年第 6 次新高,达 358.7 万千瓦,同比增长 8.2%,前两次负荷新高分别出现在 8 月 16 日、17 日,统调负荷分别达到 354.1 万千瓦和 358.6 万千瓦。

2.10 酸雨

2.10.1 基本概况

2015 年我国酸雨的特点如下:(1)酸雨区范围较 2014 年继续减少,降水达到强酸雨程度的站点仅出现在重庆和湖南部分地区;(2)华北、华东、华中和华南地区降水酸度较 2014 年减弱,酸雨频率和强酸雨频率均呈减弱趋势。

1. 全国年平均降水 pH 值分布

2015 年我国酸雨区(年平均降水 pH 值低于 5.6)主要分布在江淮、江汉、江南、华南大部以及云南南部、四川盆地、重庆西部等地。东北局地、河北北部和南部、山西南部、山东半岛东部地区也有小范围的酸雨区。年平均降水 pH 值低于 4.5 的强酸雨站点位于重庆、湖南东部的局地。西藏、内蒙古、青海、新疆、宁夏、甘肃、山西大部、陕西大部、河北大部、河南东部、东北大部、山东大部、四川西部和海南为非酸雨区(图 2.10.1)。

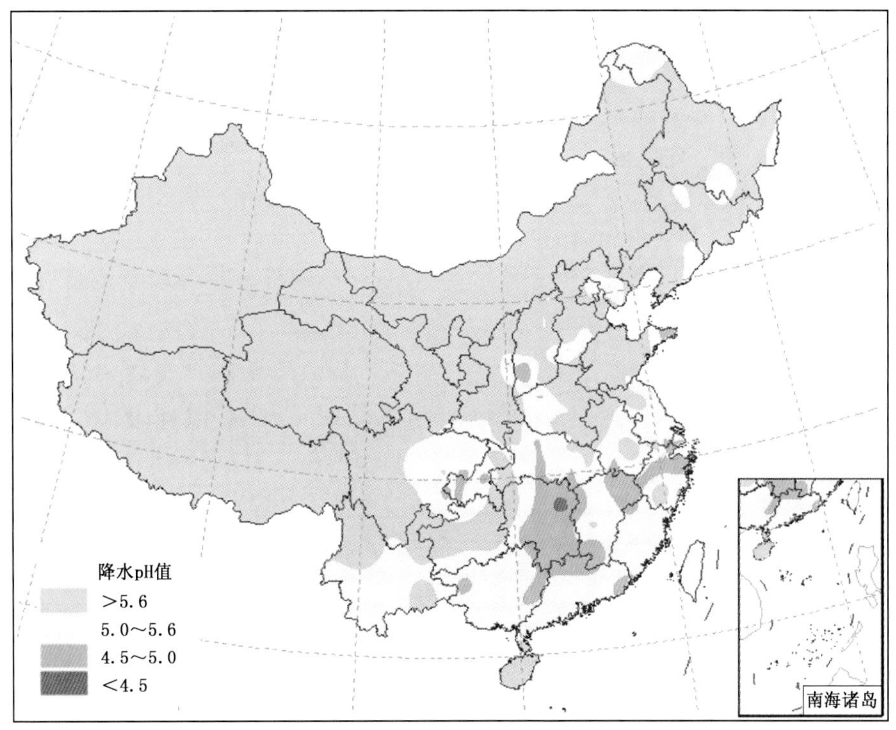

图 2.10.1　2015 年全国年均降水 pH 值分布图

Fig. 2.10.1　Distribution of annual mean pH values over China in 2015

取 2008 年以来有连续观测的 294 个酸雨站数据进行统计(下同)。2015 年年均降水 pH 值达到特强酸雨和强酸雨程度(pH<4.5)的台站数有 3 个,仅占全部酸雨站的 1%,为 2008 年以来最少。2015 年,弱酸雨(4.5≤pH<5.0)台站数和较弱酸雨(5.0≤pH<5.6)台站数分别为 46 个和 94 个。达到酸雨等级(pH<5.6)的观测站数累计为 143 个,占全部酸雨站的 48.6%(表 2.10.1 和图 2.10.2)。

表 2.10.1　2008—2015 年降水 pH 值等级的台站数统计表

Table 2.10.1　Statistics of the number of stations with different levels of precipitation pH values during 2008—2015

pH 值	pH<4.5	4.5≤pH<5.0	5.0≤pH<5.6	pH≥5.6
2008 年台站数(个)	91	59	61	83
2009 年台站数(个)	63	82	65	84
2010 年台站数(个)	48	75	70	101
2011 年台站数(个)	42	69	80	103
2012 年台站数(个)	23	73	80	118
2013 年台站数(个)	15	69	81	129
2014 年台站数(个)	9	57	93	135
2015 年台站数(个)	3	46	94	151

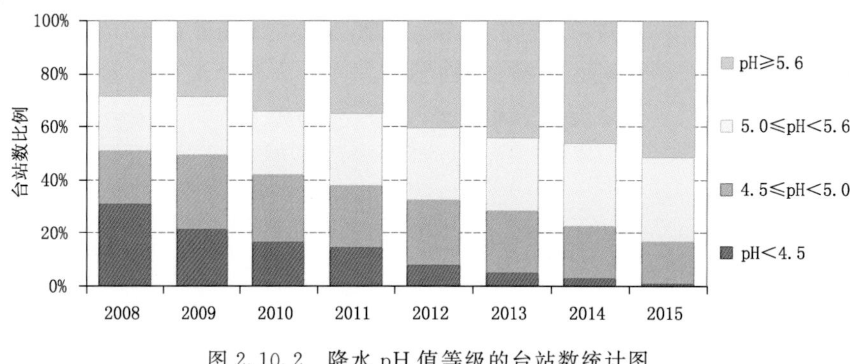

图 2.10.2　降水 pH 值等级的台站数统计图

Fig. 2.10.2　Statistics of station percentages with different precipitation pH values

2. 全国酸雨频率分布

2015 年，我国酸雨多发区（酸雨频率大于 20％）主要位于江汉、江淮、江南、华南、西南地区东部、华北和东北的部分地区。酸雨高发区（酸雨频率高于 80％）分布在江西、重庆、湖南、广东的部分地区，其中重庆、湖北和江西部分站点的酸雨频率接近或达到 100％。银川、沈阳和石家庄等 75 个站全年无酸雨发生，其中甘肃敦煌和新疆和田站自 1992 年观测以来均未出现酸雨（图 2.10.3）。

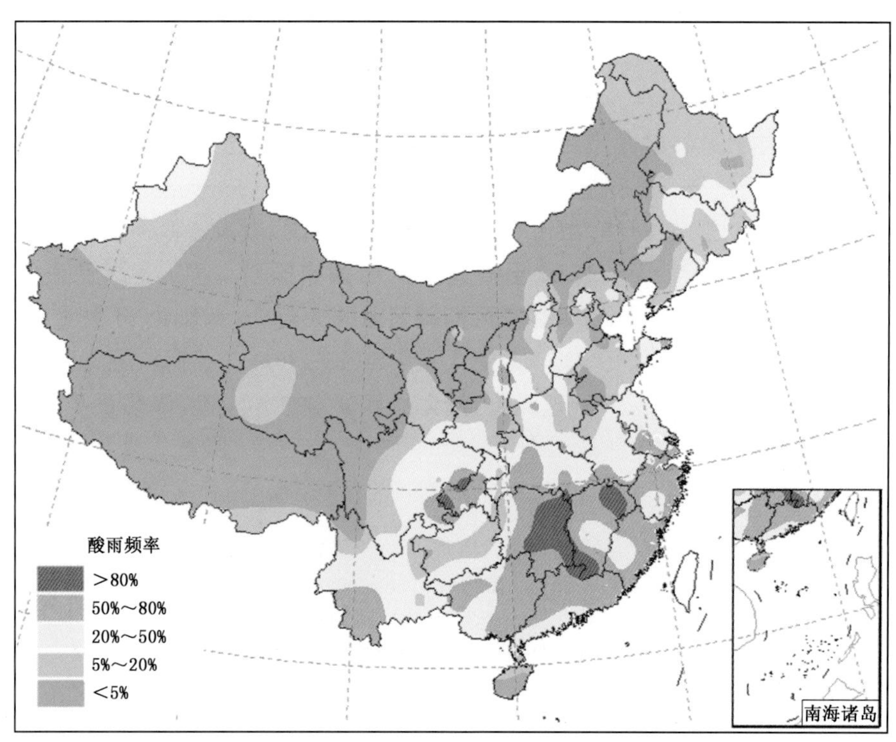

图 2.10.3　2015 年全国酸雨频率分布图

Fig. 2.10.3　Distribution of acid rain frequency over China in 2015

2015 年，365 个酸雨站中仅有 148 个站有强酸雨出现（占全部酸雨站的 40.5％），较 2014 年减少 36 个站。西北、西南、内蒙古、西藏和东北等地的酸雨站普遍未观测到有强酸雨出现，湖南、江西、浙江、重庆、江苏等地部分地区的强酸雨频率较高，一般为 20％～50％，其中重庆石柱的强酸雨频率最高，达 100％，较 2014 年略高。

2015 年，294 个酸雨站中有 141 个站的酸雨频率低于 20％，约占全部站点数的 48％，为 2008 年以来最高；79 个站的酸雨频率高于 50%，约占全部站点数的 26.9%，为 2008 年以来的最低值(表 2.10.2)。这表明近年来我国酸雨频发、高发的台站数减少，酸雨少发、偶发的台站数增加，平均酸雨频率趋于减小(图 2.10.4)。

表 2.10.2　2008—2015 年酸雨频率等级的台站数统计表

Table 2.10.2　Statistics of the number of stations with different levels of acid rain frequency over China during 2008—2015

酸雨频率 F(%)	$F\leqslant5$	$5<F\leqslant20$	$20<F\leqslant50$	$50<F\leqslant80$	$F>80$
2008 年台站数(个)	57	26	59	84	68
2009 年台站数(个)	53	35	61	75	70
2010 年台站数(个)	64	37	74	66	53
2011 年台站数(个)	66	42	63	68	55
2012 年台站数(个)	72	42	68	59	53
2013 年台站数(个)	71	55	70	57	41
2014 年台站数(个)	80	53	69	51	41
2015 年台站数(个)	94	47	74	52	27

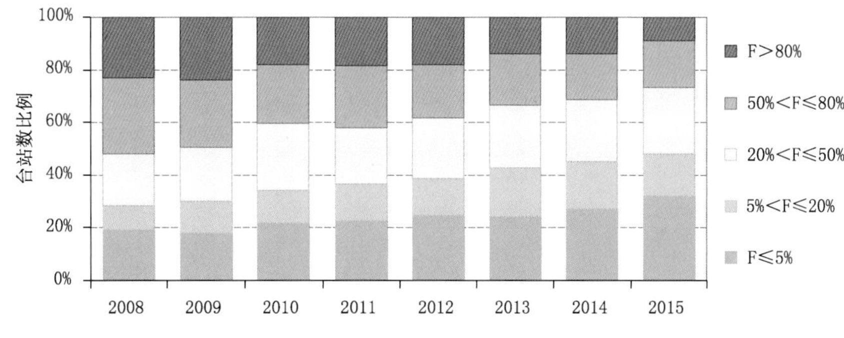

图 2.10.4　酸雨频率等级的台站数统计图

Fig. 2.10.4　Statistics of station percentages with different acid rain frequency levels

2.10.2　主要区域酸雨变化特征

1. 华北区域酸雨特征

2015 年，华北地区降水 pH 值继续呈升高趋势，表明降水酸度减弱；酸雨和强酸雨发生频次延续下降趋势，酸雨频率降至 20%，强酸雨频率降至 3%，均为 2003 年以来的最低值(图 2.10.5)。

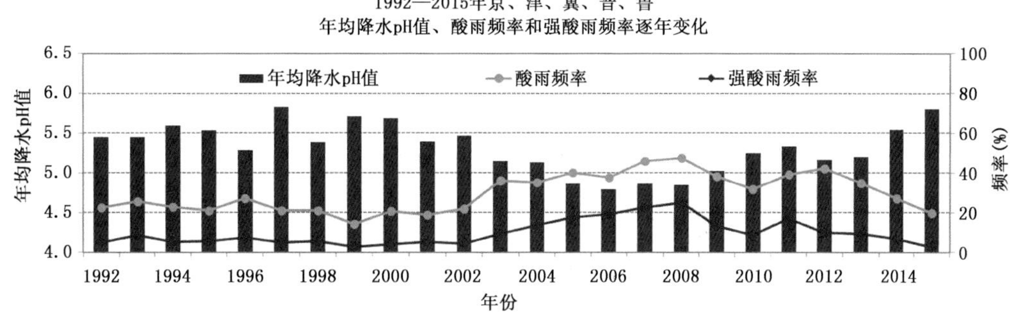

图 2.10.5　1992—2015 年华北地区酸雨历年变化图

Fig. 2.10.5　Annual rainfall acidification and frequency in North China during 1992—2015

2. 华东区域酸雨特征

华东地区降水 pH 值在 2006—2010 年间稳定在 4.6 左右，2011—2015 年为上升趋势，表明降水酸度有所减弱；酸雨频率和强酸雨频率在 2007—2009 年间最高，2010 年以来均呈波动下降趋势，2015 年强酸雨频率降至 1992 年以来的最低值(图 2.10.6)。

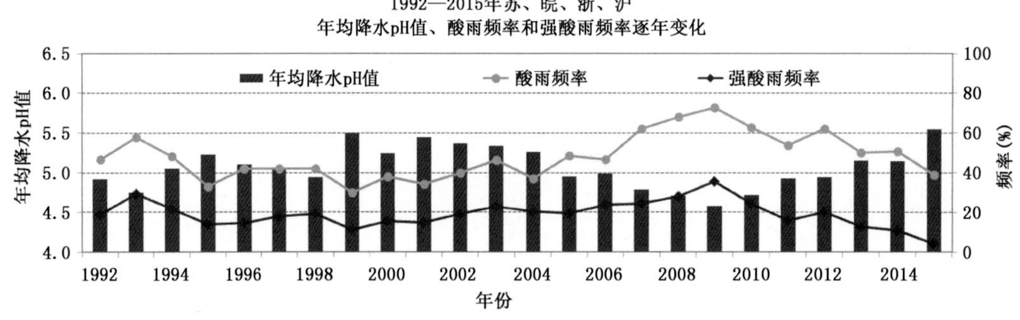

图 2.10.6　1992—2015 年华东地区酸雨历年变化图

Fig. 2.10.6　Annual rainfall acidification and frequency in East China during 1992—2015

3. 华中区域酸雨特征

华中地区 2006—2009 年间年平均酸雨强度达到强酸雨等级，2010 年以后降水 pH 值波动上升，平均酸雨强度降至弱酸雨等级；酸雨频率和强酸雨频率在 2006—2009 年间维持在高位波动，2010 年以来均呈波动下降趋势，2015 年酸雨频率降至 2002 年以来的最低值，强酸雨频率降至 1993 年以来的最低值(图 2.10.7)。

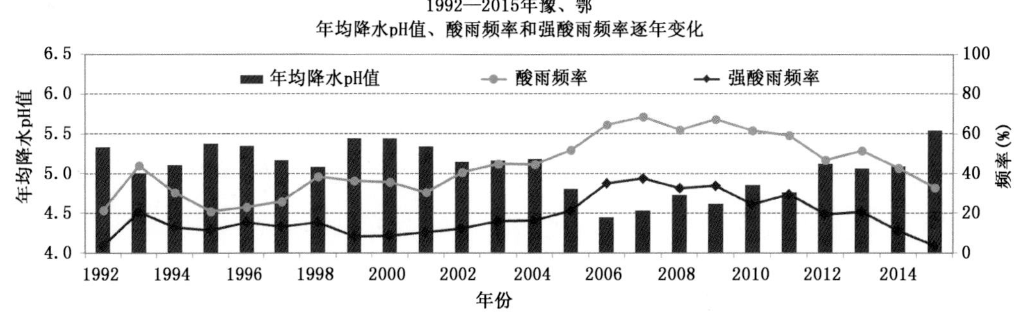

图 2.10.7　1992—2015 年华中地区酸雨历年变化图

Fig. 2.10.7　Annual rainfall acidification and frequency in Central China during 1992—2015

4. 华南区域酸雨特征

华南地区 2004—2010 年间降水 pH 值在 4.5 上下波动，降水酸度较强，酸雨频率和强酸雨频率较高，其中酸雨频率在 70%左右；2011—2013 年降水 pH 值呈增加趋势，表明降水酸度有所减弱，酸雨频率和强酸雨频率呈下降趋势。2015 年华南区域年均降水 pH 值较 2014 年略高，酸雨频率和强酸雨频率均较 2014 年有所下降(图 2.10.8)。

5. 西南区域酸雨特征

西南地区 2007—2009 年间年均降水 pH 值略高于 5.0，达酸雨程度，2010 年以来降水酸度逐年减弱；酸雨频率和强酸雨频率在 2007 年最高，2008 年以后酸雨频率和强酸雨频率基本呈现波动下降特点，2015 年酸雨频率较 2014 年略有上升，强酸雨频率为 3%，与 2014 年持平(图 2.10.9)。

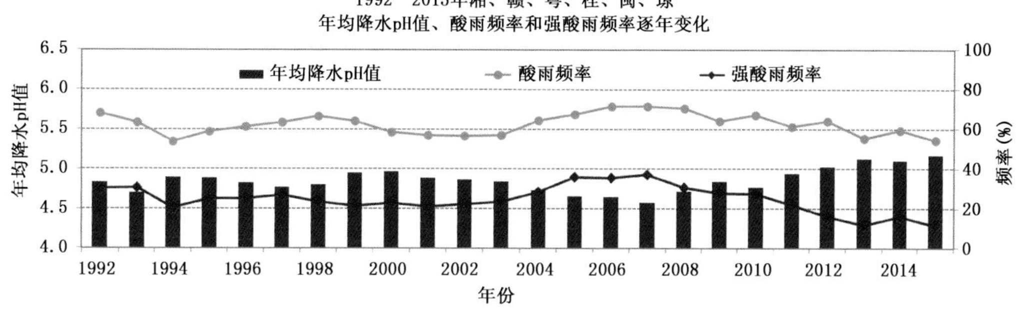

图 2.10.8　1992—2015 年华南地区酸雨历年变化图

Fig. 2.10.8　Annual rainfall acidification and frequency in South China during 1992—2015

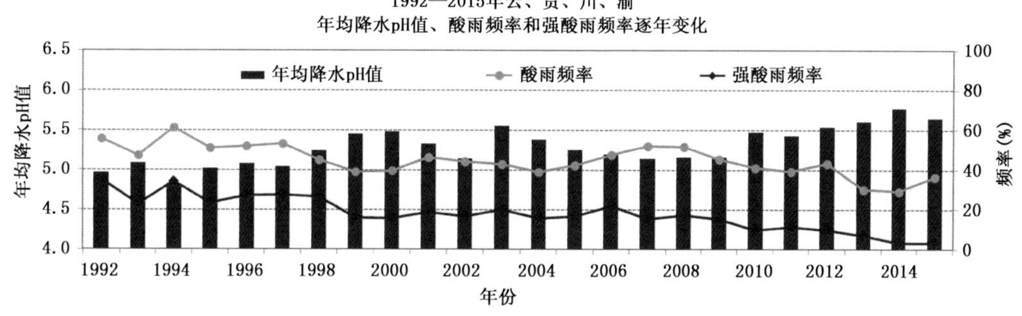

图 2.10.9　1992—2015 年西南地区酸雨历年变化图

Fig. 2.10.9　Annual rainfall acidification and frequency in southwest China during 1992—2015

2.11　农业气象灾害

2015 年全国农业气象灾害较常年及 2014 年总体偏轻，呈现持续性、连片性灾害发生少，局地灾害偏重的特点。其中，干旱持续时间短，影响轻，但东北南部的夏旱对玉米影响较大；南方部分地区暴雨洪涝灾害突出，但未出现流域性洪涝灾害；登陆台风个数偏少，但强度偏强；霜冻、低温阴雨、风雹、高温热害、北方农牧区冬季雪灾等灾害影响偏轻。

2.11.1　干旱

1. 北方冬旱范围小，影响轻

2014 年入冬至 2015 年 1 月，甘肃陇中、陕西关中、河北中南部、山西中南部等地持续无有效降水，部分麦田出现旱情，冬小麦分蘖与安全越冬略受影响，但整个北方冬麦区干旱范围与程度均为近 3 年同期最小。

2. 南方春旱偏轻，海南春末夏初旱情较重

2 月下旬至 4 月中旬，福建中南部降水持续偏少，出现干旱，影响一季稻移栽、分蘖。3—4 月，西南地区东部、华南西部等地降水比常年同期偏少 5～8 成，广西南部和西部、广东西部、贵州西南部、四川西部及北部出现阶段性春旱，一季稻栽插及旱地作物、蔬菜以及蚕桑、木薯、甘蔗均受到不同程度影响。5 月至 6 月中旬，江苏北部、广东西南部、海南、云南大部降水量较常年同期明显偏少，其中江苏淮北、广东雷州半岛、海南西部和南部、云南北部偏少 6～9 成，干旱导致水稻受灾（图 2.11.1 左），早稻结实率和千粒重下降，一季稻栽插困难；旱地作物生长受阻，干旱严重田块绝收；经济林果也受到较大影响。此外，3 月至 6 月中旬，青海东部、甘肃东部等地降水持续偏少，出现旱情，影响春小麦播种、出苗及生长发育。

3. 北方夏伏旱偏轻，仅东北地区南部偏重

6 月至 7 月中旬，东北南部、内蒙古中部及东北部、西北地区东部、华北中西部、黄淮西部和山东半岛北部降水较常年同期偏少 5～8 成，部分地区出现干旱，夏播受阻；春播作物生长发育受到较大影响，玉米发黄萎蔫，棉花结铃率下降，花生开花下针困难，苹果等产量和品质下降。其中 6 月 20 日至 7 月 20 日，辽宁、吉林两省平均降水量比常年同期偏少 65.6%，为 1961 年以来历史同期最少；辽宁中西部和南部、吉林西部旱情较重，玉米幼穗分化不良，雌雄花期不遇，授粉不良；重旱地块玉米植株矮化明显，叶片干枯绝收（图 2.11.1 右）。至 7 月底，上述地区大部旱情解除，但内蒙古中部、陕西北部、山西北部和南部、辽宁西部等地降水仍偏少，旱情持续，尤其是辽宁西部等地旱情延续至 9 月末，玉米等作物产量形成受阻。此外，6 月至 9 月上旬四川北部出现旱情，影响一季稻、玉米等作物产量形成。

图 2.11.1　海南昌江受旱稻田（左）与辽宁锦州受旱绝收玉米（右）

Fig. 2.11.1　Drought-affected rice field in Changjiang County, Hainan Province (left) and total destruction of maize field in Jinzhou City, Liaoning Province (right)

4. 秋播期北方麦区局地干旱，冬小麦播种受阻

9 月至 10 月中旬，北方冬麦区大部降水比常年同期偏少，西北地区东部、华北南部、黄淮中东部的局地先后出现轻至中度干旱，其中山东青岛、潍坊等地受旱较严重，19.1 万公顷小麦因旱无法播种，2.3 万公顷小麦出苗困难。

2.11.2　暴雨洪涝

1. 南方汛期强降水多于北方，暴雨洪涝总体影响偏轻

5—8 月，南方出现多次大范围强降水过程，江淮、江南大部、华南大部、西南地区东部暴雨日数达 4～8 天，局地 9～14 天。强降水天气过程主要集中在 5 月上中旬、6 月中下旬、7 月中下旬、8 月上中旬。江南北部和东部、华南西北部以及西南地区东部等地暴雨洪涝灾害较重。江淮、江南等地油菜、小麦成熟收获以及春播作物生长发育受到较大影响，江南西部部分早稻遭受“雨洗禾花”危害；部分农田、果园被淹（图 2.11.2 左），水利设施被冲毁，水产养殖设施、禽畜圈舍坍塌损毁（图 2.11.2 右）；成熟果蔬采收受阻，产量和品质受到一定影响。总体来看，南方汛期强降水未引发流域性洪涝灾害，影响偏轻。此外，东北、新疆北部、西北地区东部和华北、黄淮等地夏季出现分散性强降水天气，内蒙古、河北、山东等省（区）局地遭受暴雨洪涝灾害。

图 2.11.2 浙江三门县受淹稻田(左)与浙江舟山坍塌的养虾大棚(右)
Fig. 2.11.2 Flooded rice field in Sanmen County (left) and collapsed shrimp greenhouse in Zhoushan City(right), Zhejiang Province

2. 南方秋冬出现异常降水,局地秋收秋种受阻

9—12 月,江南、华南和西南地区先后出现多次较大范围强降水天气过程,局地洪涝灾害偏重,甘蔗、水稻、玉米、西香瓜、大豆、烤烟等作物遭受暴雨洪涝灾害。其中,11 月至 12 月上旬,江南大部、华南西部和北部大到暴雨日数有 5~10 天,降水量较常年同期偏多 1~4 倍,广西、江西、湖南、浙江的降水量均为 1961 年以来历史同期最多。南方地区出现罕见冬汛,致使部分地区秋收、秋种受阻,秋播作物生长缓慢,油菜及冬季蔬菜出现烂根死苗现象,柑橘、香蕉等成熟水果采摘和甘蔗砍收等也受到较大影响。

2.11.3 台风

年内有"鲸鱼"、"莲花"、"苏迪罗"、"杜鹃"、"彩虹"5 个台风登陆我国,频数较常年偏少,但登陆强度偏强。海南、上海、江苏、浙江、安徽、福建、山东等地农业受到较大影响,狂风暴雨导致江苏、浙江、上海部分一季稻、玉米、成熟早稻等受淹或大面积倒伏(图 2.11.3 左),棉花落花落铃,柑橘、柚类等经济林果受淹或折枝落果(图 2.11.3 右),设施蔬菜、畜禽大棚、水产养殖设施损毁。"苏迪罗"导致福建、江西、浙江、上海、安徽、江苏等省(市)部分地区遭受洪涝灾害和风灾,部分农田受淹被毁,

图 2.11.3 江苏盐城倒伏夏玉米(左)与浙江台州被淹橘子树(右)
Fig. 2.11.3 Lodging summer maize in Yancheng City, Jiangsu Province (left) and flooded orange trees in Taizhou City, Zhejiang Province (right)

高秆农作物倒伏；设施大棚损毁，果蔬被淹；水产养殖网箱等设施受损。“彩虹”是有气象记录以来10月登陆广东的最强台风，其带来的强风暴雨使正处于抽穗杨花期的晚稻遭受“雨打禾花”，同时其外围云系导致的龙卷灾害致使部分甘蔗、玉米等作物机械损伤或倒伏，给农业造成重大损失。

2.11.4 雪灾和冻害

1. 北方农牧区雪灾、冻害略轻于2014年同期

1—3月，新疆北部、东北地区大部多次出现大到暴雪天气，新疆北部、黑龙江东部和北部、吉林东部最大积雪深度达10～20厘米，新疆部分地区达20～50厘米，畜牧业和设施农业均遭受较大损失。1月下旬，陕西中北部、山西南部、河南中南部、江苏北部等地出现中到大雪，局地暴雪，造成部分蔬菜大棚、牲畜圈舍等受压倒塌或损坏，露地蔬菜遭受冻害。11—12月，东北、华北、黄淮及新疆、内蒙古等地多次出现大范围降雪天气过程，东北地区东部、新疆北部、黄淮中西部、内蒙古中东部最大积雪深度10～50厘米，局地畜牧业和设施农业遭受雪灾，造成蔬菜大棚和牲畜圈舍垮塌、棚内蔬菜受冻、圈内牲畜死亡，露地蔬菜被积雪掩埋，牲畜采食困难。其中，11月21—25日，华北、黄淮冬麦区大部出现大范围降雪降温天气过程，日最低气温降到－10～－1℃，局地冬小麦晚弱苗遭受轻度冻害。

2. 南方雨雪冰冻范围小，部分露地作物和设施大棚受损

1月上中旬，云南出现大范围降温降雪过程，云南中北部油菜、冬小麦、甘蔗、蔬菜等遭受低温霜冻害、雪灾。1月下旬，贵州中北部出现冻雨，部分油菜和露地蔬菜受冻。12月5—6日，浙江北部出现降雪天气，部分地区最大积雪深度达10～20厘米，露地蔬菜及设施大棚遭受不同程度雪灾，损失较重。12月15—17日，云南中部发生低温冷害、雪灾，蔬菜和经济林果遭受一定损失。

3. 北方春播区出现霜冻天气，部分春播作物及果蔬受冻

北方晚霜冻主要出现在4月中旬至5月中旬，其中5月上中旬，西北地区东部部分地区及黑龙江北部、吉林东部、辽宁北部、内蒙古中部和东北部出现3～7天霜冻天气（图2.11.4左），对作物影响较大，露地蔬菜和出苗较早的春播作物遭受霜冻害（图2.11.4右），正值开花期果树以及大棚蔬菜受灾严重。据统计，霜冻天气致使青海、甘肃、宁夏、陕西、山西、河北等省（区）农作物受灾面积13.5万公顷，其中绝收4400公顷，直接经济损失达5.2亿元。

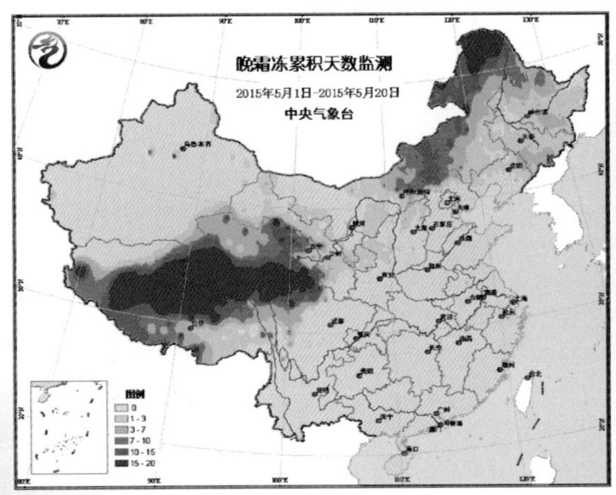

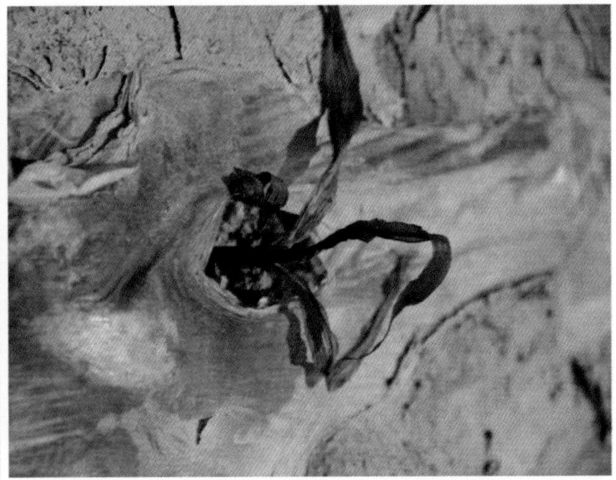

图2.11.4 2015年5月1—20日晚霜冻天数（左）与青海民和受冻玉米（右）

Fig. 2.11.4 Distribution of late frost days over China during May 1—20, 2015 (left) and freezing-injured maize in Minhe County, Qinhai province (right)

2.11.5 低温、阴雨寡照

1. 长江中下游地区春季持续低温阴雨寡照影响作物正常生长发育

2月下旬至4月上旬，长江中下游地区降水量比常年同期偏多5成以上，雨日达15～29天，日照比常年同期偏少4～9成，尤其是4月上旬长江中下游大部地区气温降至10℃以下，出现明显的倒春寒天气。持续低温、阴雨寡照，影响夏收粮油作物及设施大棚作物正常生长发育，早稻秧苗素质下降(图2.11.5左)，部分直播早稻出现烂种烂秧。低温阴雨总体影响较2014年同期偏重，但较常年偏轻；仅湖北南部、湖南中部和江西北部的部分地区低温阴雨影响为中度等级(图2.11.5右)。

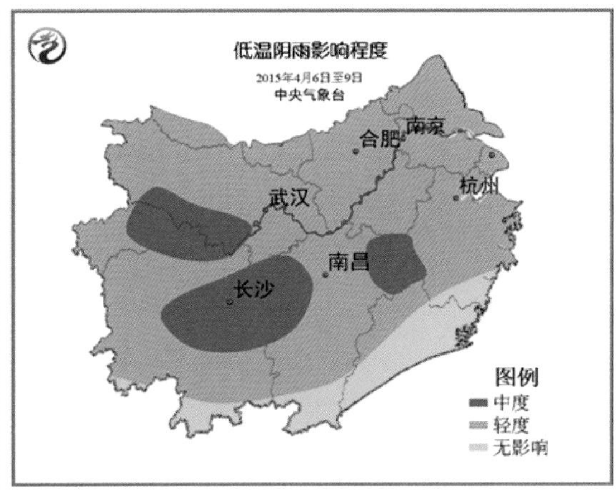

图2.11.5 湖南益阳早稻秧苗黄化(左)与2015年4月6—9日低温阴雨影响程度(右)

Fig. 2.11.5 Yellowing of early rice seedings in Yiyang City, Hunan Province (left) and distribution of impact of low temperature and rains during April 6—9th 2015 (right)

2. 盛夏南方阶段性低温寡照影响作物产量

6月下旬至7月，江淮、江南大部、华南东北部降雨日数有16～30天，日照时数比常年同期偏少50～150小时，且江淮、江南北部等地气温偏低1～2℃，低温阴雨寡照天气导致一季稻分蘖延缓、早稻灌浆受阻、棉花落花落铃、作物烂根、果树落果裂果。7月中旬至8月中旬，西南地区南部降水日数达25～35天，日平均日照时数仅2～4小时，比常年同期偏少3～8成，持续阴雨寡照造成一季稻空秕粒增加，玉米秃尖、瘪粒增多，稻瘟病、稻曲病、马铃薯晚疫病等发生蔓延。

3. 冬季中东部阴雨寡照影响设施农业以及南方秋收秋种

11—12月，中东部大部地区发生多次较大范围持续阴雨、雾霾寡照天气。华北中部、黄淮西部、江淮西南部、江汉南部、江南、华南北部日照时数不足120小时，较常年同期偏少5～8成，日平均日照时数不足2小时，其中南方大部地区阴雨时间长达20～44天。多雨寡照天气致使北方设施蔬菜生长缓慢甚至停滞，植株发霉、死株或果实腐烂现象比较严重；江南地区秋收作物无法及时收晒入库，导致发芽霉变(图2.11.6左)、品质下降；江淮、江南等地冬小麦、油菜等播种推迟，长势偏弱，局地湿渍害导致油菜出现烂根、死苗现象(图2.11.6右)；江南、华南甘蔗糖分积累和经济林果采摘储存也受到较大影响。

2.11.6 大风冰雹

年内局地性强对流天气多，风雹灾害呈现发生时间早、发生频繁、局地受灾重的特点，发生区域主要集中在西北地区东部、华北、黄淮东部、江淮东部、东北地区、西南地区东部和南部及新疆西部等地(图2.11.7左)。风雹灾害使大田作物、设施农业、经济林果和养殖业遭受损失，造成作物植株损伤和倒伏，蔬菜大棚、旱地作物薄膜和牲畜圈舍损毁，禽畜死伤，果树折枝落果。其中，5月上旬华北、黄淮等地的大范围强对流天气造成麦穗被冰雹砸落，小麦大面积倒伏(图 2.11.7 右)，瓜果蔬菜、温室大棚也受损较重，局地绝收。

图 2.11.6　江西进贤县晚稻霉烂(左)和湖南怀化油菜僵苗、死苗(右)
Fig. 2.11.6　Mildewed late rice in Jinxian County, Jiangxi Province (left) and stunty and dead seedings of rapeseed in Huaihua City, Hunan province(right)

图 2.11.7　2015 年冰雹灾害分布图(左)与河南叶县风雹导致小麦倒伏(右)
Fig. 2.11.7　Distribution of hail disasters over China in 2015 (left) and lodging wheat caused by hail in Yexian County, Henan Province (right)

2.11.7　高温热害

6 月上旬至 8 月中下旬，新疆出现大范围持续性高温天气，南部地区日最高气温≥35℃的天数有 20～50 天(图 2.11.8 左)，极端最高气温达 40℃以上，影响棉花授粉结铃、玉米抽雄吐丝和灌浆。另外，长江中下游高温日数为 15～30 天，较常年偏少 5～20 天(图 2.11.8 右)，危害较常年及 2014 年偏轻。

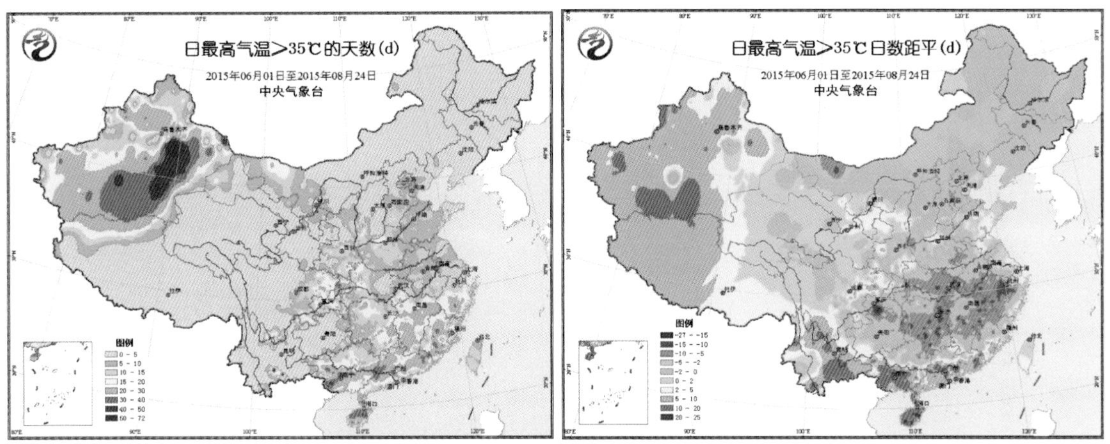

图 2.11.8　日最高气温≥35℃日数(左)与日最高气温≥35℃日数距平(右)分布图

Fig. 2.11.8　Distribution of days of daily maximum temperature≥35℃ (left) and anomaly days of daily maximum temperature≥35℃ (right)

2.12　森林草原火灾

2.12.1　基本概况

2015 年，卫星遥感森林、草原火点较多的时间在 1—4 月和 10—11 月；火点主要分布在北方的黑龙江、内蒙古，南方的福建、广东、广西、湖南、江西和云南，其中黑龙江、江西和广东火点多于其他省(区)(表 2.12.1、表 2.12.2)。卫星遥感监测的森林火灾主要发生在云南泸水、玉溪、怒江、丽江，四川冕宁以及山东龙口等地(图 2.12.1)。草原火灾主要发生在内蒙古鄂温克族自治旗和呼伦贝尔等地(图 2.12.2)。3—4 月，靠近我国边境的蒙古国东部和俄罗斯远东地区的草原火灾频发，同时该地区冷空气活动频繁，地面风力较大，多次影响我国内蒙古东部和东北部边境地区。2015 年，我国森林火点数量和 2014 年相比减少了约 60%，比近 8 年平均值减少了约 40%；草原火点数量比 2014 年减少了约 40%，比近 8 年平均值减少了约 37%。

表 2.12.1　2015 年气象卫星监测我国林区火点分省(区、市)统计

Table 2.12.1　Provincial statistics of the numbers of forest fire spots over China in 2015 monitored by meteorological satellite

发生于林地火点数统计(3760 个)													
省(区、市)	1 月	2 月	3 月	4 月	5 月	6 月	7 月	8 月	9 月	10 月	11 月	12 月	总计
辽宁	0	4	31	39	4	0	0	0	2	6	9	0	95
湖北	8	6	8	0	0	0	0	0	0	2	0	2	26
江西	255	146	18	42	0	2	0	0	0	4	0	4	471
山西	0	0	0	1	0	2	0	0	0	0	1	0	4
江苏	0	0	0	0	0	1	0	0	0	0	0	0	1
新疆	0	0	0	0	0	0	0	0	0	0	0	0	0
河北	0	0	6	8	0	2	0	0	0	0	1	0	17
云南	69	64	72	14	19	4	0	0	0	0	1	9	252
陕西	2	2	0	0	0	0	0	0	0	4	0	0	8
吉林	0	0	2	15	1	0	0	0	0	11	3	0	32

续表

发生于林地火点数统计(3760个)													
省(区、市)	1月	2月	3月	4月	5月	6月	7月	8月	9月	10月	11月	12月	总计
福建	143	55	14	61	1	0	0	0	0	2	0	0	276
安徽	35	8	4	0	0	0	0	0	0	3	0	0	50
河南	3	0	3	0	0	1	0	0	0	2	0	1	10
内蒙古	0	1	51	68	4	7	9	1	37	39	4	0	221
天津	0	0	0	0	0	0	0	0	0	0	0	0	0
湖南	180	39	0	30	0	1	0	0	1	10	0	0	261
宁夏	0	0	0	0	0	0	0	0	0	0	0	0	0
西藏	12	4	14	7	0	0	0	0	0	0	2	2	41
广东	231	90	2	179	0	1	0	1	0	7	17	7	535
甘肃	0	1	0	0	0	0	0	0	0	0	0	0	1
浙江	15	11	1	8	0	0	0	0	0	0	0	0	35
重庆	0	0	0	0	0	0	0	0	0	0	0	0	0
山东	1	1	5	3	0	10	0	0	0	7	0	1	28
北京	0	0	1	1	0	0	0	0	0	0	0	0	2
青海	0	0	0	0	0	0	0	0	0	0	0	0	0
上海	0	0	0	0	0	0	0	0	0	0	0	0	0
海南	0	0	0	0	0	0	0	0	0	0	0	0	0
四川	19	18	5	1	1	0	0	0	0	0	1	4	49
黑龙江	0	0	18	376	15	9	23	7	23	251	132	3	857
广西	251	30	12	70	5	0	0	2	0	9	6	8	393
贵州	17	26	3	44	1	0	0	0	0	0	0	4	95

表 2.12.2 2015 年气象卫星监测我国草原火点分省(区、市)统计表

Table 2.12.2 Provincial statistics of the numbers of grassland fire spots over China in 2015 monitored by meteorological satellite

发生于草地火点数统计(1471个)													
省(区、市)	1月	2月	3月	4月	5月	6月	7月	8月	9月	10月	11月	12月	总计
辽宁	0	5	6	2	0	0	0	0	0	17	5	0	35
湖北	1	0	1	0	0	0	0	0	0	0	0	0	2
江西	6	6	0	0	0	0	0	0	0	0	0	0	12
山西	7	0	15	1	1	0	1	0	0	0	0	0	25
江苏	0	0	0	0	0	0	0	0	0	0	0	0	0
新疆	0	0	1	1	0	0	0	0	1	2	0	0	5
河北	4	1	6	5	0	0	0	0	0	1	1	0	18
云南	27	9	18	5	1	0	1	0	0	0	1	0	62
陕西	2	2	1	0	0	0	0	0	0	5	0	0	10
吉林	0	0	16	25	1	0	0	0	0	40	18	0	100
福建	2	1	1	0	0	0	0	0	0	0	0	0	4
安徽	3	0	1	0	0	1	0	0	0	0	0	0	5
河南	0	0	3	0	0	3	0	0	0	2	0	3	11

续表

发生于草地火点数统计(1471个)													
省(区、市)	1月	2月	3月	4月	5月	6月	7月	8月	9月	10月	11月	12月	总计
内蒙古	0	1	79	126	10	10	4	1	23	84	10	0	348
天津	0	0	1	0	0	0	0	0	0	0	0	0	1
湖南	12	0	0	7	0	0	0	0	0	1	0	0	20
宁夏	6	0	0	0	0	0	0	0	0	1	0	1	8
西藏	3	3	3	0	0	0	0	0	0	0	0	0	9
广东	6	0	0	5	0	0	0	0	0	0	0	1	12
甘肃	0	0	1	2	0	0	0	1	0	1	1	0	6
浙江	0	0	0	0	0	0	0	0	0	0	0	0	0
重庆	0	0	0	0	0	0	0	0	0	0	0	0	0
山东	2	0	12	0	0	1	0	0	0	0	0	0	15
北京	0	0	0	0	0	0	0	0	0	0	1	0	1
青海	0	1	2	2	0	0	0	0	0	0	0	0	5
上海	0	0	0	0	0	0	0	0	0	0	0	0	0
海南	0	0	0	0	0	0	0	0	0	0	0	0	0
四川	11	10	2	1	2	0	0	0	0	0	1	0	27
黑龙江	0	0	124	292	2	0	2	1	7	164	109	1	702
广西	10	0	0	4	1	0	1	0	0	1	0	1	18
贵州	3	3	0	3	0	0	0	0	0	0	0	1	10

注:火点即卫星监测到的一处火区,各火点范围根据火区大小而有所不同,即各火点所含像元数随火区大小而异。

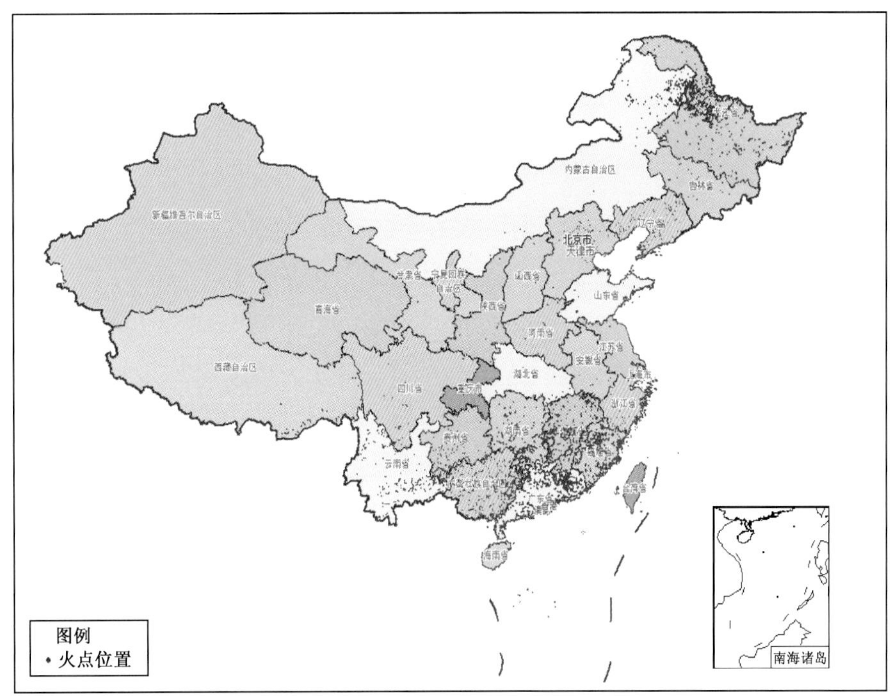

图 2.12.1 2015 年卫星监测全国林地火点分布示意图

Fig. 2.12.1 Sketch of forest fire spots monitored by meteorological satellite over China in 2015

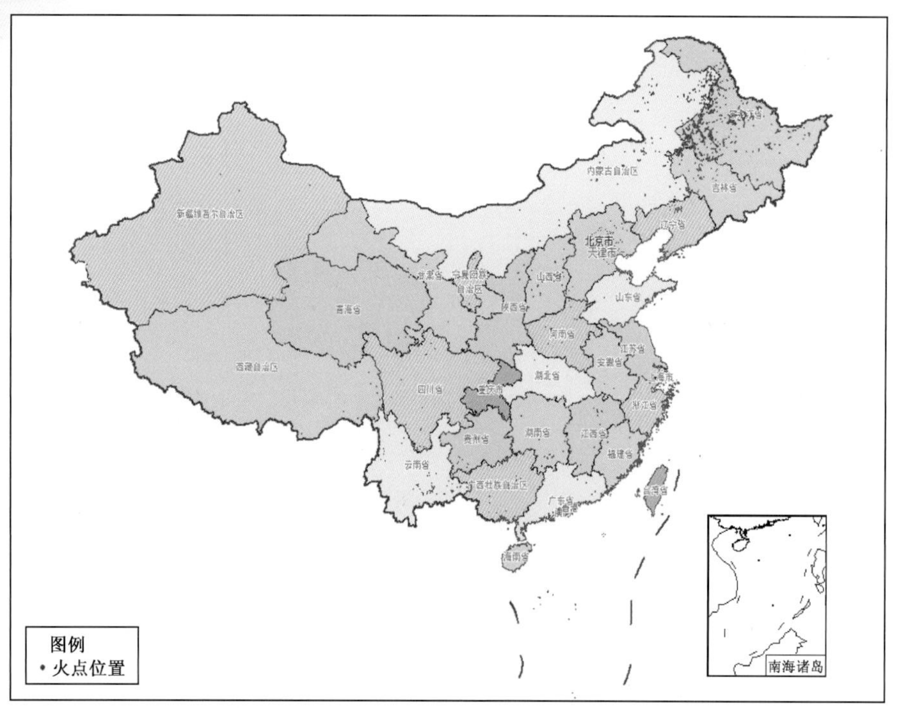

图 2.12.2　2015 年卫星监测全国草场火点分布示意图

Fig. 2.12.2　Sketch of grassland fire spots monitored by meteorological satellite over China in 2015

2.12.2　主要森林、草原火灾事件

1. 4 月16 日山东省烟台市龙口市森林火灾

3—4 月，山东济南、青岛、烟台等地发生 9 起森林火灾。4 月 16 日 14 时，山东省烟台市龙口市东江街道磴山迟家东山发生森林火灾，17 日凌晨明火基本扑灭。17 日 8 时，火场突起大风，阵风 7 级，火势发生蔓延。大火于 18 日 18 时全部扑灭。此次森林火灾造成过火面积约 29 公顷。

2. 4 月16 日内蒙古满洲里草原火灾

4 月 16 日中午，内蒙古满洲里市附近草原出现火情，由于火场风力较大，火势蔓延迅速，火线长度超过 50 千米。17 日凌晨，大火被彻底扑灭。此次过火面积达 6000 公顷，造成 1 人死亡，4 人受伤。

2.13　病虫害

2.13.1　基本概况

2015 年，全国农业病虫害发生程度总体接近 2014 年，其中小麦、玉米病虫害发生程度重于 2014 年，水稻、棉花、马铃薯病虫害发生面积较 2014 年偏小(图 2.13.1、图 2.13.2)。2015 年春季，江淮、江汉及黄淮南部降水偏多、日照偏少，且在小麦抽穗扬花期出现阶段性阴雨寡照天气，田间适温高湿环境导致小麦白粉病、赤霉病等病害偏重发生；春季后期，北方冬麦区大部多晴少雨，小麦蚜虫在黄淮海地区偏重发生。夏季，南方大部地区降雨天气较多，江淮和江南大部、西南地区东部等地降水量较常年同期偏多 2～5 成，稻瘟病发生程度重于 2014 年和常年同期；稻飞虱中等至偏重发生，稻纵卷叶螟中等发生，接近 2014 年。

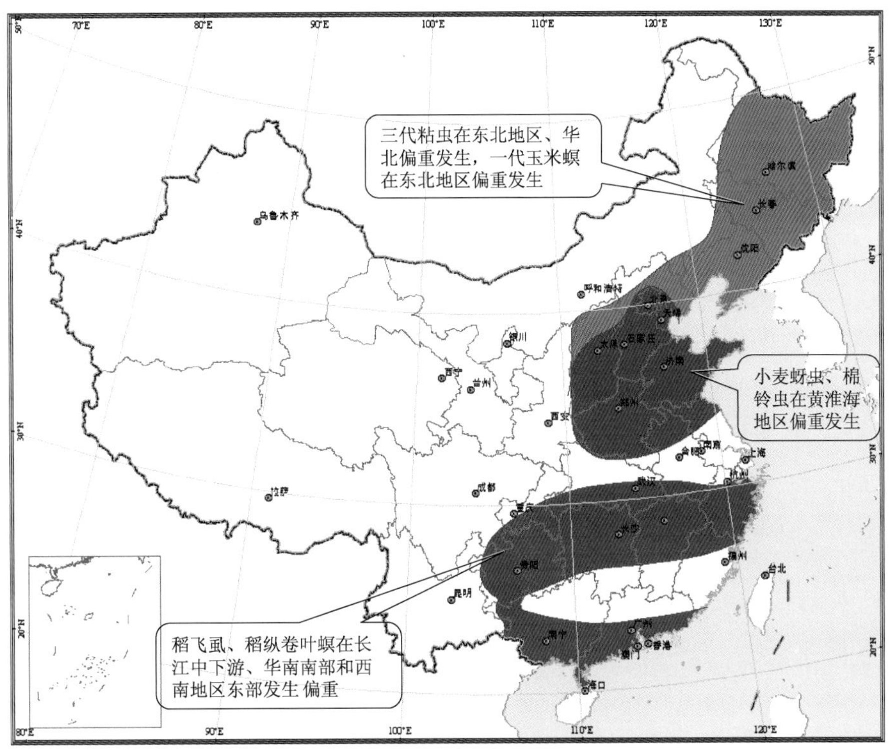

图 2.13.1　2015 年主要农业虫害分布图

Fig. 2.13.1　Distribution of main agricultural insects over China in 2015

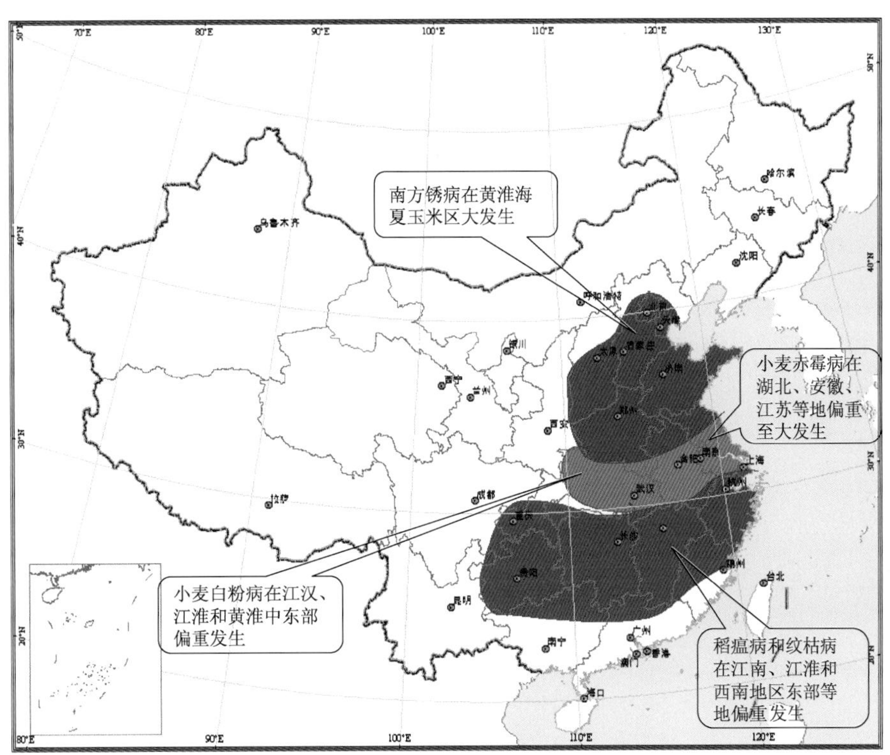

图 2.13.2　2015 年主要作物病害分布图

Fig. 2.13.2　Distribution of main crop diseases over China in 2015

2.13.2 主要病虫害事例

1.玉米病虫害为历史上第3重发生年，南方锈病在黄淮海大发生

2015年玉米病虫害发生约7800万公顷次，比2014年增加约5%，仅次于2012年和2013年；虫害发生约5700万公顷次，病害发生约2100万公顷次；造成玉米实际产量损失较2014年多72.5万吨。玉米螟、粘虫、大斑病均为偏重发生，其中玉米螟发生面积约2330万公顷次，比2014年增加2%，维持2012年以来重发态势，为历史第3高；玉米大小斑病发生面积约815万公顷次，较2014年减少约9%；粘虫发生面积约547万公顷次，较2014年减少约4%；南方锈病在黄淮海夏玉米区大发生，发生面积547万公顷次，超过常年发生面积的4倍，是历史上发生面积最大、为害最重的年份。

2015年，全国玉米种植面积继续扩大，玉米长势较好、田间郁闭度大，田间小气候条件和寄主条件利于玉米大小斑病、玉米螟、粘虫等病虫害发生。其中，大斑病发生程度接近2014年，维持近几年发生严重的态势，在黑龙江偏重发生，东北、华北大部中等发生；一代玉米螟在东北大部、二代在东北大部和西北及西南局部、三代在黄淮大部偏重发生；粘虫发生程度仅低于2012年和2013年，为历史上第3重年份，三代在东北、华北和黄淮局部偏重发生，总体为害程度明显重于2014年。另外，南方锈病在黄淮海夏玉米区大发生，8月底至9月初黄淮海地区出现阶段性低温，导致南方锈病大面积发病。

2.水稻重大病虫害发生轻于前两年和常年，虫害发生面积为近十年来最少，病害面积为近十年次少

2015年，全国水稻病虫害共发生面积约8965万公顷次，造成实际损失比2014年偏少约3%、比常年偏少约16%，发生程度中等，为近10年来最轻年份。稻飞虱、稻纵卷叶螟、稻瘟病、稻纹枯病为中等至偏重发生。其中，稻飞虱发生2300万公顷次，较2014年偏少约5%，为2005年以来最轻；稻纵卷叶螟发生约1533万公顷次，造成损失较2014年略偏重；稻瘟病发生面积为523万公顷次，较2014年偏多约4%，比常年偏多近10%，发生面积是近10年来第3大；水稻纹枯病发生面积为1753万公顷次，比常年偏少2%。

2015年夏季，南方地区气象条件对稻瘟病、纹枯病的发生流行以及稻飞虱、稻纵卷叶螟的迁入和危害总体较为有利。其中稻瘟病、纹枯病在江淮、江南、西南地区东部和华南等地偏重发生，尤其稻瘟病重发区域由原来的山区、半山区向平原地区扩展；稻飞虱、稻纵卷叶螟在华南南部、江南东部、西南地区东部、长江中游稻区偏重发生；但总体上“两迁”害虫迁入峰次、迁入量较2014年有所减少。

3.小麦病虫害发生较2014年和常年均偏重，白粉病为2001年以来第2重

2015年，小麦病虫害发生面积约6430万公顷次，比2014年偏多约4.3%，造成小麦实际产量损失比2014年偏多约7%。其中，白粉病发生面积约833万公顷次，为2001年以来第2重；赤霉病发生面积约610万公顷次，比2014年偏多约30%，小麦实际损失比2014年偏多62%；蚜虫发生面积约1700万公顷次，较2014年略偏多。

春季，小麦白粉病在湖北江汉平原及东部大发生，山东、江苏、安徽、河南东部和北部偏重发生；其中4月中下旬，黄淮南部及江淮、江汉地区多阴雨天气，期间正值冬小麦抽穗扬花期，田间适温高湿环境导致小麦赤霉病发生流行，赤霉病在湖北、安徽、江苏等地偏重至大发生。5月中下旬北方冬麦区大部多晴少雨，利于穗期蚜虫发生和扩散为害，小麦蚜虫在山东、河北大发生，河南、陕西、安徽偏重发生。

4.棉花病虫害中等发生，农牧交错区草原蝗虫和马铃薯晚疫病偏轻发生

2015年，全国棉花病虫害中等发生，其中棉铃虫发生面积较2014年偏多约57%，为2011年来发生面积最大、为害最重的年份，三代在黄淮海发生普遍，四代在大部棉区偏重发生。马铃薯病虫害偏轻发生，其中马铃薯晚疫病发生面积约 181 万公顷次，比 2014 年偏少约 16%，造成产量损失为 2012 年来最低。

全国蝗虫发生面积约 387 万公顷次，比 2014 年偏多近 30%，总体为中等发生。其中，东亚飞蝗发生面积约 126 万公顷次，与 2014 年基本持平，略低于近 5 年平均值，但天津秋蝗发生是近 5 年来最重的年份，2010 年以来首次出现高密度蝗虫点片；亚洲飞蝗发生约 2.5 万公顷次，对农区危害较 2014 年显著偏轻；西藏飞蝗约 9. 1 万公顷次，较 2014 年略减，总体中等发生；北方农牧交错区草原蝗虫发生面积约 250 万公顷次，偏轻发生，但较 2014 年偏重。2015 年草地螟发生面积轻于 2014 年，是自 1996 年以来发生最轻的一年。

第3章 每月气象灾害事记

3.1 1月主要气候特点及气象灾害

3.1.1 主要气候特点

1月，全国平均气温较常年同期明显偏高，平均降水量较常年同期偏多。月内，云南等地出现强雨(雪)天气，气象干旱得到有效缓解，对降低森林火险和增加库塘蓄水有利；中东部地区出现入冬以来最大范围雨雪降温天气；中东部出现3次大范围雾、霾天气。

月降水量与常年同期相比，西南大部、西北大部及两广大部、内蒙古中部和东南部等地偏多，其中广西西部、广东南部、内蒙古中部和东南部、西北大部、西藏大部等地偏多5成至2倍，云南大部、四川西南部、西藏西南部和新疆东南部等地偏多2倍以上；东北北部、内蒙古东北部和西部、华北大部、黄淮大部、江淮大部、江南大部以及四川、新疆等地的部分地区偏少2～8成，黑龙江中西部等地偏少8成以上(图3.1.1)。

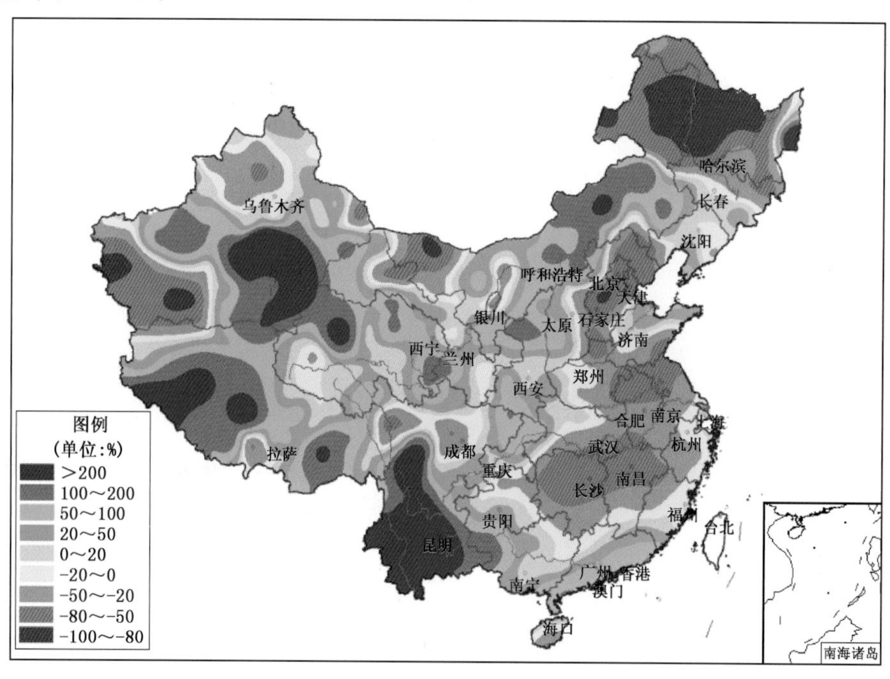

图3.1.1 2015年1月全国降水量距平百分率分布图(%)

Fig. 3.1.1 Precipitation anomalies over China in January 2015 (unit: %)

月平均气温与常年同期相比，除西藏大部、青海南部、四川西部、云南大部和东南沿海等地偏低或接近常年外，全国其余大部地区普遍偏高1～4℃，其中内蒙古中部部分地区偏高4℃以上(图3.1.2)。

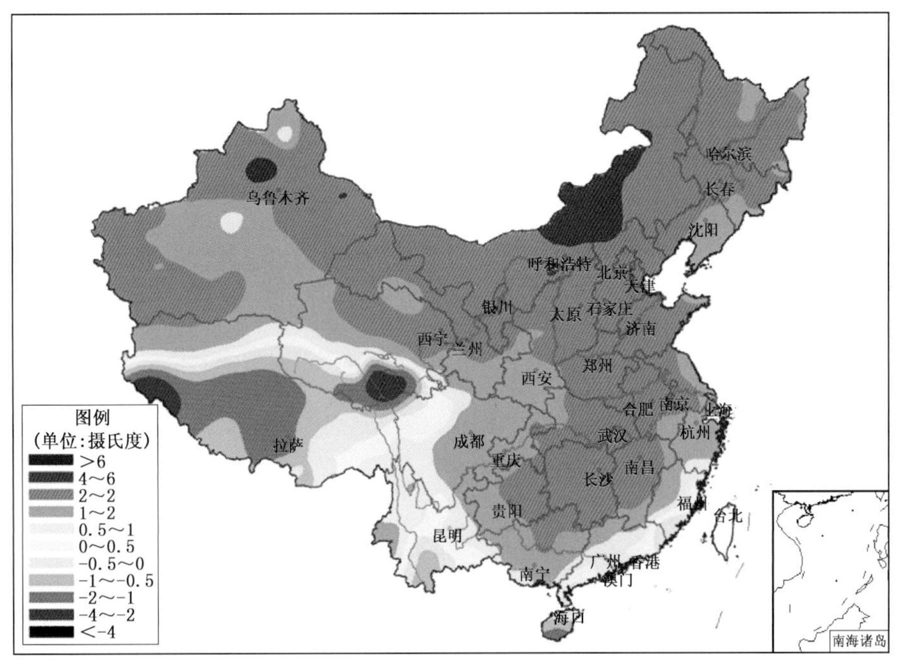

图 3.1.2　2015 年 1 月全国平均气温距平分布图(℃)

Fig. 3.1.2　Mean air temperature anomalies over China in January 2015 (unit: ℃)

3.1.2　主要气象灾害事记

1 月 8—11 日，云南大部、贵州南部、广西西部降水量普遍有 25～50 毫米，其中，云南中部和南部、广西西南部有 50～100 毫米，云南西南部部分地区达 100 毫米以上，云南沧源(185.2 毫米)、双江(151 毫米)等地超过 150 毫米。云南西部出现冰雹等强对流天气；贵州中西部、云南东北部等地出现降雪或雨夹雪。8—11 日的强雨(雪)有效缓解了云南西北部和中南部前期的气象干旱，对降低森林火险和增加库塘蓄水有利，但云南、贵州等地遭受冰雹、暴雨或雪灾，部分地区灾情较重。

1 月 27—31 日，中东部地区出现入冬以来最大范围雨雪天气。山西南部、河南中南部、湖北北部、安徽中部等地最大积雪深度普遍有 5～10 厘米，局部超过 10 厘米，安徽舒城与霍山达到 20 厘米。湖南中北部、贵州东南部出现冻雨。此次雨雪天气过程对改善中东部地区土壤墒情和冬小麦的生长起到促进作用。但受强降雪天气影响，内蒙古、陕西、河南、湖北等省(区)多条高速公路封闭，部分客运车辆停运，机场发生航班大面积延误，当地交通受到较大影响。同时，上述地区设施农业也受到不利影响。

1 月，我国主要发生了 3 次雾、霾天气过程。1 月 2—5 日，华北、黄淮、江淮、江汉及陕西等地出现了霾，河北南部、江苏北部等地出现重度霾。13—16 日，华北、黄淮、四川盆地及陕西、湖北、湖南、江苏、安徽等地出现雾、霾，部分地区出现重度霾，北京中南部、天津西部、河北中部、湖南、江西北部等地的部分地区一度出现能见度不足 1000 米的雾。23—26 日，华北、黄淮等地出现中或重度霾天气，京津冀地区雾霾重。其中 23 日，京津冀多个站点 $PM_{2.5}$ 日均浓度超过 150 微克/立方米，其中北京朝阳最高，最大小时均值浓度达 386.5 微克/立方米。

3.2 2月主要气候特点及气象灾害

3.2.1 主要气候特点

2月，全国平均气温较常年同期偏高，平均降水量较常年同期略偏少。月内，下半月南方地区降水天气频繁，北方出现大范围的雨雪天气；东北地区降雪量异常偏多；中东部地区出现雾、霾天气；江南地区气象干旱得到缓解，四川西北部等地气象干旱露头并发展；北方地区出现1次沙尘天气过程。

月降水量与常年同期相比，东北大部、华北北部、长江中下游地区及内蒙古东部、甘肃中西部、青海北部、西藏中南部等地偏多5成至2倍，东北西部、内蒙古东部的部分地区偏多2倍以上；全国其余大部地区偏少或接近常年，其中华南东部及海南、四川大部、云南大部、河南西部、陕西中部、青海南部、新疆南部等地偏少5～8成，四川、云南、新疆部分地区偏少8成以上(图3.2.1)。

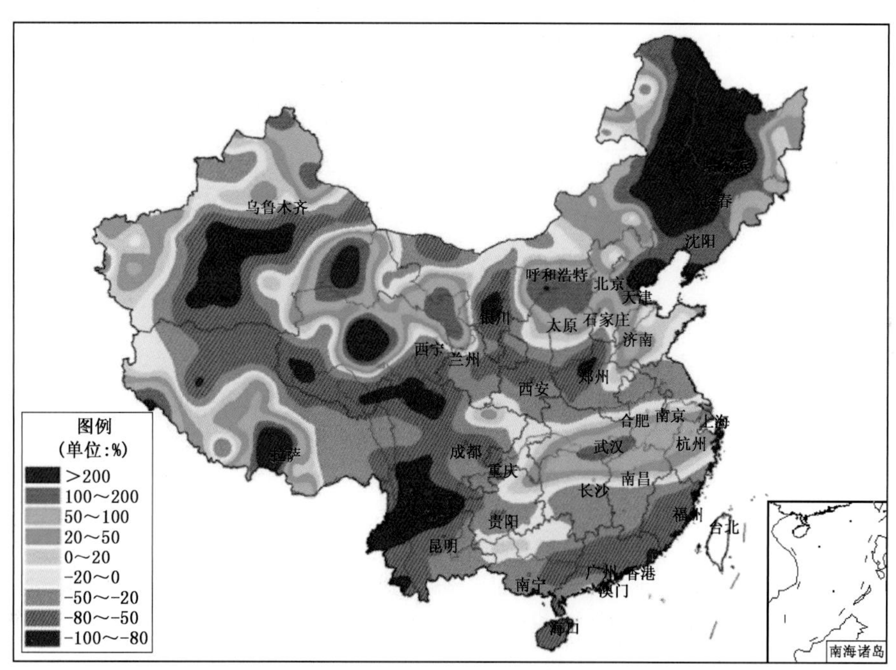

图3.2.1 2015年2月全国降水量距平百分率分布图(%)

Fig. 3.2.1 Precipitation anomalies over China in February 2015 (unit: %)

月平均气温与常年同期相比，除西藏西南部地区偏低1℃以上外，全国大部分地区气温偏高或接近常年，其中内蒙古东部、黑龙江西部、新疆北部、广西南部、广东北部、湖南南部、江西南部等地偏高2～4℃，局部偏高4℃以上(图3.2.2)。

3.2.2 主要气象灾害事记

2月16—28日，我国南方地区降水频繁，降水日数普遍有5～8天，江南大部达8～10天，局部地区超过10天；长江中下游大部地区累计降水量有50～100毫米，江西北部、湖北东南部、湖南东北部超过100毫米。期间，上述部分地区出现短时强降水、冰雹、雷暴等强对流天气。2月19—22日，我国北方地区出现大范围的雨雪天气，东北、华北中部、黄淮南部及山东半岛等地降水量普遍有5～25毫米。降水天气给春运及人们出行带来不利影响，部分低洼农田出现渍害，对油菜等农作物生长不利。

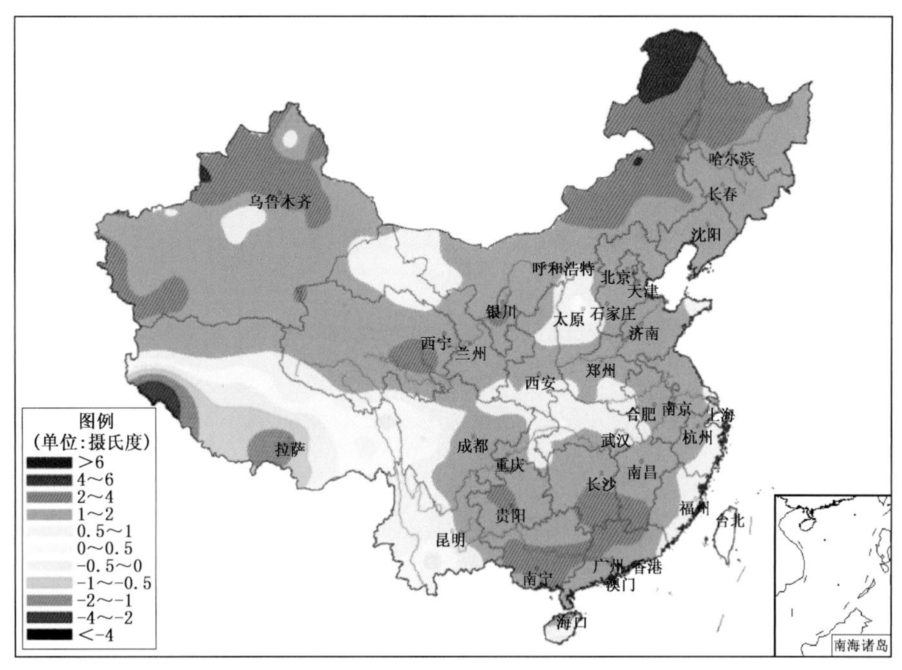

图 3.2.2　2015 年 2 月全国平均气温距平分布图(℃)

Fig. 3.2.2　Mean air temperature anomalies over China in February 2015 (unit: ℃)

2 月,除黑龙江东部、辽宁西部降水量为 5～10 毫米外,东北大部地区降水量有 10～25 毫米。与常年同期相比,东北大部降水量偏多 1～3 倍,黑龙江西部、吉林西部偏多 3～4 倍,局部地区偏多 4 倍以上。东北三省区域平均降雪量为 14.8 毫米,为 1961 年以来历史同期第 4 多。东北大部地区降雪日数有 5～10 天,比常年同期偏多 1～3 天。吉林、黑龙江大部积雪日数有 10～20 天,部分地区超过 20 天。降雪量大,降雪日数多,积雪时间长,给交通和人们出行带来不利影响。

2 月,我国中东部大部霾日数有 5～10 天,其中江苏普遍有 10～20 天,中东部出现一次较大范围的雾霾天气过程。2 月 14—16 日,北京、天津、河北、辽宁、吉林、河南、山东、四川盆地等地出现雾霾天气,部分地区 $PM_{2.5}$ 浓度超过 250 微克/立方米,北京、河北中部局地 $PM_{2.5}$ 浓度超过 300 微克/立方米。同期,华南南部、江苏、安徽南部、浙江北部、四川盆地、广西等地部分地区出现能见度不足 1000 米的雾。雾、霾天气对交通和人体健康不利。

2014 年 12 月至 2015 年 2 月中旬,江南大部降水量较常年同期偏少 2～5 成,其中江南北部普遍较常年同期偏少 5 成以上。与此同时,上述地区气温比常年同期偏高。温高雨少致使湖南中东部、江西中南部、浙江西南部和福建中北部干旱露头并发展。2 月下半月,江南大部旱区出现了 25～100 毫米的降水,干旱得到解除。由于干旱持续时间短,对农业生产没有产生明显影响。

1 月中旬至 2 月,西南大部地区降水量不足 10 毫米,较常年同期偏少,其中四川西部和中南部偏少 5～8 成,局部地区偏少 8 成以上。长时间降水偏少,导致四川西北部 2 月中旬气象干旱开始露头并发展。

月内,北方地区出现 1 次沙尘天气过程。2 月 21—22 日,内蒙古中西部、陕西北部、华北北部、辽宁、吉林南部等地的部分地区出现扬沙或浮尘天气,内蒙古中部局地出现沙尘暴,朱日和、二连浩特出现强沙尘暴。沙尘天气导致空气质量明显下降,沙尘天气给当地交通和人体健康带来不利影响。这是 2015 年首次沙尘天气过程,首发时间接近常年,较 2014 年(3 月 19 日)偏早近 1 个月。

3.3 3月主要气候特点及气象灾害

3.3.1 主要气候特点

3月，全国平均气温较常年同期偏高，平均降水量较常年同期偏少。江南等地多阴雨天气；河北、山西等地气象干旱发展；我国东部出现3次轻到中度雾、霾天气；北方出现5次沙尘天气过程；云南、四川等地部分地区遭受风雹灾害。

月降水量与常年同期相比，新疆北部、青海西南部、甘肃东南部、陕西中部、黑龙江东南部、吉林东部、云南中部及南部部分地区、安徽北部、西藏西南部等地偏多2成至1倍，局部偏多1倍以上；全国其余大部地区降水量接近常年或偏少，其中新疆中南部、甘肃河西地区、内蒙古大部、华北西部和北部以及山东半岛、辽东半岛等地偏少8成以上（图3.3.1）。

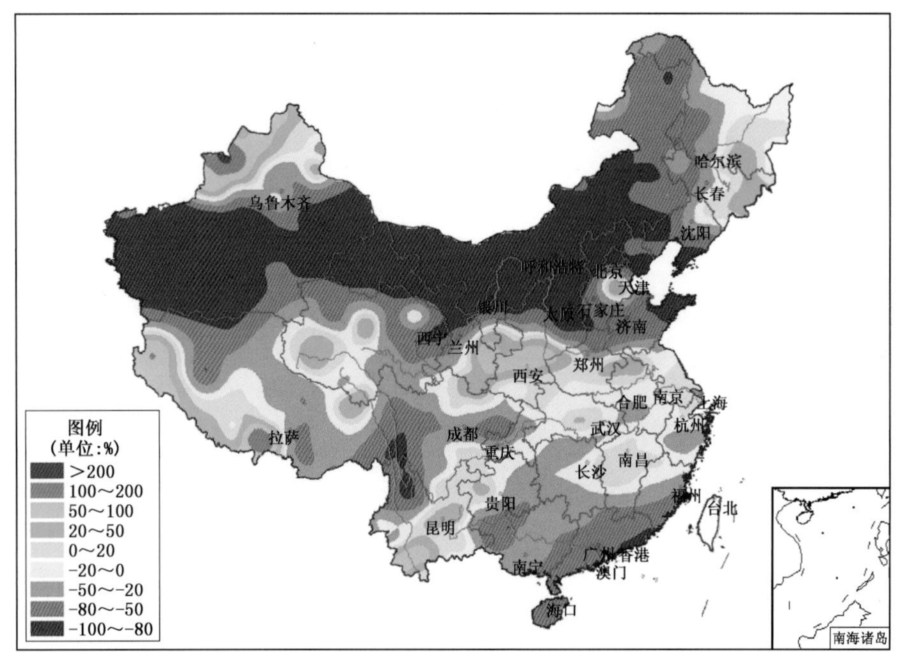

图3.3.1 2015年3月全国降水量距平百分率分布图(%)

Fig. 3.3.1 Precipitation anomalies over China in March 2015 (unit: %)

月平均气温与常年同期相比，全国大部分地区气温偏高或接近常年，其中新疆西南部、青海中东部、甘肃中部、内蒙古东部、黑龙江东部、华北大部、四川大部、云南大部、重庆北部等地偏高2～4℃（图3.3.2）。

3.3.2 主要气象灾害事记

3月，江南大部、华南北部和西部以及贵州中东部等地降水日数普遍达15～20天，局部地区超过20天；与常年同期相比，江南西部、华南西部及贵州中东部降水日数偏多1～5天。阴雨寡照天气对江南油菜开花结荚、华南早稻播种育秧及旱地作物春播有不利影响。另外，江西、湖南部分低洼农田土壤过湿持续，对旱地作物生长不利，并且适温高湿的天气也易导致作物病虫害滋生蔓延。

3月，华北大部地区降水稀少，降水量普遍较常年同期偏少5成以上，气温比常年同期偏高2～4℃，致使气象干旱迅速发展。3月底全国气象干旱监测显示，河北北部和西部、山西大部、内蒙古中部、河南北部以及重庆西部、四川西部、云南西北部、华南南部等地存在中度以上气象干旱，局部地

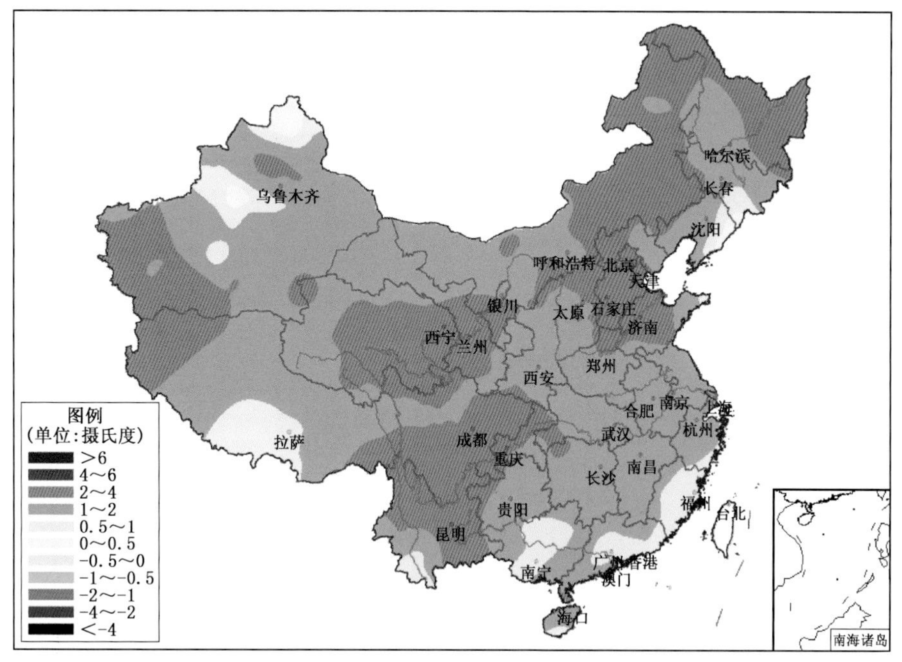

图 3.3.2　2015 年 3 月全国平均气温距平分布图(℃)

Fig. 3.3.2　Mean air temperature anomalies over China in March 2015 (unit: ℃)

区达重旱。山西运城市闻喜县因旱造成 6.6 万人受灾,农作物受灾面积 9200 公顷,直接经济损失 2700 余万元。河北邯郸、邢台 2 市 15 个县(市、区)遭受旱灾,44.3 万人受灾,农作物受灾面积 2.4 万公顷,直接经济损失 4600 余万元。3 月底至 4 月初,华北等地喜降春雨(雪),部分地区气象干旱得到缓解。

3 月,我国东部地区出现 3 次轻到中度雾、霾天气。3 月 6—8 日,北京、天津、河北中南部、山东北部、辽宁中南部等地出现霾;3 月 16—21 日,华北、黄淮及陕西关中等地出现间歇性霾,以轻到中度霾为主,其中 16 日北京局地出现重度霾;3 月 28—30 日,北京、天津、河北、辽宁等地出现轻到中度霾。另外,3 月 19—21 日,河南中东部和西南部、山东西部等地部分地区出现能见度不足 1000 米的雾。

月内,北方地区出现 5 次沙尘天气过程,其中 4 次为扬沙,1 次为强沙尘暴。扬沙过程分别出现在 3 月 2 日、8 日、14 日、27—29 日,强沙尘暴过程出现在 3 月 31 日至 4 月 1 日。沙尘天气过程次数多于 2014 年同期(2 次)。3 月 31 日至 4 月 1 日,南疆大部、甘肃中西部、青海西部、宁夏北部、内蒙古西部出现了扬沙或浮尘,部分地区出现了沙尘暴,其中内蒙古额济纳、甘肃敦煌和安西、青海小灶等地出现了强沙尘暴。

月内,我国云南、四川、广西、江苏、安徽等省(区)出现雷雨、冰雹等强对流天气,其中云南、四川部分地区损失较重。3 月 23—25 日,云南省西双版纳、红河、普洱等市(自治州)14 个县(市)遭受风雹灾害,造成 7.5 万人受灾,农作物受灾面积 9300 公顷,直接经济损失 1.9 亿元。3 月 25 日,四川省攀枝花市盐边县、米易县遭受风雹灾害,造成 1.2 万人受灾,农作物受灾面积约 1000 公顷,直接经济损失 1500 余万元。

3.4 4月主要气候特点及气象灾害

3.4.1 主要气候特点

4 月，全国平均气温较常年同期偏高，平均降水量接近常年同期。月内，上旬长江中下游等地降温降水过程强度大；冬麦区气象干旱缓解，华南气象干旱持续发展；北方地区出现 3 次沙尘天气过程；江西、四川、广东、江苏、安徽等省部分地区遭受风雹灾害。

月降水量与常年同期相比，江南南部至华南、重庆南部、贵州东部、新疆西部和北部部分地区、黑龙江西部、内蒙古东北部部分地区偏少 2～5 成，局部偏少 5 成以上；全国其余大部地区接近常年或偏多，其中内蒙古大部、新疆东南部、西藏中部和南部、青海中北部、陕西中西部、宁夏大部、华北东部、黄淮北部等地偏多 1 倍以上（图 3.4.1）。

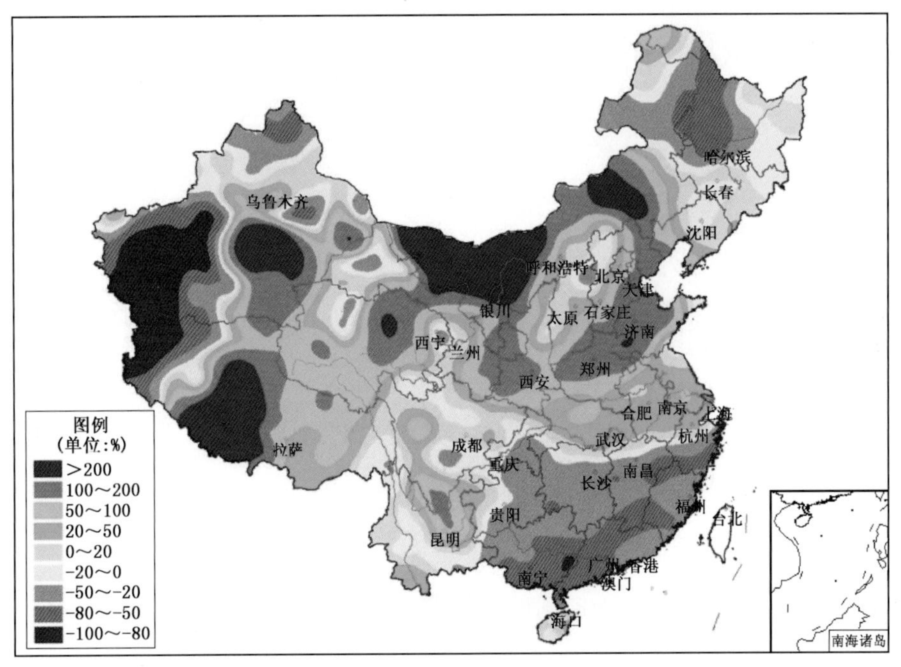

图 3.4.1 2015 年 4 月全国降水量距平百分率分布图（%）

Fig. 3.4.1 Precipitation anomalies over China in April 2015 (unit: %)

月平均气温，全国大部地区接近常年同期或偏高，其中新疆东部和北部、甘肃河西地区、东北中部、内蒙古东部部分地区、浙江北部、上海、福建东部、四川东部、重庆、贵州、广西中部和北部等地偏高 1～2℃（图 3.4.2）。

3.4.2 主要气象灾害事记

4 月 1—10 日，我国中东部大部地区出现强降水，华北南部、黄淮西部、江淮、江汉、江南大部以及福建、四川东部、陕西南部等地降水量一般有 25～100 毫米，其中湖北东部、湖南东北部、江西北部、安徽南部、浙江西北部等地达 100～200 毫米，局地超过 200 毫米。长江中下游地区降水日数普遍有 6～8 天，局部地区超过 8 天，较常年同期偏多 2～4 天。

4 月上旬，受强冷空气影响，江淮东部、江汉及江南等地出现大幅降温，最大过程降温普遍有 14～20℃，局部地区达 20℃以上，极端最低气温普遍在 9℃以下。由于前期上述地区气温显著偏高，南方地区出现较大范围的倒春寒天气，给农业生产造成一定影响。江西省农作物受灾面积约 5.4 万

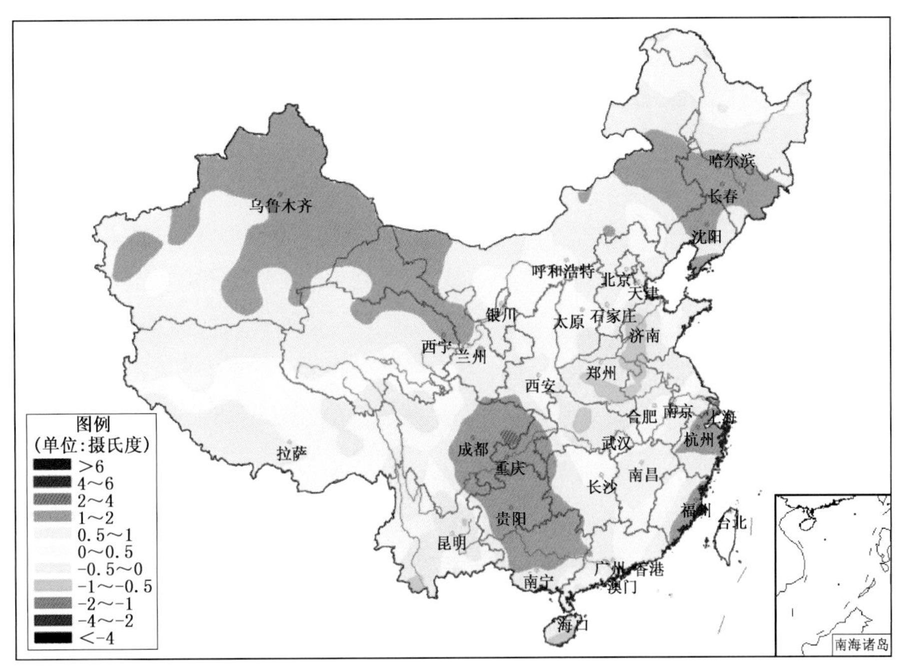

图 3.4.2　2015 年 4 月全国平均气温距平分布图(℃)

Fig. 3.4.2　Mean air temperature anomalies over China in April 2015 (unit: ℃)

公顷,成灾面积 1.7 万公顷,农业直接经济损失 5400 万元。

3 月 31 日至 4 月 2 日,北方冬麦区普降喜雨(雪),对缓解冬麦区气象干旱,改善土壤墒情、净化空气极为有利。华南、贵州等地 3 月底开始气象干旱快速发展。根据全国气象干旱综合监测,进入 4 月,广东、广西、贵州 3 省(区)中旱以上面积持续超过 10 万平方千米。至 4 月 30 日,广西大部、广东西部等地存在中度以上气象干旱,广西东南部、广东西北部等地存在重到特旱

4 月,北方地区出现 3 次沙尘天气过程, 比 2000 至 2014 年同期偏少 2 次,和 2014 年同期(3 次)持平。4 月 15 日,新疆东部、内蒙古中西部、宁夏北部、陕西北部、山西中北部、河北北部、东北地区西部等地出现了扬沙天气,局地出现了沙尘暴。4 月 27—29 日,南疆盆地大部、北疆中东部、甘肃西部、青海西北部等地出现了扬沙天气,部分地区出现沙尘暴,其中南疆盆地西南部的墨玉县、和田县、民丰县,北疆玛纳斯县等地出现了强沙尘暴。此次沙尘天气是 2015 年新疆遭遇范围最广、强度最大的一场沙尘天气过程。4 月 30 日,宁夏中北部、内蒙古河套西部等地的部分地区出现扬沙或浮尘天气。

月内,全国有 20 多个省(区、市)出现雷雨、冰雹等强对流天气,其中江西、四川、广东、江苏、安徽等省部分地区损失较重。4 月 2—5 日,江西省南昌、景德镇、宜春等 7 市 24 个县(市、区)遭受风雹灾害,造成 24 万人受灾,4 人死亡;农作物受灾面积 1.2 万公顷;直接经济损失 1.3 亿元。4 月 27—28 日,江苏省出现强对流天气,徐州、宿迁、淮安等 10 市的局部地区降冰雹,最大冰雹直径 50 毫米;共造成 61.1 万人受灾,死亡 5 人,农作物受灾 4.9 万公顷,直接经济损失 6.8 亿元。

3.5　5 月主要气候特点及气象灾害

3.5.1　主要气候特点

5 月,全国平均气温较常年同期偏高,平均降水量较常年同期偏多。月内,华南、江南暴雨频发,部分地区洪涝灾害严重;强对流点多面广、强度大、雹灾重;北方部分地区遭受霜冻灾害;华南、江南

气象干旱基本解除，云南西北部、海南西部存在中度气象干旱。

月降水量与常年同期相比，东北大部、华北南部大部地区、江淮东部、江南大部、华南大部以及贵州中南部、内蒙古东北部、新疆中部和南部、甘肃西部等地偏多2成至1倍，部分地区偏多1倍以上；黄淮东部及内蒙古中西部、新疆北部和西部部分地区、西藏中西部、四川西南部、云南大部、海南大部偏少2～8成，部分地区偏少8成以上；全国其余大部地区接近常年(图3.5.1)。

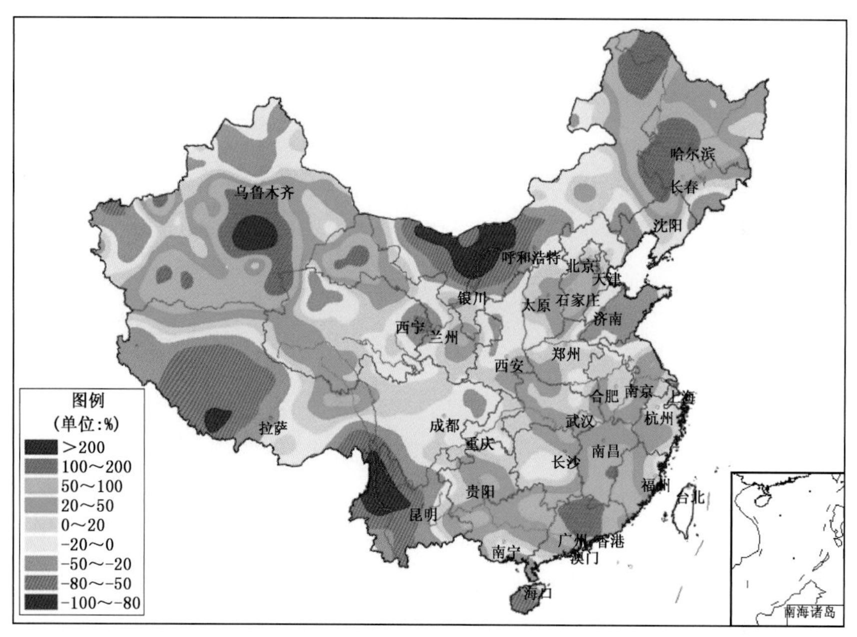

图3.5.1 2015年5月全国降水量距平百分率分布图(%)

Fig. 3.5.1 Precipitation anomalies over China in May 2015 (unit: %)

月平均气温与常年同期相比，除东北地区北部及内蒙古大兴安岭一带偏低1～2℃外，全国大部分地区接近常年或偏高，其中华南西部和南部、西南地区东南部及新疆北部和西部等地一般偏高1～2℃，北疆西部、云南部分地区、广西西部、海南北部偏高2～4℃(图3.5.2)。

3.5.2 主要气象灾害事记

5月，南方地区共出现10次区域性暴雨过程。受强降雨影响，广西、广东、湖南、江西、福建76条河流发生超警洪水，其中4条河流发生超保洪水，江西赣江上游支流梅川发生超历史特大洪水，福建闽江上游九龙溪发生50年一遇特大洪水，广西桂江发生2008年以来最大洪水。安徽、福建、广东、广西、贵州、湖北、湖南、江西、云南、浙江和重庆多地发生暴雨洪涝或滑坡等地质灾害。

月内，全国有22个省(区、市)遭受冰雹、大风、雷电等强对流天气影响，其中河南、云南、贵州、安徽、新疆等省(区)部分地区损失较重。5月6—7日，陕西西北部、山西西南部、河南东北部出现8～12级雷暴大风；山西南部、河南西北部、山东西部等地局部出现直径约5～10毫米的冰雹。此次强对流天气给上述地区造成不同程度的损失，其中河南最重。

5月5—16日，我国北方出现大范围降温天气过程，内蒙古大部、黑龙江北部、吉林东部、华北、黄淮北部、西北地区东北部等地过程最大降温普遍有8～12℃，部分地区超过12℃；东北大部、华北北部、西北部分地区以及内蒙古中东部出现不同程度的霜冻天气，露地蔬菜、出苗较早的春播作物遭受冻害。

5月上旬，华南、江南多次出现明显降水过程，累积降水量普遍超过100毫米，气象干旱基本解除。但云南西北部、海南西部等地降水量比常年同期显著偏少，存在中度气象干旱。

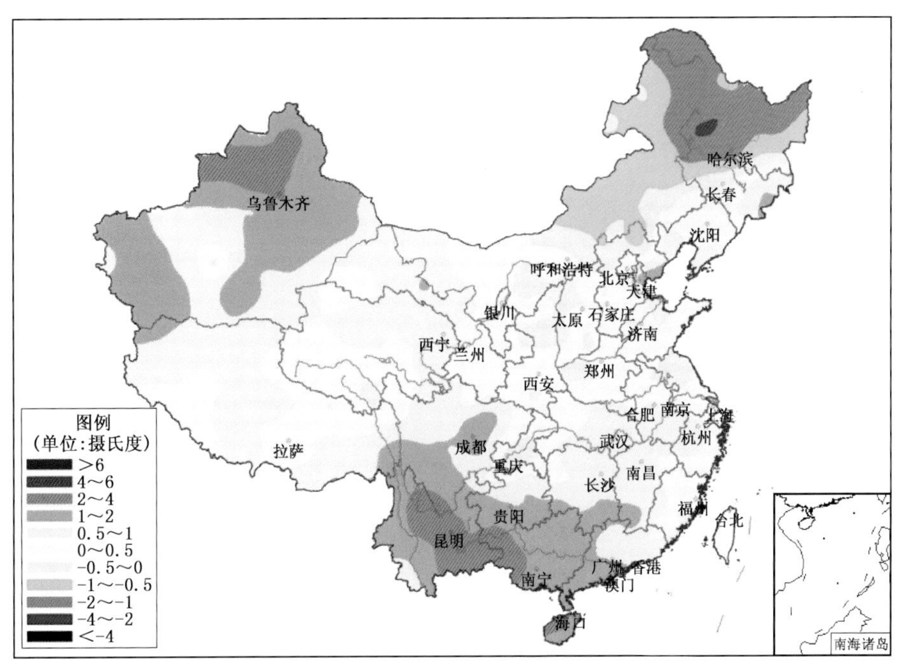

图 3.5.2　2015 年 5 月全国平均气温距平分布图(℃)

Fig. 3.5.2　Mean air temperature anomalies over China in May 2015 (unit: ℃)

3.6　6 月主要气候特点及气象灾害

3.6.1　主要气候特点

6 月，全国平均气温较常年同期偏高，平均降水量较常年同期略偏多。月内，南方强降水频繁，先后 8 次出现区域性暴雨过程，间隔短，雨量大，部分地区暴雨洪涝灾害严重；云南西部干旱发展，海南干旱缓解；8 号台风“鲸鱼”登陆海南；有 21 个省(区、市)遭受雷雨大风、冰雹等强对流天气袭击。

月降水量与常年同期相比，黄淮西部和南部、江淮、江南北部、四川盆地大部以及陕西中南部、贵州东部、黑龙江西南部、吉林西部、辽宁西部、内蒙古中东部大部、青海西北部、甘肃西部、新疆大部、西藏西部等地偏多 2 成至 1 倍，部分地区偏多 1 倍以上；内蒙古西部、华北中部、西北地区东北部、黄淮东北部、江南南部部分地区、华南大部及云南大部、四川南部、西藏中部、辽宁南部、黑龙江西北部等地偏少 2～5 成，部分地区偏少 5 成以上(图 3.6.1)。

月平均气温与常年同期相比，江南南部、华南大部、云贵高原大部及四川西部、西藏中部等地偏高 1～2℃，云南、四川的部分地区偏高 2～4℃；黄淮西南部、江汉大部以及陕西中东部、内蒙古中部、河北北部、新疆中东部等地偏低 1～2℃，内蒙古局部偏低 2～4℃；全国其余大部地区接近常年(图 3.6.2)。

3.6.2　主要气象灾害事记

6 月，南方地区共出现 8 次区域性暴雨过程，其中 16—19 日、22—30 日暴雨影响范围广，强度强，部分地区暴雨洪涝灾害严重。6 月 16—19 日，长江中下游及重庆、贵州、广西等地出现大范围暴雨过程，50 毫米以上的降水覆盖面积有 46.9 万平方千米，100 毫米以上的降水覆盖面积有 10.2 万平方公里。6 月 22—30 日，黄淮、江淮及川陕等地出现两次强降雨过程，暴雨以上共出现 378 站日，

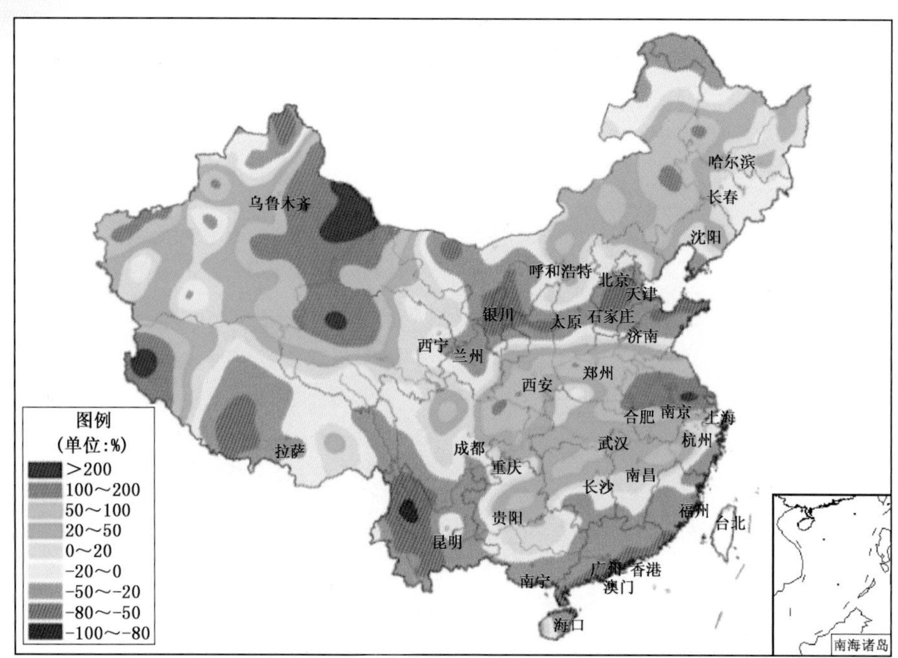

图 3.6.1　2015 年 6 月全国降水量距平百分率分布图(%)

Fig. 3.6.1　Precipitation anomalies over China in June 2015 (unit: %)

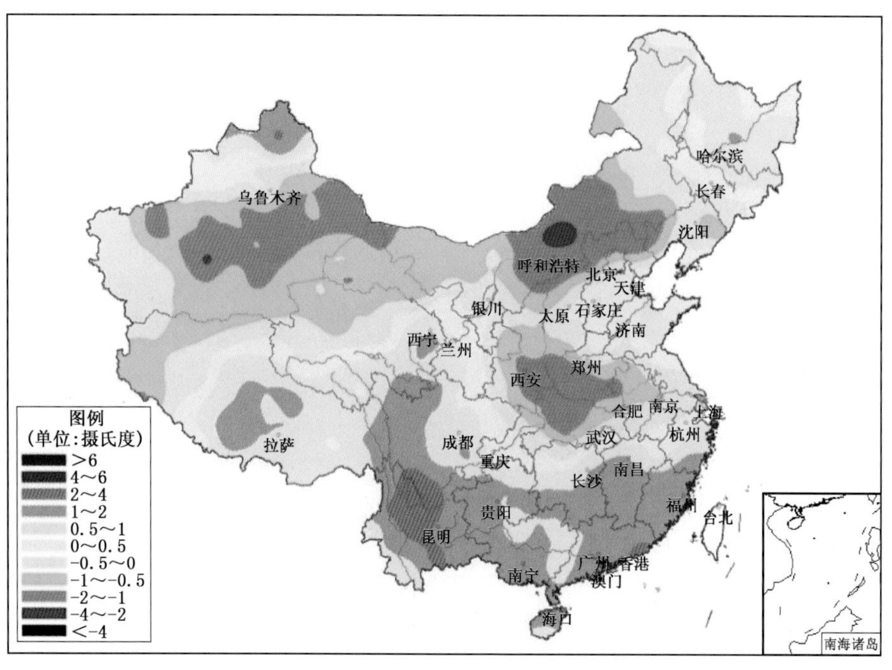

图 3.6.2　2015 年 6 月全国平均气温距平分布图(℃)

Fig. 3.6.2　Mean air temperature anomalies over China in June 2015 (unit: ℃)

其中大暴雨以上有 62 站日。太湖出现超警戒水位;长江下游支流滁河洪峰水位超过历史最高水位;淮河出现 2015 年最大洪水过程。持续强降水导致多个省(区、市)发生洪涝,造成道路中断,部分农田被淹,城市运行、道路交通和人民正常生活等受到较大影响,其中上海、南京、苏州、无锡、常州等城市内涝严重。

月内，云南西部、四川西南部由于降水持续偏少，气温偏高，干旱发展迅速，发生中度到重度气象干旱，西北部达到特旱，对农业生产造成不利影响。6月上中旬，海南西部和东南部旱情较重，干旱导致河塘干裂，水库蓄水明显减少，44条河道出现断流，119座水库干枯。

第8号台风"鲸鱼"(Kujira)于6月22日18时50分前后在海南省万宁市沿海登陆。受"鲸鱼"影响，21—25日，海南、广东、广西、云南部分地区出现强降雨与大风天气。总体来看，台风带来的降水缓解了海南等地的旱情，造成的损失小，对农业的影响利大于弊。

6月，全国有21个省(区、市)遭受雷雨大风、冰雹等强对流天气袭击，其中四川、山西、内蒙古、陕西、甘肃、新疆、河北、山东、黑龙江等省(区)局地受灾较重。6月9—11日，河北省10市30个县(市、区)遭受风雹灾害，造成逾91万人受灾，2人死亡，农作物等受灾10.4万公顷，直接经济损失4.6亿元。6月9—11日，新疆阿克苏、喀什、和田等7自治州(地区)22个县(市)遭受风雹袭击，造成36万人受灾，农作物受灾7.5万公顷，直接经济损失6.3亿元。

3.7 7月主要气候特点及气象灾害

3.7.1 主要气候特点

7月，全国气温较常年同期略偏高，降水量较常年同期偏少。月内，台风"莲花"登陆我国；华北、山东、吉林、辽宁等地出现气象干旱；南方强降水频繁；全国有24个省(区、市)遭受雷雨、大风、冰雹等强对流天气袭击；新疆高温持续时间长。

月降水量与常年同期相比，江南大部、华南东北部和西南部局部、西藏西部局部、青海北部局部、内蒙古西部局部等地偏多2成至1倍，局部地区偏多1倍以上；全国其他大部地区偏少2～8成，部分地区偏少8成以上(图3.7.1)。

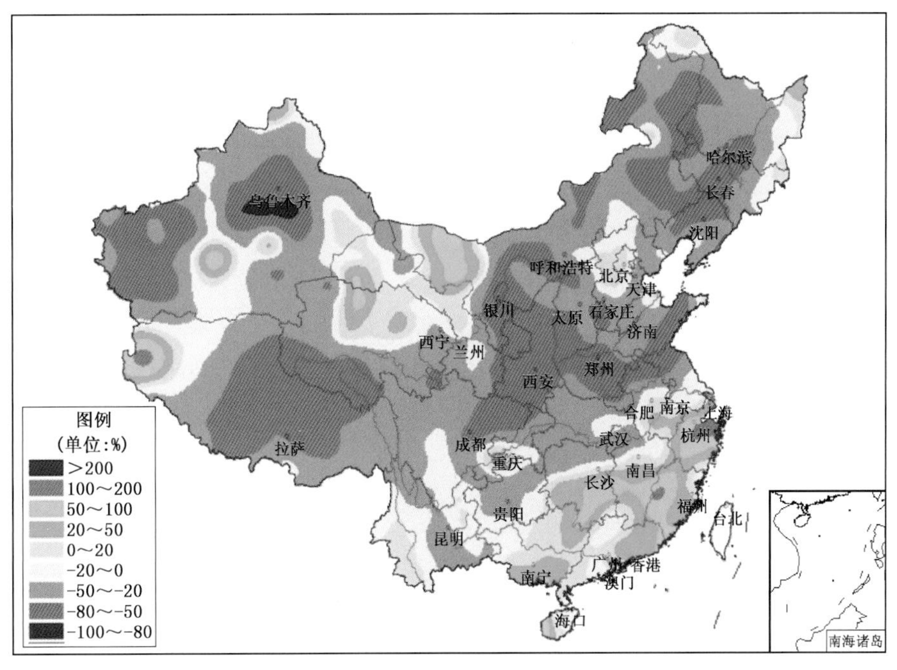

图3.7.1 2015年7月全国降水量距平百分率分布图(%)
Fig. 3.7.1 Precipitation anomalies over China in July 2015 (unit: %)

月平均气温与常年同期相比，新疆、内蒙古东北部、西藏中部局部等地偏高 1～2℃，新疆大部地区偏高 2～4℃；黄淮东南部、江淮、江汉大部、江南及贵州东部、重庆南部、四川西北部、青海东南部等地偏低 1～2℃，江南大部地区偏低 2～4℃（图 3.7.2）。

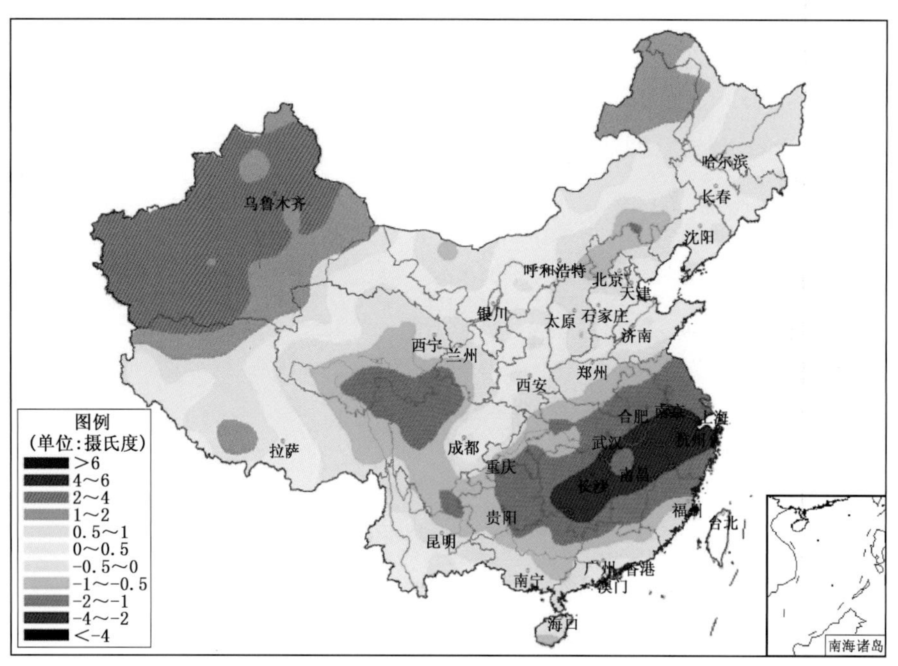

图 3.7.2　2015 年 7 月全国平均气温距平分布图(℃)

Fig. 3.7.2　Mean air temperature anomalies over China in July 2015 (unit: ℃)

3.7.2　主要气象灾害事记

7 月，台风"莲花"登陆我国，台风登陆个数比常年同期(2 个)偏少。第 10 号台风"莲花"于 7 月 9 日中午 12 时 15 分前后在广东省汕尾市陆丰市甲东镇沿海登陆，登陆时中心附近最大风力有 13 级(38 米/秒)，中心最低气压 965 百帕。第 9 号台风"灿鸿"7 月 11 日 16 时 40 分前后在浙江省舟山市朱家尖镇沿海擦肩而过。

月内，华北、山东、吉林、辽宁等地出现气象干旱。5 月下旬开始，华北大部降水持续偏少。5 月 20 日至 7 月 13 日，京津冀晋四省(市)平均降水量仅有 62.9 毫米，比常年同期偏少 54.1%，为 1961 年以来最少。5 月 20 日至 7 月 26 日，山东省累计降水量仅有 116.6 毫米，比常年同期偏少 51.2%，为 1961 年以来第二少。降水持续偏少，导致干旱发展。东北大部地区从 6 月下旬开始降水持续偏少，6 月 20 日至 7 月 20 日，辽宁、吉林两省平均降水量仅有 49.5 毫米，比常年同期偏少 65.6%，为 1961 年以来最少。

5 月至 7 月 24 日，长江中下游降水量 602 毫米，比常年同期偏多 17.6%。频繁降水造成南方地区江河水位上涨，农田渍涝、城市内涝严重，上海、深圳、武汉等多个大中城市发生严重积水，给市民日常生活、交通等造成较大影响。7 月 20—24 日，四川盆地、贵州及江南、江汉、江淮等地自西向东出现一次强降雨天气过程，伴有雷电大风等强对流天气，造成部分公路低洼地段被淹、乡村道路交通中断、城区出现内涝、乡镇政府被淹，8 条河流发生超警戒水位洪水。7 月 20—25 日，福建省中南部降暴雨到大暴雨，其中漳州、龙岩地区出现特大暴雨，导致连城县城区以及部分乡镇受淹，城区最大水深达 2 米。

7 月，全国有 24 省(区、市)遭受风雹灾害，其中陕西、山东、河北等省受灾较重。14—18 日，陕西省 8 市 29 个县(区)遭受大风、冰雹、暴雨袭击，造成 33.2 万人受灾，1 人死亡，直接经济损失 9.1 亿元。27—30 日，风雹灾害造成河北省 54 个县(市、区)83.7 万人受灾，6 人死亡，直接经济损失 8 亿元。30—31 日，风雹灾害造成山东省 25 个县(市、区)95.9 万人受灾，直接经济损失 8.2 亿元。

7 月，新疆出现长时间、大范围的强高温过程。自 7 月 8 日开始，持续到月底，高温持续时间长；7 月 22 日，38 ℃以上高温的面积最大，达 75.3 万平方千米；全疆大部分地区超过 38℃，部分地区超过 40℃，高温强度强。7 月 20 日，吐鲁番地区东坎儿极端最高气温为 46.5℃。

3.8 8 月主要气候特点及气象灾害

3.8.1 主要气候特点

8 月，全国气温较常年同期略偏高；降水量接近常年同期。月内，全国 18 个省(区、市)遭受暴雨洪涝灾害；华北、西北地区东部及内蒙古中部等地气象干旱持续发展；台风“苏迪罗”登陆我国；全国多个省(区、市)遭受雷雨大风、冰雹等强对流天气袭击。

月降水量与常年同期相比，西藏中南部、西北大部、华北大部、黄淮西部、江汉、江南西北部、华南中北部和南部等地偏少 2～8 成，新疆东南部部分地区和内蒙古西北部等地偏少 8 成以上；华北东南部部分地区、江淮东部、江南东部及新疆西南部和中北部、内蒙古东北部、黑龙江西部和东南部、贵州、云南东北部、重庆西部、四川南部、西藏西北部和东南部等地偏多 2 成至 1 倍，部分地区偏多 1 倍以上(图 3.8.1)。

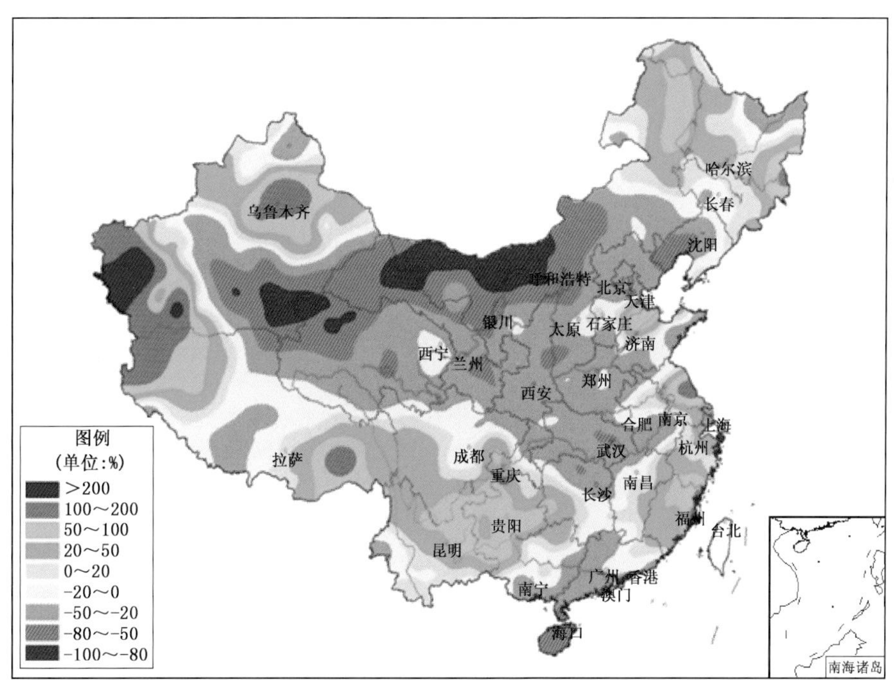

图 3.8.1 2015 年 8 月全国降水量距平百分率分布图(%)

Fig. 3.8.1 Precipitation anomalies over China in August 2015 (unit: %)

月平均气温与常年同期相比，除四川西北部局部、重庆南部、贵州大部及江西东部局部等地偏低 1～2℃外，全国大部地区接近常年或偏高，其中新疆东部和南部部分地区、内蒙古东北部、黑龙江北部等地偏高 1～2℃，部分地区偏高 2℃以上(图 3.8.2)。

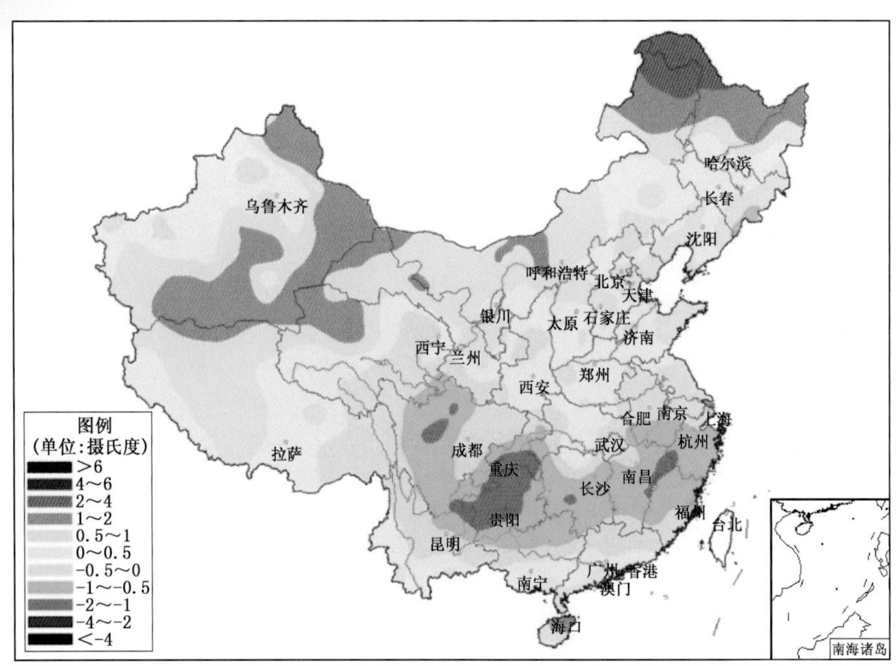

图 3.8.2 2015 年 8 月全国平均气温距平分布图(℃)

Fig. 3.8.2 Mean air temperature anomalies over China in August 2015 (unit: ℃)

3.8.2 主要气象灾害事记

8 月,全国共出现 5 次区域性暴雨过程,分别发生在 2—3 日、8—10 日、16—19 日、27 日、29—31 日。8 月 2—3 日,吉林东南部、辽宁东部、河北南部、山东北部、陕西南部等地出现暴雨,山东北部局地出现大暴雨,局地受灾较重。8—10 日,江苏中南部、安徽中部、浙江大部、福建大部降水量有 50～100 毫米,其中江苏中部、浙江东南部和福建东北部超过 100 毫米,局部超过 250 毫米。16—19 日,四川东部、重庆大部、湖北西部、湖南西北部、贵州大部、广西西北部降水量有 50～100 毫米,局部超过 100 毫米。29—31 日,广西南部、广东南部和福建西南部降水量普遍有 50～100 毫米,局部超过 100 毫米。

8 月,华北大部、陕西大部、甘肃大部、宁夏降水量较常年同期偏少 2～8 成,内蒙古中西部偏北地区偏少 8 成以上。山西降水量 71.3 毫米,比常年同期偏少 31.1%;陕西 72.2 毫米,比常年同期偏少 39.0%;甘肃 45.5 毫米,比常年同期偏少 41.0%,为 1961 年以来历史同期第 5 少;宁夏 39.2 毫米,比常年同期偏少 37.2%。华北、西北地区东部及内蒙古中部等地气象干旱持续发展,造成河流湖泊及水库蓄水不足,给人民生活、农业和畜牧业生产造成不利影响。

8 月,有 1 个台风登陆我国,登陆个数较常年同期(1.9 个)偏少。第 13 号台风"苏迪罗"于 8 月 8 日 4 时 40 分在台湾省花莲县第一次登陆,登陆时为强台风级,中心附近最大风力 15 级(48 米/秒),中心最低气压 940 百帕;8 日 22 时 10 分在福建省莆田市秀屿区再次登陆,登陆时为强热带风暴级,中心附近最大风力 11 级(30 米/秒),中心最低气压 980 百帕。"苏迪罗"深入内陆、影响范围广、风雨强度特别大。受"苏迪罗"影响,8 月 7—12 日,江南中部和东部、华南东部、江淮大部累计降水量在 50 毫米以上,江苏中部、浙江南部和福建东北部有 100～250 毫米,局地大于 250 毫米。"苏迪罗"影响期间,福建东部沿海、浙江中南部沿海出现 10～13 级阵风,福建莆田至霞浦沿海风力达 14～15 级,莆田局地风速达 53 米/秒(16 级),福建北部沿海和浙江南部沿海 12 级以上大风持续 12～24 小时;福建、浙江、江西、安徽南部及江苏南部均出现 8～9 级大风。另外,受第 15 号台风"天鹅”影响，8月24日，上海部分地区降大到暴雨，局地大暴雨。25—28日，黑龙江东南部、吉林东北部出现大到暴雨；黑龙江东部出现7～8级阵风，局地9～10级。

月内，全国有18个省(区、市)遭受雷雨大风、冰雹等强对流天气袭击，其中河北、河南、山东、甘肃等省局地受灾较重。8月17—20日，河北石家庄、唐山、秦皇岛等7市32个县(市、区)遭受风雹灾害，造成直接经济损失近3.8亿元。22—24日，河南开封、洛阳、平顶山等8市11个县(市、区)遭受风雹袭击，造成直接经济损失近2.4亿元；河北石家庄、唐山、邯郸等8市31个县(市、区)遭受风雹灾害，造成直接经济损失1.5亿元。27—29日，山东济南、潍坊、济宁等8市14个县(市、区)遭受风雹袭击，造成直接经济损失2亿元。29—31日，河南省郑州、开封、洛阳、安阳等11市29个县(市、区)遭受风雹灾害，造成52.6万人受灾，直接经济损失2.4亿元。

3.9 9月主要气候特点及气象灾害

3.9.1 主要气候特点

9月，全国气温较常年同期略偏高；降水量较常年同期偏多。月内，南方部分地区出现暴雨洪涝；西北东部及内蒙古中部等地气象干旱缓解，黄淮大部及辽宁等地气象干旱持续发展；全国13个省(区、市)遭受风雹等强对流天气袭击；台风“杜鹃”登陆我国。

月降水量与常年同期相比，全国大部地区接近常年或偏多，其中西北地区西部、华北地区北部及内蒙古大部、四川东部和西北部、重庆、贵州大部、湖北南部、湖南、江西大部、福建、广西等地偏多2成至2倍，新疆南部、青海西北部偏多2倍以上，仅东北大部、华北南部、黄淮大部、江淮西部及西藏大部、云南中部等地降水量偏少2～8成，局部偏少8成以上(图3.9.1)。

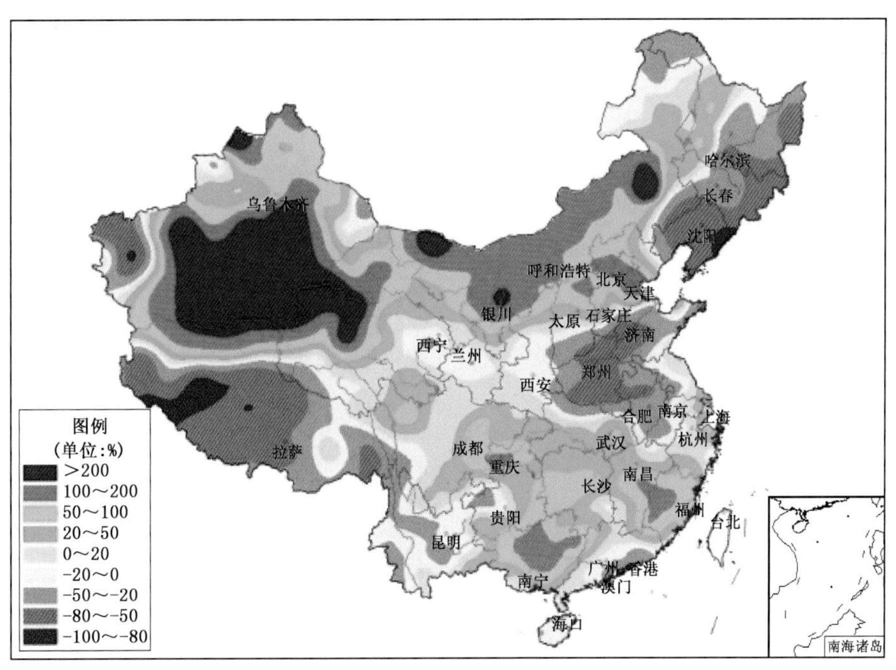

图3.9.1 2015年9月全国降水量距平百分率分布图(%)

Fig. 3.9.1 Precipitation anomalies over China in September 2015 (unit: %)

月平均气温与常年同期相比，全国大部地区接近常年或偏高，其中青藏高原大部及云南大部、海南中北部、辽宁北部等地偏高1～2℃，西藏中部偏高2～4℃；新疆大部偏低1～2℃，其中北部部分地区偏低 2～4℃(图 3.9.2)。

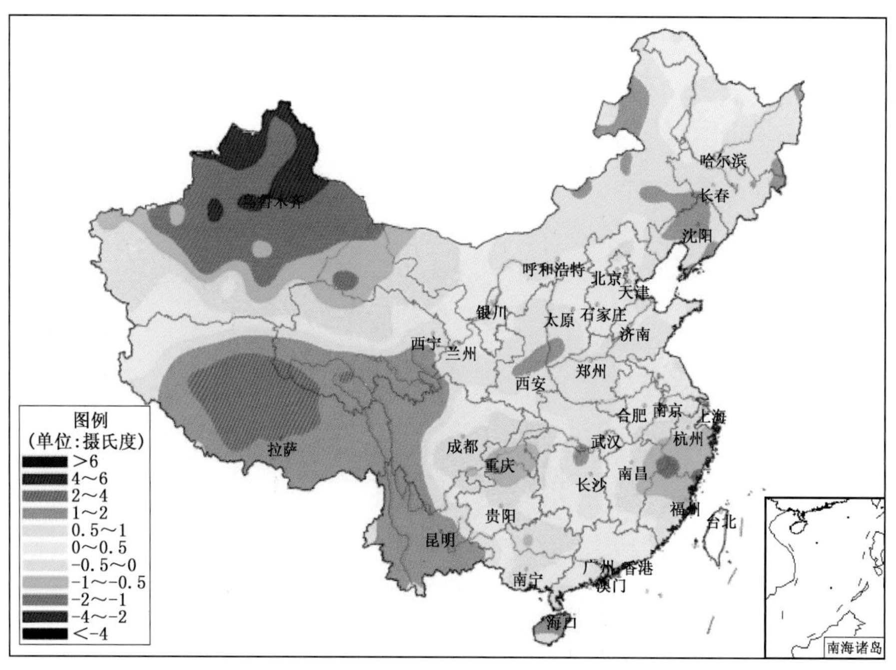

图 3.9.2　2015 年 9 月全国平均气温距平分布图(℃)

Fig. 3.9.2　Mean air temperature anomalies over China in September 2015 (unit: ℃)

3.9.2　主要气象灾害事记

9 月,南方部分地区受强降雨影响,云南、湖南、广西、四川、重庆等 11 个省(市、区)的部分地区出现暴雨洪涝灾害。西南地区东部(四川、重庆、云南、贵州)及广西 9 月区域平均降水日数为 17.8 天,较常年同期(14.3 天)偏多 3.5 天,为 1988 年以来历史同期最多;区域平均降水量 156.3 毫米,较常年同期(119.8 毫米)偏多 30.5%,为 1986 年以来历史同期最多。由于雨日多、降雨强,广西、云南、西藏等地的局部地区发生山洪、滑坡、泥石流灾害,造成人员伤亡;部分地区还出现阶段性多雨寡照天气,对秋收秋种有一定影响。此外,陕西、新疆、河北、甘肃等地的局部地区由于降水强度强,遭受暴雨洪涝灾害。

月内,黄淮大部、华北南部及辽宁、西藏中西部等地降水量较常年同期偏少,其中辽宁大部、西藏中西部、河南大部、山东西部等地偏少 5～8 成,雨少温高导致黄淮大部、华北西南部及辽宁大部、西藏中部等地出现中等程度气象干旱,局部达重旱。

9 月,全国有 13 个省(区、市)遭受雷雨大风、冰雹等强对流天气袭击,其中河北局地受灾较重。9 月 18 日,河北省秦皇岛市遭受风雹灾害,造成 3.1 万人受灾,直接经济损失 4300 多万元。

月内,有 1 个台风登陆我国,登陆个数较常年同期(1.8 个)偏少。第 21 号台风“杜鹃”于 9 月 28 日和 29 日分别在台湾省宜兰县沿海(登陆时中心附近最大风力 15 级(48 米/秒))和福建省莆田市秀屿区沿海登陆(登陆时中心附近最大风力有 10 级(28 米/秒))。受其影响,28—30 日福建大部、浙江东部、江苏东南部过程降水量一般有 50～150 毫米,其中福建福清(241.4 毫米)、福州郊区(227.2 毫米)、长乐(226 毫米)、崇武(224.9 毫米)、浙江泰顺(220.6 毫米)、三门(220.6 毫米)等 23 站累计降水量在 150 毫米以上,浙江镇海(334.9 毫米)、奉化(300.6 毫米)、鄞州(252.2 毫米)超过 250 毫米。台风“杜鹃”带来的风雨及天文大潮给福建、浙江的交通运输、民航、海事、铁路、教育、电力等造成一定影响,部分城市积水内涝严重,局部出现海水倒灌、道路村庄被淹。

3.10 10月主要气候特点及气象灾害

3.10.1 主要气候特点

10月，全国气温较常年同期偏高，降水量较常年同期偏多。月内，云南、重庆等地出现暴雨洪涝；台风“彩虹”登陆我国；全国12个省(区、市)遭受风雹强对流天气袭击；黑龙江、内蒙古遭受低温冻害。

月降水量与常年同期相比，东北地区大部、江南大部、华南大部、西南地区东南部及陕北南部、山西南部、西藏中部等地偏多2成至1倍，华南中部和西藏中南部等地偏多1倍以上；西北地区大部、内蒙古中西部、华北东部和西北部、黄淮大部、江淮西北部、江汉西部、海南大部、西藏西北部和东部等地降水偏少2～8成，新疆西南部、西藏西北部和青海西北部的部分地区偏少8成以上(图3.10.1)。

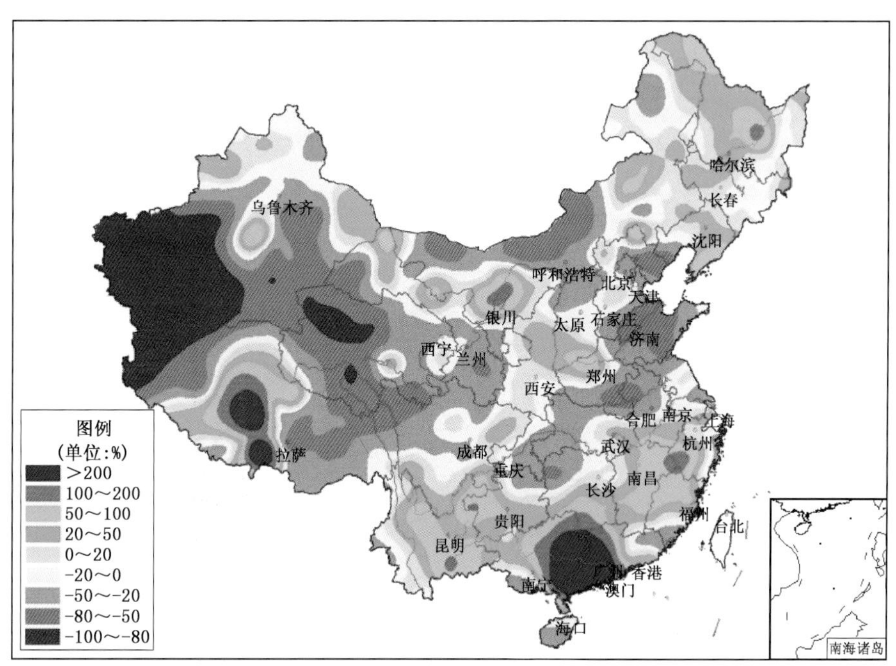

图3.10.1　2015年10月全国降水量距平百分率分布图(%)

Fig. 3.10.1　Precipitation anomalies over China in October 2015 (unit: %)

月平均气温与常年同期相比，全国大部地区偏高，其中江汉、江南西部、西南地区东北部及新疆南部、西藏西北部、青海大部、甘肃中部和南部、内蒙古中东部部分地区偏高1～2℃(图3.10.2)。

3.10.2 主要气象灾害事记

10月，南方地区降水量普遍有50～100毫米，其中江西东北部、广东西部、广西东部、云南、贵州西部等地有100～200毫米。8—12日，云南、贵州等地降水量有25～100毫米，云南局地超过100毫米。21—27日，陕西大部、山西南部、四川东北部和重庆北部等地有25～50毫米降水。受强降雨影响，云南、重庆、陕西、贵州4个省(市)的部分地区遭受暴雨洪涝灾害。

月内，有1个台风登陆我国，登陆台风个数接近常年同期。第22号台风“彩虹”(Mujigae)于10月4日14时10分前后在广东省湛江市坡头区沿海登陆，登陆时中心附近最大风力有16级(52米/秒)，

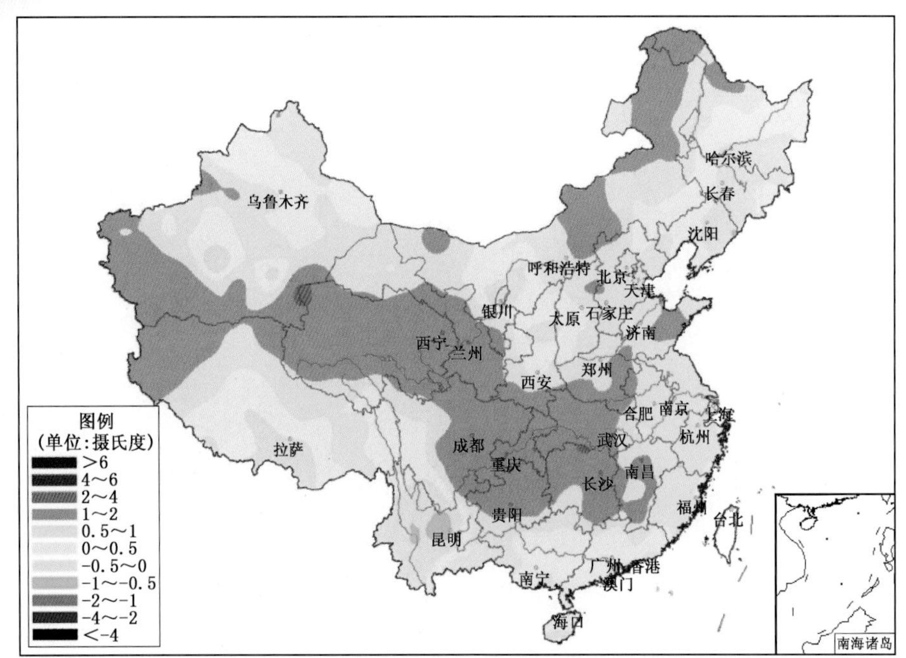

图 3.10.2　2015 年 10 月全国平均气温距平分布图(℃)

Fig. 3.10.2　Mean air temperature anomalies over China in October 2015 (unit: ℃)

中心最低气压为 935 百帕。台风“彩虹”是有气象记录以来 10 月登陆广东和进入广西的最强台风。

10 月,全国有 12 个省(区)遭受雷雨大风、冰雹等强对流天气袭击,其中陕西省局地受灾较重。10 月 1 日,陕西省咸阳市礼泉、旬邑、淳化等 4 个县遭受风雹灾害,农作物受灾面积 1.6 万公顷,直接经济损失 7900 余万元。

月内,黑龙江、内蒙古 2 个省(区)遭受低温冻害。10 月上中旬,黑龙江哈尔滨、绥化遭受低温冷冻灾害,造成农作物受灾面积 2.2 万公顷,直接经济损失 9200 余万元。10 月中旬,内蒙古呼伦贝尔市阿荣旗遭受低温冷冻灾害,农作物受灾面积 3600 公顷,直接经济损失 1600 余万元。

3.11　11 月主要气候特点及气象灾害

3.11.1　主要气候特点

11 月,全国气温较常年同期偏高,降水量较常年同期偏多。月内,南方部分地区遭受暴雨洪涝;中东部地区多阴雨雪天气;北方出现大范围雾霾天气过程。

月降水量与常年同期相比,全国大部地区接近常年或偏多,其中东北中部和东南部、内蒙古大部、西北大部、黄淮、江淮、江汉、江南、华南西部及贵州南部、西藏中南部等地偏多 2 成至 2 倍,华北、黄淮大部、西北地区东北部及青海西北部、新疆东部、内蒙古中西部、黑龙江中南部、浙江北部、江西中部、湖南南部、广西东部等地偏多 2 倍以上;黑龙江大部、吉林西部、内蒙古东北部、新疆西南部、西藏大部、四川大部、重庆西南部、贵州西北部、云南北部、广东东部、福建南部等地偏少 2～8 成,部分地区偏少 8 成以上(图 3.11.1)。

月平均气温与常年同期相比,全国大部地区接近常年或偏高,其中西北、西南大部、华南大部、江南地区东南部及山西大部、内蒙古中西部等地偏高 1～4℃;华北地区东部、黄淮西部、江汉中部及辽宁大部、内蒙古东南部等地偏低 1～4℃(图 3.11.2)。

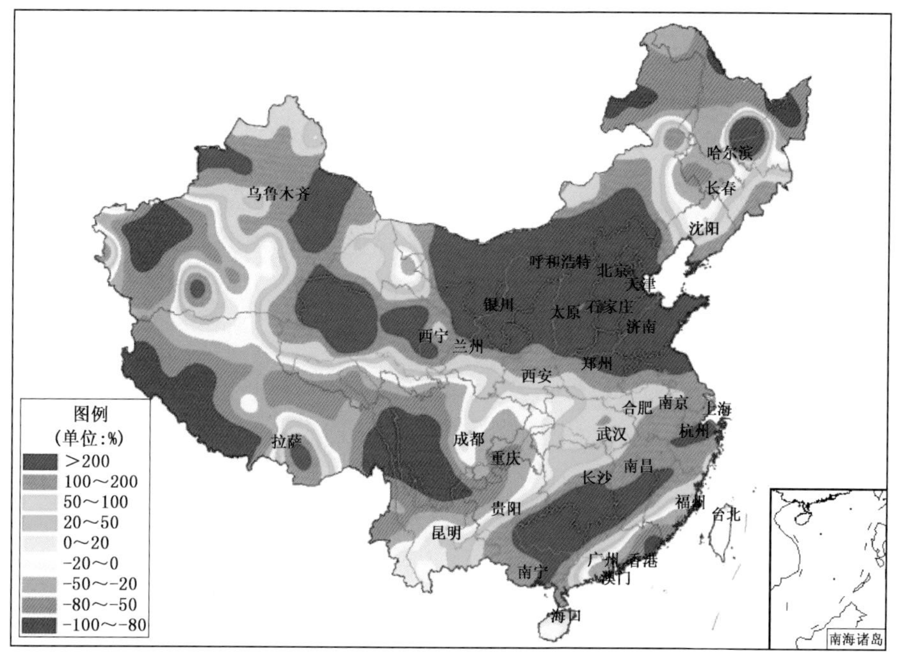

图 3.11.1　2015 年 11 月全国降水量距平百分率分布图(%)

Fig. 3.11.1　Precipitation anomalies over China in November 2015 (unit: %)

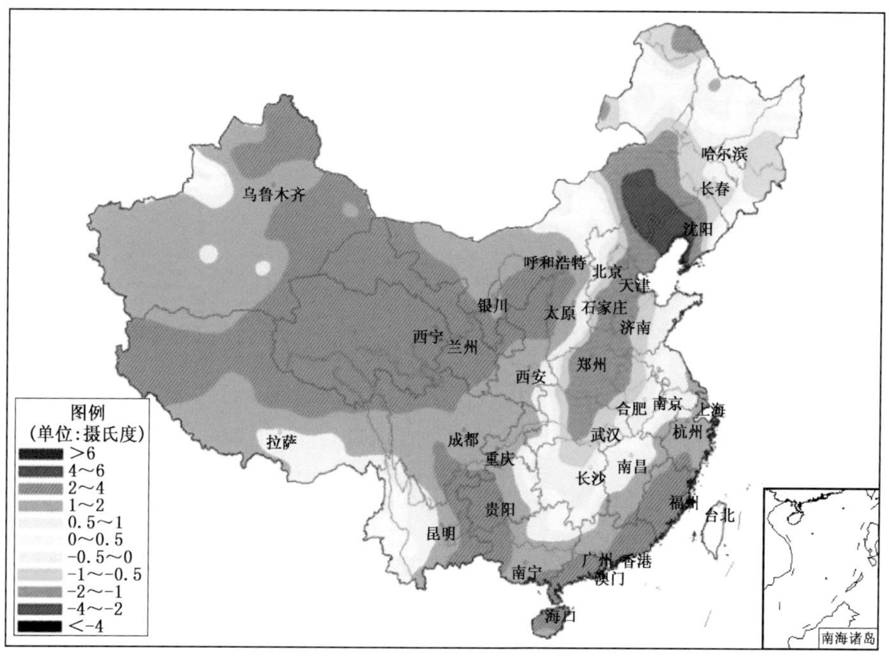

图 3.11.2　2015 年 11 月全国平均气温距平分布图(℃)

Fig. 3.11.2　Mean air temperature anomalies over China in November 2015 (unit: ℃)

3.11.2　主要气象灾害事记

11 月,江淮南部和东部、江南大部、华南西部和北部等地降水量有 100～200 毫米,其中浙江北部、江西中部、华南南部降水量达 200 毫米以上,普遍较常年同期偏多 5 成至 2 倍,局部偏多 2 倍以上。闽、鄂、桂、湘、赣 5 省(区)区域平均降水量为 1961 年以来历史同期最多,降水日数为 1961 年以来历史同期第二多。受强降雨影响，福建、广西、湖北、湖南、江西、云南等7个省（区）部分地区遭遇暴雨洪涝灾害，湘江中上游发生1961年有记录以来最大冬汛。

月内，我国中东部大部地区降水日数比常年同期偏多6～10天，其中江淮南部、江南北部、江汉南部、江西北部偏多15天以上。北京、山东、山西、河北、河南、湖北、浙江、内蒙古等8省（区、市）降水日数为1961年以来历史同期最多。11月，中东部大部地区日照时数比常年同期偏少50～100小时，其中华北中东部偏少100小时以上。阴雨（雪）寡照天气对设施农业和畜牧业产生不利影响。

11月21—27日，受强冷空气影响，我国出现大范围降温天气，中东部大部地区降温10℃以上。其中，内蒙古中部、华北西部和南部、黄淮、东北东南部部分地区降温幅度超过14℃。华北南部、黄淮、江淮及吉林、辽宁等地部分地区出现较强雨雪天气。此次寒潮天气过程造成河北、山西、山东、江苏、河南、安徽、湖北等省部分地区遭受雪灾。

月内，我国东北中南部、黄淮东部、江淮中东部等地霾日数一般有5～10天，其中吉林、辽宁东部、江苏大部等地有10～15天，吉林中部达15天以上。11月9—15日，中东部地区出现持续性雾霾天气，东北中南部、华北大部、黄淮、江淮中东部等地雾霾日数达5～7天，是秋季持续时间最长、影响范围最大的一次雾霾天气过程。11月27—30日，华北、黄淮等地空气污染扩散条件较差，雾霾天气逐渐发展。30日，华北中南部、黄淮中西部、江淮等地出现大范围霾和大雾天气。

3.12　12月主要气候特点及气象灾害

3.12.1　主要气候特点

12月，全国气温较常年同期偏高，降水量较常年同期偏多。月内，南方持续阴雨，部分地区遭受暴雨洪涝；北方部分地区出现强降雪天气；中东部地区出现大范围雾霾天气过程。

月降水量与常年同期相比，东北大部、内蒙古大部、西北地区东部大部及新疆大部、西南地区东部、长江中下游以南地区偏多2成至2倍，江南南部、华南大部、西北地区东北部及新疆中南部、内蒙古西部、黑龙江西南部和东北部、吉林西部等地偏多2倍以上；青藏高原大部、华北大部、黄淮、江淮、江汉及陕西东南部、新疆西部部分地区偏少2～8成，部分地区偏少8成以上（图3.12.1）。

月平均气温与常年同期相比，全国大部地区接近常年或偏高，其中西藏中部和西部、新疆北部和东部、甘肃河西地区大部、西北地区东部部分地区、内蒙古大部、东北大部、华北、黄淮东北部、江南东部、华南东部及海南、四川东北部等地偏高1～2℃，部分地区偏高2～4℃（图3.12.2）。

3.12.2　主要气象灾害事记

12月，江南大部、华南大部普遍有100～200毫米降水，其中江西中部、福建西北部局地、广东北部局地达200毫米以上。与常年同期相比，上述地区降水量普遍偏多1～2倍，其中江南东南部、华南、云南东部、贵州南部偏多2倍以上。受强降水影响，江西省抚州市发生暴雨洪涝灾害。

月内，受冷空气影响，北方大部降雪日数有1～5天，其中新疆北部、黑龙江中部和东北部、吉林中部、内蒙古东北部局地在10天以上。12月1—3日，东北地区大部和内蒙古东部出现强降雪天气，黑龙江东部和吉林中部有暴雪或特大暴雪，累计降雪量达17～26毫米。9—13日，新疆多地出现大到暴雪，其中乌鲁木齐出现1951年以来首次特大暴雪，打破了冬季最强单日降雪纪录（累计降水量达46毫米），造成大面积航班延误，部分中小学停课。

12月，中东部地区出现2次大范围雾霾天气过程。6—10日，华北、黄淮及辽宁等地出现大范围雾霾天气，北京、天津、河北、河南、山东西部、山西中南部、陕西关中出现中度霾，部分地区出现重度霾，局地$PM_{2.5}$浓度超过500微克/立方米。19—25日，华北中南部、黄淮大部、江淮东部及陕西关中

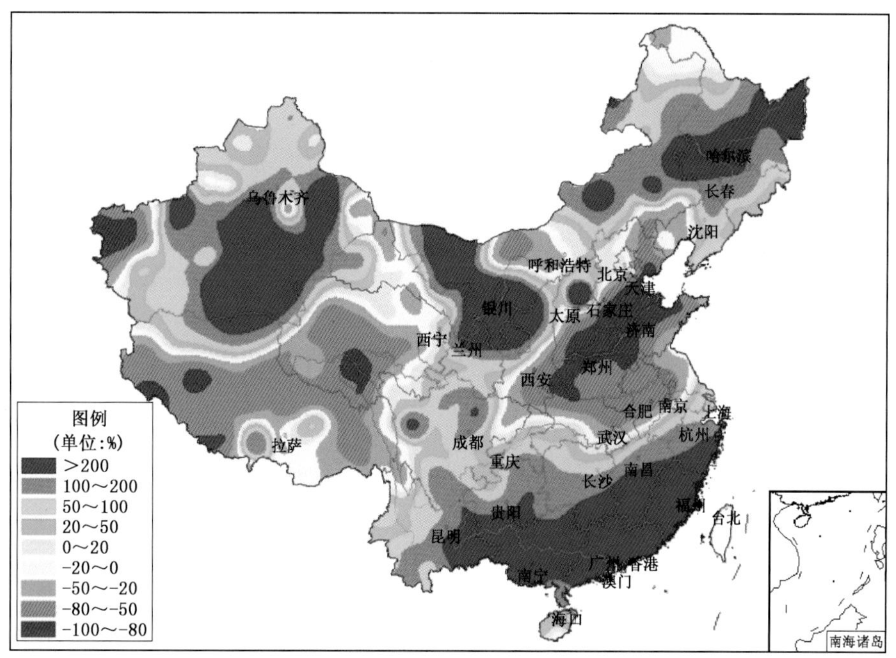

图 3.12.1　2015 年 12 月全国降水量距平百分率分布图(%)

Fig. 3.12.1　Precipitation anomalies over China in December 2015 (unit: %)

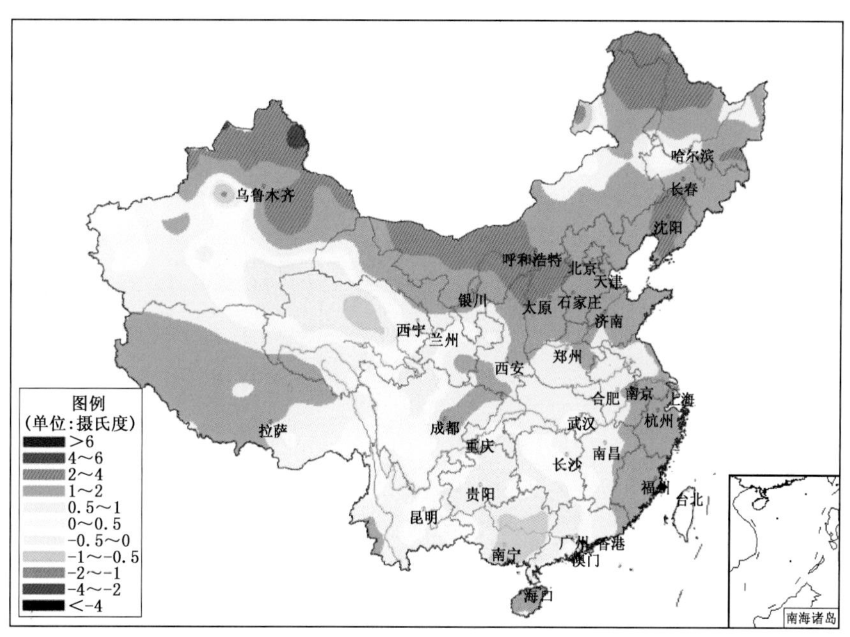

图 3.12.2　2015 年 12 月全国平均气温距平分布图(℃)

Fig. 3.12.2　Mean air temperature anomalies over China in December 2015 (unit: ℃)

等地出现中到重度霾,其中 21—23 日影响范围大、程度重,北京大部、天津、河北中南部、山东西部、河南北部等地出现重度霾,北京南部、河北中南部部分地区 $PM_{2.5}$ 峰值浓度超过 500 微克/立方米,河北南部局地超过 1000 微克/立方米。

第4章 分省气象灾害概述

4.1 北京市主要气象灾害概述

4.1.1 主要气候特点及重大气候事件

2015 年北京市平均气温 12.2℃，比常年偏高 0.7℃(图 4.1.1)；平均年降水量 598.1 毫米，比常年(541.7 毫米)偏多 10.4%(图 4.1.2)。年内，2014/2015 冬季和春季气温偏高，夏季和秋季的气温接近常年同期。冬、夏季降水量偏少，春季降水接近常年同期，秋季降水明显偏多，9 月 4—5 日出现 2015 年最大降水过程，石景山日降水量突破 9 月份历史极值。2015 年，北京市多次出现暴雨以及大风、冰雹等局地强对流天气。全年北京市因气象灾害及其引发的次生灾害造成 5.5 万人次受灾，农作物受灾面积 0.6 万公顷，直接经济损失 1.3 亿元。总的来看，属气象灾害较轻年景。

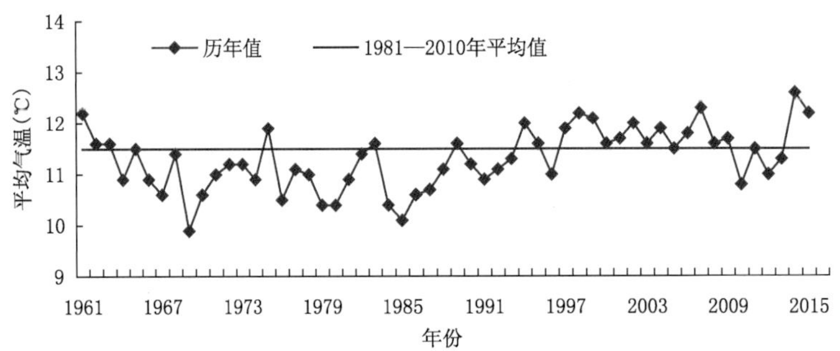

图 4.1.1 1961—2015 年北京市年平均气温历年变化图(℃)

Fig. 4.1.1 Annual mean temperature in Beijing during 1961—2015(unit:℃)

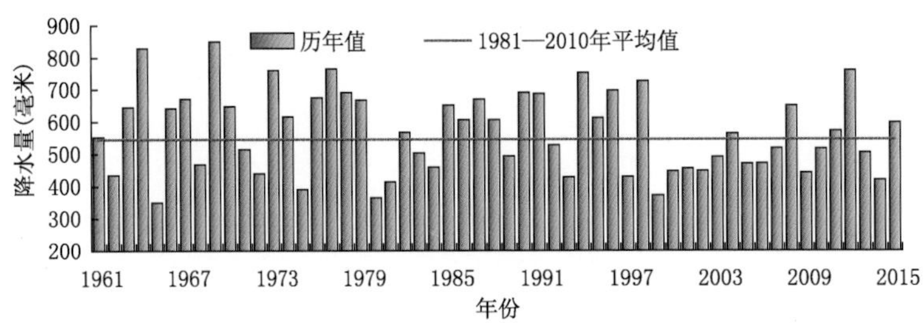

图 4.1.2 1961—2015 年北京市年降水量历年变化图(毫米)

Fig. 4.1.2 Annual precipitation in Beijing during 1961—2015(unit:mm)

4.1.2 主要气象灾害及影响

1. 暴雨洪涝

2015年，北京市多次出现暴雨灾害。7月16—17日，北京出现强降雨天气，城区及西部地区出现大到暴雨、部分地区大暴雨，暴雨中心位于房山区河北镇，共转移613户1634人。7月27日，丰台、房山、平谷等地出现暴雨天气，多辆汽车被淹；房山和平谷250公顷农作物受灾，畜牧水产损失234万元。

2. 局地强对流

2015年6—8月，北京市局地强对流天气频繁发生，共造成0.5万公顷农作物受灾，其中绝收0.1万公顷，受灾人口4.6万人次，直接经济损失1.1亿元。

6月11日凌晨，房山琉璃河镇中东部遭受冰雹灾害，冰雹持续约40分钟，最大冰雹直径达30毫米。灾害导致6900人受灾，农作物受灾面积907.7公顷。

8月7日，北京出现雷阵雨，局地伴有短时大风和冰雹，导致农作物受灾；延庆、朝阳、海淀和丰台等地出现短时积水断路情况，23处道路出现积水，泡车69辆；首都机场进出航班延误991架次，取消125架次。

8月18—20日，通州、怀柔和密云遭受冰雹袭击，造成9885人受灾，农作物受灾面积1180.8公顷，直接经济损失2008万元。

8月22日，平谷遭受冰雹袭击，造成1800人受灾，农作物受灾面积715.3公顷，直接经济损失4292万元。

8月28日，平谷出现风雹天气，造成750人受灾，农作物受灾面积133.3公顷，成灾面积66.7公顷，农业直接经济损失200万元。

3. 雪灾

11月19—22日，北京出现持续性雨雪天气。11月22日，全市普降大雪，北部、西部和城区部分地区达到暴雪。降雪天气给市内路网、高速公路、铁路、机场都带来不同程度的影响。首都机场多架次航班延误，数百架次航班被取消；多条高速公路封闭。

4. 沙尘暴

4月15日，北京自西向东出现沙尘暴天气。大部分地区能见度在短时间内降至1千米左右，海淀、观象台最低能见度分别为800米和900米；多数地区平均偏北风力达到6级，阵风达9级左右。据气象部门大气成分监测数据分析，PM_{10}浓度从16时开始迅速增加，在17—21时期间达到浓度峰值，最高浓度达到2000微克/立方米。

4.2 天津市主要气象灾害概述

4.2.1 主要气候特点及重大气候事件

2015年，天津市年平均气温13.6℃，较常年(12.6℃)偏高1.0℃(图4.2.1)，仅次于2014年，为1961年以来第二高；天津市平均年降水量563.8毫米，较常年(553.2毫米)偏多1.9%(图4.2.2)。冬、春季平均气温较常年同期显著偏高，夏季较常年同期偏高，秋季接近常年同期；秋、冬季降水比常年同期显著偏多，春季降水偏多，夏季降水偏少。年内，天津市主要出现了雾霾、干旱、冰雹、大风和高温等灾害。气象灾害造成天津市直接经济损失0.7亿元。综合分析，2015年天津市年景总体较好，气象灾害较轻，灾害损失低于2014年。

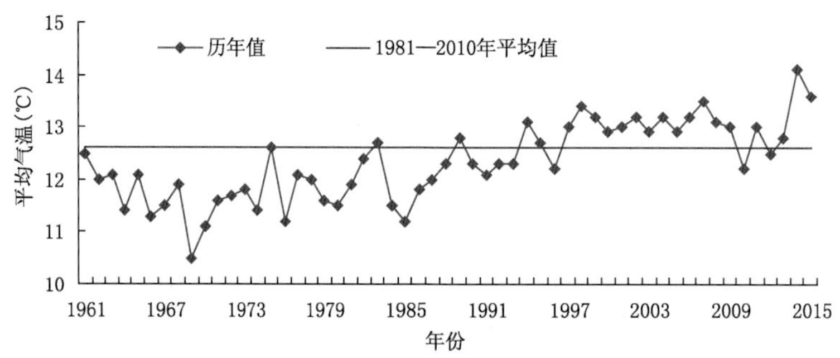

图 4.2.1 1961—2015 年天津市年平均气温历年变化图(℃)
Fig. 4.1.1 Annual mean temperature in Tianjin during 1961—2015 (unit:℃)

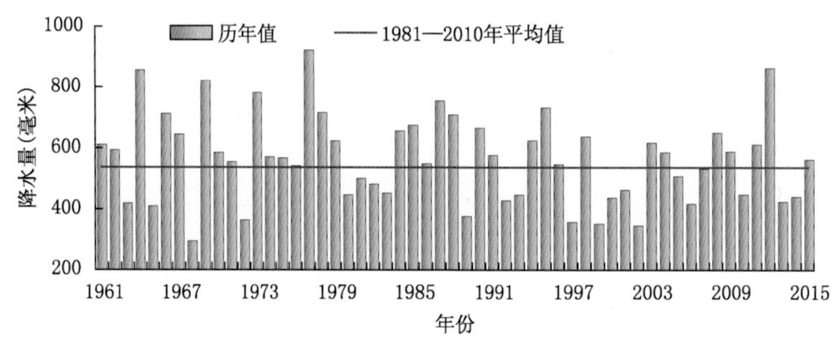

图 4.2.2 1961—2015 年天津市年降水量历年变化图(毫米)
Fig. 4.1.2 Annual precipitation in Tianjin during 1961—2015 (unit:mm)

4.2.2 主要气象灾害及影响

1. 局地强对流

2015 年夏季,天津市发生了局地强对流天气,并造成了不利影响。

6 月 1 日,滨海新区中部和北部以及宁河县出现较强雷电和冰雹灾害,造成农作物受灾面积 622.5 公顷,直接经济损失 243 万元。

7 月 21 日,宝坻区潮阳街出现雷雨大风天气,刮倒电线杆 7 根,损坏变压器 1 个,刮倒树木 100 棵,受损房屋 6 间,玉米倒伏 40 公顷,损失约 42 万元。

7 月 27 日,武清区出现雷雨大风天气,马圈镇有 46.7 公顷玉米倒伏,直接经济损失 37.0 万元;宝坻区八门城镇出现雷雨大风天气,造成玉米大面积倒伏 175.3 公顷,损失约 104 万元。

8 月 23 日,静海出现雷阵雨天气,局地伴有短时大风,降雹持续约 20 分钟,造成农作物受灾面积 214.5 公顷。

2. 雾霾

12 月 21—26 日,天津出现明显雾霾天气过程。雾霾天气对设施农业生产、人体健康、交通运输等造成显著不利影响。天津市首次启动重污染天气红色预警,12 月 23 日 0 时到 24 日 06 时,全市范围内机动车实行单双号限行,23 日中小学校和幼儿园停课一天。

3. 干旱

夏季,天津市平均降水量 219.1 毫米,较常年同期偏少 148.8 毫米,为 1961 年以来历史同期第四少,也是 2000 年以来历史同期最少值。天津市各区县降水量均偏少,普遍偏少 2～6 成。从 6 月中旬开始,10 厘米和 20 厘米土壤相对含水量低于 60%,土壤墒情较差。干旱期正值春玉米抽雄吐丝期,该阶段玉米对水分较为敏感,未能及时得到灌溉的玉米因遭遇“卡脖旱”,严重影响产量。

4. 高温

2015 年，天津市平均高温日数(≥35℃)8 天，各区县一般有 4～13 天。高温天气集中出现在 7—8 月。其中，7 月 13—14 日，全市连续两天出现高温天气；8 月 12—13 日，全市有 10 个以上区(县)出现高温天气。受高温影响，7 月 13 日，天津电网迎来 2015 年最大电力负荷，达到 1227.2 万千瓦，比 2015 年初冬最大负荷增长 7.9%。

4.3 河北省主要气象灾害概述

4.3.1 主要气候特点及重大气候事件

2015 年，河北省年平均气温为 12.6℃，比常年(11.8℃)偏高 0.8℃(图 4.3.1)。冬季气温显著偏高，为 2008 年以来最暖冬季；春季气温偏高；夏、秋季气温接近常年同期。全省平均年降水量为 506.0 毫米，接近常年(图 4.3.2)。夏季降水偏少，部分地区突破历史同期极小值；春、秋季降水显著偏多，超过 30%区域秋季降水异常偏多；冬季降水量接近常年。

2015 年，河北省主要遭受了干旱、强对流性天气、暴雨洪涝、雾、霾、低温冻害和雪灾等灾害。气象灾害造成河北省 1699.5 万人次受灾，12 人死亡，农作物受灾面积 179.9 万公顷，绝收面积 17.0 万公顷，直接经济损失 107.5 亿元。总体来看，2015 年河北省气象灾害造成的损失偏小，与近 10 年相比属于灾害中等偏轻年份。

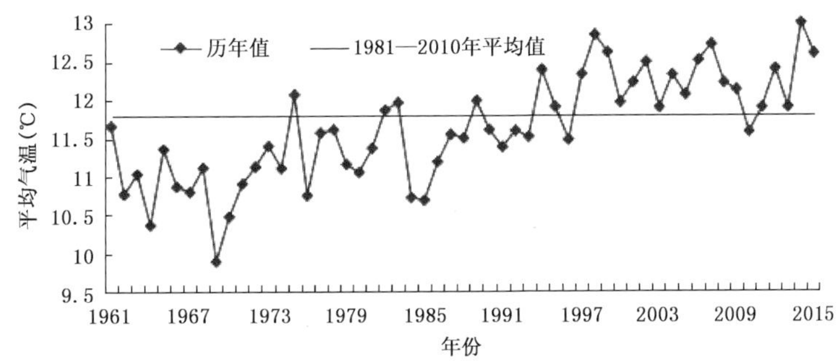

图 4.3.1 1961—2015 年河北省年平均气温历年变化图(℃)
Fig. 4.3.1 Annual mean temperature in Hebei during 1971—2015(unit:℃)

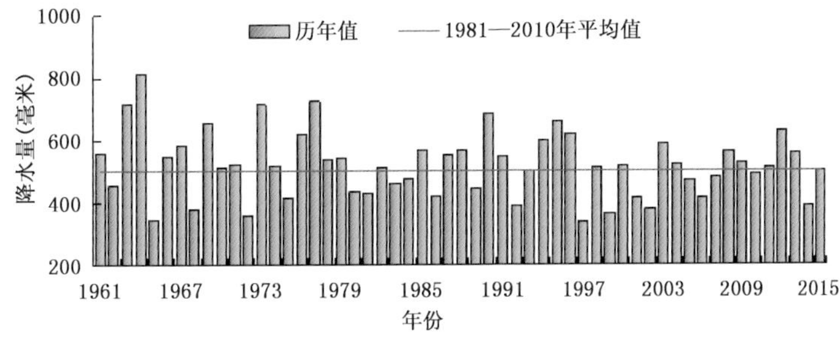

图 4.3.2 1961—2015 年河北省年降水量历年变化图(毫米)
Fig. 4.3.2 Annual precipitation in Hebei during 1976—2015(unit:mm)

4.3.2 主要气象灾害及影响

1. 干旱

2015 年春季和夏季，河北省出现阶段性干旱，共造成 894.8 万人次受灾，16.8 万人次饮水困难，农作物受灾面积 111.3 万公顷，绝收面积 8.2 万公顷，直接经济损失 47.5 亿元。6 月 1 日至 7 月 13 日，全省各地降水普遍偏少，平均降水量较常年同期偏少 60.8%，造成全省 11 个区（市）50 个县 838.0 万人次受灾，41.2 万人次需生活救助，农作物受灾面积 89.1 万公顷。

2. 局地强对流

2015 年，河北省共遭受 32 次风雹灾害，造成 592.0 万人次受灾，11 人死亡，其中 3 人因雷击死亡；农作物受灾面积 34.7 万公顷，绝收面积 5.5 万公顷；直接经济损失约 48.6 亿元（图 4.3.3）。7 月 27—31 日，河北省多地发生局地强对流性天气，最大阵风 11 级，最大冰雹直径 40～50 毫米，局地积雹厚度 40～50 毫米。此次灾害共造成全省 9 个区（市）49 个县 93.1 万人次受灾，死亡 6 人，农作物受灾面积 8.3 万公顷，绝收 1.8 万公顷，直接经济损失 9.4 亿元。

图 4.3.3　2015 年 5 月 5 日临城县杏被砸伤（河北省气象局提供）

Fig. 4.3.3　The apricots were crushed by hail in Lincheng County, Hebei Province on May 5, 2015 (By Hebei Meteorological Bureau)

3. 暴雨洪涝

2015 年，河北省出现 3 次区域性暴雨过程，造成 181.3 万人次受灾，1 人死亡；农作物受灾面积 28.2 万公顷，绝收 3.1 万公顷；直接经济损 9.2 亿元（图 4.3.4）。8 月 2—3 日，河北中南部出现大范围强降水，最大过程降水量 219.1 毫米。暴雨造成农作物大面积倒伏，城市主干道积水严重，部分乡村道路和小桥被冲毁。此次灾害造成全省 11 个区（市）50 个县 138.9 万人次受灾，农作物受灾面积 27.0 万公顷，绝收面积 3.1 万公顷，直接经济损失 6.4 亿元。

4. 雾霾

12 月 21—25 日，河北大部分地区出现持续性雾、霾天气（图 4.3.5）。46 个县最低能见度不足 50 米，境内多条高速公路关闭，多架航班延误或停飞。全省大部分县市环境空气污染严重，8 个区（市）启动机动车单双号限行措施。

5. 低温冷冻害和雪灾

2015 年，河北共出现三次低温冷冻害和雪灾，造成 31.4 万人次受灾，农作物受灾面积 5.7 万公顷，绝收面积 0.2 万公顷，直接经济损失达 2.2 亿元。5 月 11 日，承德和张家口的 5 个县果树、玉

图 4.3.4　2015 年 8 月 18 日下午石家庄市辛集县内涝严重(辛集县气象局提供)
Fig. 4.3.4　Waterlogging by strong rainfall in Xinji County, Shijiazhuang City on August 18, 2015
(By Xinji Meteorological Service)

图 4.3.5　2015 年 12 月 25 日石家庄市被雾、霾淹没(河北省气象局提供)
Fig. 4.3.5　Shijiazhuang was shrouded by heavy fog and haze on December 25, 2015
(By Hebei Meteorological Bureau)

米、谷子等遭受冻害,23.3 万人次受灾,农作物受灾面积 2.9 万公顷,绝收面积 0.1 万公顷,直接经济损失 1.1 亿元。

4.4　山西省主要气象灾害概述

4.4.1　主要气候特点及重大气候事件

2015 年,山西省年平均气温为 10.7℃,较常年(9.9℃)偏高 0.8℃,为 1961 年以来第五高值(图 4.4.1)。山西省平均年降水量为 439.9 毫米,较常年(468.3 毫米)偏少 6%(图 4.4.2)。2015 年山西省主要气象灾害有干旱、暴雨、冰雹、霜冻、高温、大风等，给工农业生产及人民生活造成了一定的影响，其中干旱、暴雨、冰雹和霜冻等造成的影响较为严重。全年因气象灾害造成农作物受灾面积114.2万公顷，绝收面积14.1万公顷，受灾人口863.3万人，死亡10人，直接经济损失103.3亿元。

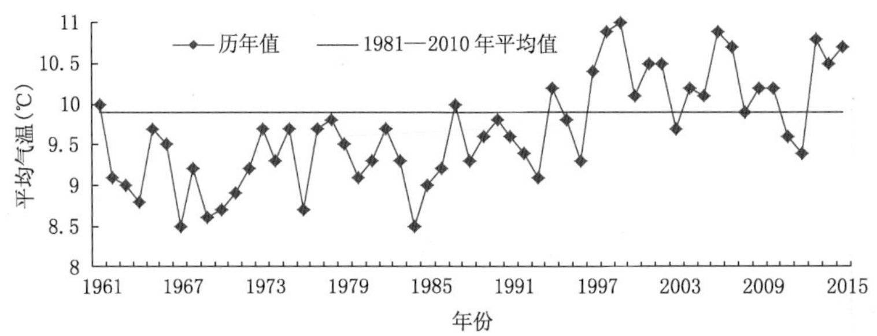

图 4.4.1 1961—2015 年山西省年平均气温历年变化图(℃)

Fig. 4.4.1 Annual mean temperature in Shanxi during 1961—2015(unit:℃)

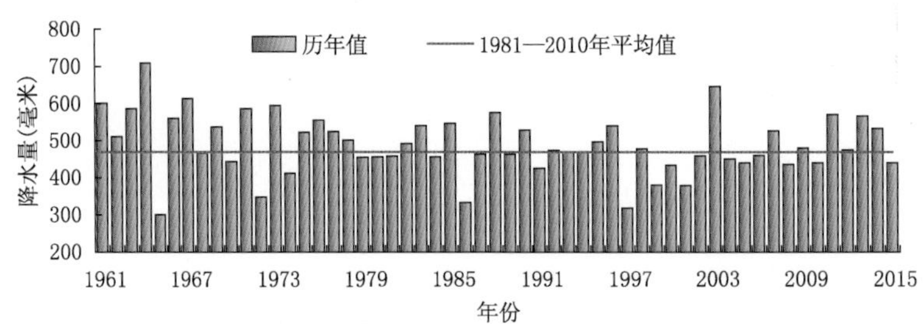

图 4.4.2 1961—2015 年山西省年降水量历年变化图(毫米)

Fig. 4.4.2 Annual precipitation in Shanxi during 1961—2015(unit:mm)

4.4.2 主要气象灾害及影响

1. 干旱

2015年，干旱造成山西省624.0万人受灾，24.2万人饮水困难，农作物受灾面积102.3万公顷，绝收面积12.6万公顷，直接经济损失71.0亿元。

7月，忻州市五寨县降水量52.0毫米，较常年同期偏少5成。进入8月份以后，全县持续干旱少雨，旱情继续发展，对农业生产和人民生活造成了严重影响。全县因旱受灾人口9.1万人，农作物受灾面积3.7万公顷，成灾面积3.7万公顷，农作物减产60%，造成农业直接经济损失4.6亿元(图4.4.3)。

2. 局地强对流

2015年，山西省局地强对流天气共造成5.6万公顷农作物受灾，其中绝收面积0.5万公顷，受灾人口182.7万人，死亡2人，损坏房屋0.7万间，直接经济损失21.2亿元。

6月4日11时25分，忻州市偏关县出现冰雹灾害，冰雹最大直径5毫米，造成农作物受灾面积0.4万公顷。受灾特别严重的新关镇、窑头乡、天峰坪镇、楼沟乡和陈家营乡5个乡镇60%～70%庄稼被损毁。

3. 暴雨洪涝

2015年，山西省因暴雨洪涝造成30.5万人受灾，死亡8人，倒塌房屋0.1万间，损坏房屋0.8万间，农作物受灾面积3.1万公顷，绝收面积0.7万公顷，直接经济损失5.8亿元。

8月1日21时至2日07时，吕梁市临县7个乡镇出现暴雨，城区降水量达98.9毫米。暴雨造

图 4.4.3 2015 年 8 月 20 日五寨县受旱玉米(五寨县气象局提供)

Fig. 4.4.3 Corn were affected by drought in WuZhai County on August 20, 2015 (By Wuzhai Meteorological Service)

成白文、城庄、临泉等 14 个乡镇 10.2 万人受灾,紧急转移安置 0.1 万人,饮水困难 3.7 万人;死亡大牲畜 80 头;农作物受灾面积 0.5 万公顷,绝收面积 0.1 万公顷;直接经济损失 1.8 亿元。

4. 低温冷冻害

2015 年,山西省因低温冷冻害造成 26.1 万人受灾,农作物受灾面积 3.2 万公顷,绝收面积 0.3 万公顷,直接经济损失 5.3 亿元。

4 月 12—13 日,运城市绛县出现霜冻,造成直接经济损失 0.7 亿元。

5 月 12 日,忻州市五寨县霜冻造成 3.5 万人受灾,农作物受灾面积 1.0 万公顷。

4.5 内蒙古自治区主要气象灾害概述

4.5.1 主要气候特点及重大气候事件

2015 年,内蒙古年平均气温 6.0℃,较常年(5.1℃)偏高 0.9℃,为 1961 年以来第四高(图 4.5.1);内蒙古平均年降水量 328.0 毫米,接近常年(图 4.5.2)。春、秋季全区气温较常年同期偏高,冬季气温偏低,夏季与常年同期持平;降水量春、秋、冬季偏多,夏季偏少。

2015 年,内蒙古遭受了干旱、暴雨洪涝、大风冰雹、雪灾等灾害。灾害共造成 582.0 万人受灾,死亡 26 人;农作物受灾面积 270.0 万公顷,其中绝收 31.5 万公顷,直接经济损失 109.8 亿元。总体来看,2015 年内蒙古气象灾害属偏轻年份。

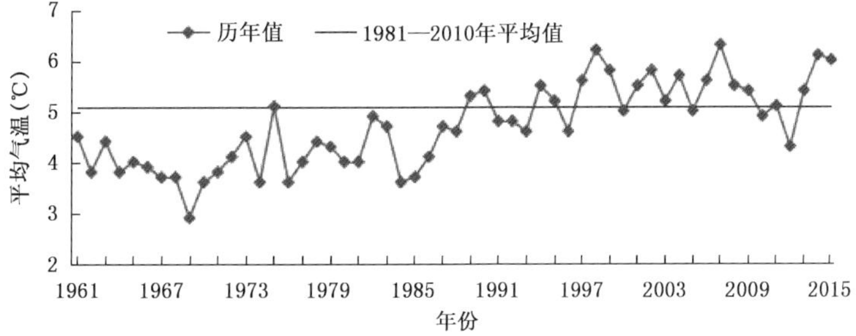

图 4.5.1 1961—2015 年内蒙古年平均气温历年变化图(℃)

Fig. 4.5.1 Annual mean temperature in Inner Mongolia during 1961—2015 (unit:℃)

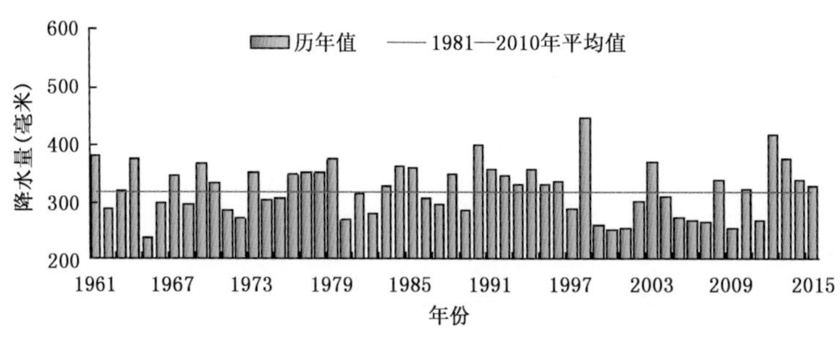

图 4.5.2　1961—2015 年内蒙古年降水量历年变化图(毫米)

Fig. 4.5.2　Annual precipitation in Inner Mongolia during 1961—2015 (unit: mm)

4.5.2　主要气象灾害及影响

1. 干旱

2015 年,干旱共造成内蒙古 404.7 万人受灾,农作物受灾面积 217.2 万公顷,直接经济损失 81.5 亿元。夏季,内蒙古全区大部地区受降水偏少、温度持续升高影响,气象干旱持续并发展,对牧草生长、人畜饮水和旱作农区的作物生长等产生较为严重的影响,中西部地区受灾较重。7—8 月,通辽市科尔沁左翼后旗出现干旱,特别是东大荒地区降水明显偏少,各镇(场)降水量仅有 17～38 毫米(图 4.5.3);甘旗卡镇降水量比常年同期偏少 121.2 毫米。干旱造成 17.8 万人受灾,农作物受灾面积 11. 7 万公顷,草牧场受灾面积 18.0 万公顷,直接经济损失 4.4 亿元。

图 4.5.3　夏季通辽市科尔沁左翼后旗遭受严重干旱灾害(通辽市气象局提供)

Fig. 4.5.3　Horqin Zuoyi Houqi in Tongliao City was affected by drought in summer (By Tongliao Meteorological Service)

2. 暴雨洪涝

2015 年,内蒙古出现 13 次大范围强降水天气过程,主要集中在 6 月中下旬到 8 月上旬,呼伦贝尔市、兴安盟、赤峰市、锡林郭勒盟、乌兰察布市、呼和浩特市、巴彦淖尔市部分地区遭受洪涝灾害。全年暴雨洪涝灾害共造成 11 个盟(市)51 个旗(县、区)的 49.6 万人受灾,死亡 17 人;农作物受灾面积 18.5 万公顷,绝收 2.1 万公顷;直接经济损失 9.7 亿元。

7月21—24日，赤峰市、包头市、乌兰察布市、呼和浩特市、兴安盟、鄂尔多斯市、巴彦淖尔市遭受暴雨洪涝灾害，共造成9个盟(市)23个旗(县、区)6.5万人受灾，死亡6人，农作物受灾面积3.5万公顷，成灾3.1万公顷，绝收0.4万公顷；直接经济损失1.4亿元(图4.5.4)。

图4.5.4 2015年7月22日赤峰市翁牛特旗遭受暴雨洪涝灾害(赤峰市气象局提供)

Fig. 4.5.4 Ongniud Banner in Chifeng City was attacked by rainstorm and flood on July 22, 2015 (By Chifeng Meteorological Service)

3. 局地强对流

2015年，内蒙古先后发生13次大范围风雹灾害过程，主要集中在6—7月，赤峰市、乌兰察布市、呼和浩特市、鄂尔多斯市等地受灾较重。局地强对流灾害共造成11个盟(市)59个旗(县、区)的75.6万人受灾，死亡9人；农作物受灾面积30.1万公顷，绝收3.8万公顷；直接经济损失16.1亿元。

7月27—31日，内蒙古呼和浩特市、包头市、锡林郭勒盟、鄂尔多斯市、赤峰市、乌兰察布市遭受风雹灾害，共造成8盟(市)33旗(县)30.5万人受灾，3人死亡；农作物受灾面积12.3万公顷，成灾面积11.0万公顷；直接经济损失8.4亿元。

4. 雪灾和低温冷冻害

2015年，内蒙古雪灾和低温冷冻害共造成52.1万人受灾，农作物受灾面积4.2万公顷，其中绝收0.2万公顷；直接经济损失2.5亿元。10月，赤峰市、呼伦贝尔市先后遭受了低温冷冻灾害，共造成2市9旗(县、区)27万人受灾，农作物受灾面积4.0万公顷，直接经济损失1.2亿元。11月5—6日，巴彦淖尔市临河区普降暴雪，降雪量一般有12.0～19.3毫米，造成232人受灾，直接经济损失215.5万元。

4.6 辽宁省主要气象灾害概述

4.6.1 主要气候特点及重大气候事件

2015年，辽宁省年平均气温为9.4℃，比常年(8.7℃)偏高0.7℃(图4.6.1)；平均年降水量为557.3毫米，比常年(646.0毫米)偏少约13.7%(图4.6.2)；年日照时数为2463小时，比常年(2548小时)偏少85小时。与常年同期相比，冬季辽宁平均气温偏高0.8℃，降水偏多7成，日照时数偏少26小时；春季平均气温偏高0.9℃，降水接近常年，日照时数偏多35小时；夏季平均气温偏高0.2℃，降水偏少2成，日照时数偏多25小时；秋季平均气温偏低0.3℃，降水偏少1成，日照时数偏少79小时。

2015年，辽宁省主要气象灾害有干旱、暴雨和局地强对流。气象灾害共造成农作物受灾面积

148.4 万公顷，绝收面积 24.1 万公顷；受灾人口 715.6 万人，死亡 4 人；直接经济损失 65.1 亿元。

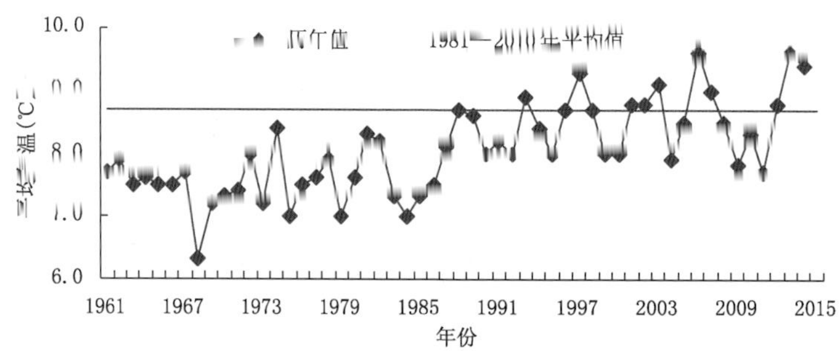

图 4.6.1　1961—2015 年辽宁省年平均气温历年变化图(℃)

Fig. 4.6.1 Annual mean temperature in Liaoning Province during 1961—2015(unit:℃)

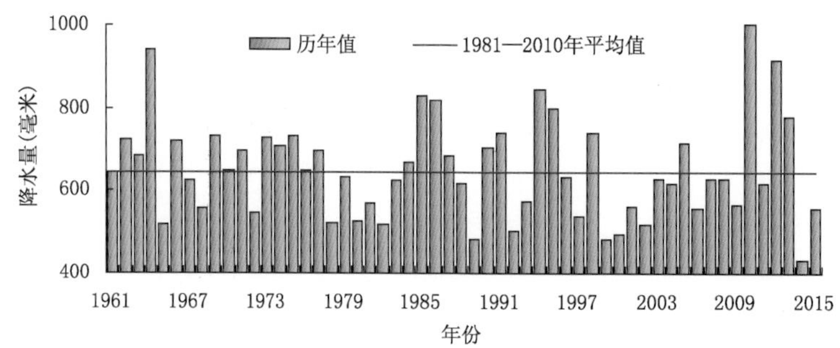

图 4.6.2　1961—2015 年辽宁省年降水量历年变化图(毫米)

Fig. 4.6.2　Annual precipitation in Liaoning Province during 1961—2015(unit: mm)

4.6.2　主要气象灾害及影响

1. 干旱

2015 年，辽宁省出现了严重的夏旱，造成农作物受灾面积 143.0 万公顷，绝收 23.3 万公顷；受灾人口 678.6 万人，饮水困难 29.6 万人；直接经济损失 60.0 亿元。

7 月 1—28 日，全省平均降水量 40.9 毫米，较常年同期(145.5 毫米)偏少 71.9%，为 1951 年以来历史同期最少值；全省大部地区降水偏少 5～8 成，大连、锦州西部及葫芦岛偏少 8 成以上。此次气象干旱自 6 月底从大连地区开始向辽东半岛北部不断扩展；7 月 4 日大连出现中旱，之后气象干旱快速发展；7 月 10 日干旱程度明显加剧，大连地区出现重旱；7 月 21 日全省大部分地区出现中度以上气象干旱，其中大连、抚顺中部、营口、辽阳、盘锦南部地区出现了重旱，特别是大连东南部地区出现特旱(图 4.6.3)；7 月 21 日夜间开始，部分地区出现降水过程，旱情有所缓和；7 月 28—30 日，全省大部分地区出现中雨以上降水过程，部分地区出现大雨到暴雨，气象干旱明显缓解。

2. 暴雨

2015 年，辽宁省共出现较强的暴雨过程 5 次，造成农作物受灾面积 0.7 万公顷，绝收面积 0.1 万公顷；受灾人口 11.4 万人，死亡 1 人；直接经济损失 0.4 万元。

5 月 10—13 日，受蒙古气旋影响，朝阳、葫芦岛地区出现中雨；其他地区出现大雨到暴雨。全省 62 个国家级气象观测站均出现降水，平均降水量为 40 毫米，最大降水量为 95 毫米，出现在康平。

7 月 28—29 日，受高空锋区影响，辽宁连续出现两场大雨到暴雨的降水天气。7 月 28 日辽宁中

图 4.6.3　7 月阜新地区玉米干枯情况(辽宁省气象服务中心提供)
Fig. 4.6.3　The drought-affected corn farmland in Fuxin in July
(By Liaoning Meteorological Service Center)

部地区出现大雨到暴雨,局部大暴雨天气;暴雨主要出现在朝阳、营口、阜新、鞍山、盘锦、辽阳等地区,最大降水量 168.8 毫米,出现在朝阳市北票的长皋。7 月 29 日,全省再次出现大雨到暴雨、局部大暴雨天气;暴雨主要出现在营口、葫芦岛、丹东、辽阳、鞍山等地区,最大降水量 152.6 毫米,出现在营口大石桥的博洛铺。

8 月 3—4 日,受蒙古气旋影响,辽宁东南部出现暴雨到大暴雨天气。暴雨主要出现在本溪、大连、营口等地区,最大降水量 189 毫米,出现在桓仁县向阳乡。

3. 局地强对流

2015 年,辽宁省共发生 24 次局地强对流灾害,包括 1 次龙卷、9 次大风、14 次冰雹,累计造成农作物受灾面积 4.7 万公顷,绝收面积 0.7 万公顷;受灾人口 25.6 万人,死亡 3 人;直接经济损失 4.7 亿元。

5 月 19 日,沈阳市康平县两家子乡前双山子、聂家窝堡村出现龙卷现象,造成部分农户设施农业大棚及财产损失。

6 月 7 日和 17 日,朝阳市建平县,出现冰雹天气,累计受灾人口 5.2 万人,农业受灾面积 2.0 万公顷,直接经济损失 0.6 亿元。

4.7　吉林省主要气象灾害概述

4.7.1　主要气候特点及重大气候事件

2015 年,吉林省年平均气温 6.2℃,较常年偏高 0.8℃(图 4.7.1),是建国以来高温的第 4 位;平均年降水量 579.0 毫米,比常年偏少 5%(图 4.7.2)。春季气温比常年同期偏高 1.4℃,冷暖波动较大,降水比常年同期偏多。夏季气温略偏高,降水略偏少。秋季气温与常年同期持平,降水和日照均略偏少,初霜晚,有利于作物的成熟和收割,后期低温多雨雪,不利于作物的晾晒和仓储。

2015 年吉林省气象灾害导致受灾人口 450.4 万人;农作物受灾面积 84.6 万公顷,其中绝收面积 7.4 万公倾;直接经济损失 81.8 亿元。总体来看,2015 年为气象灾害偏轻年。

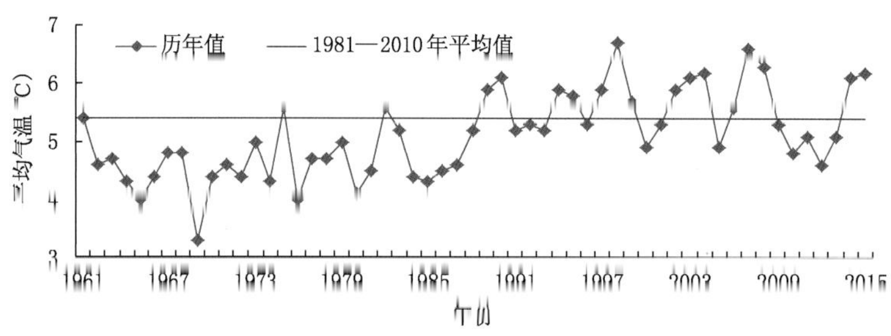

图 4.7.1 1961—2015 年吉林省年平均气温历年变化图(℃)
Fig. 4.7.1 Annual mean temperature in Jilin during 1961—2015 (unit: ℃)

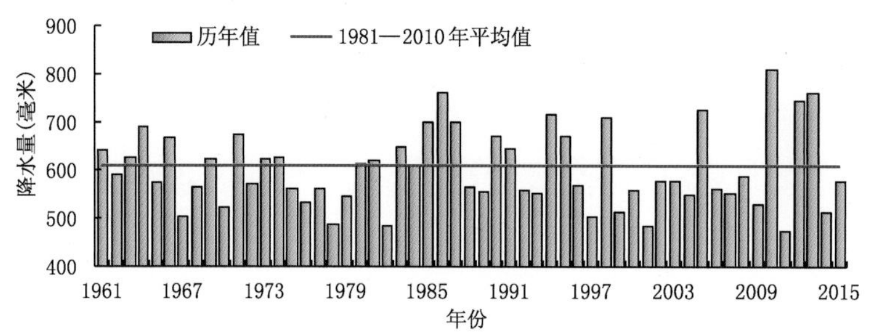

图 4.7.2 1961—2015 年吉林省年降水量历年变化图(毫米)
Fig. 4.7.2 Annual precipitation in Jilin during 1961—2015 (unit: mm)

4.7.2 主要气象灾害及影响

1. 干旱

7 月 4 日至 8 月 14 日,吉林省平均降水量 135.0 毫米,较常年同期少 39%,居历史同期少雨的第 6 位,其中松原地区突破历史同期少雨极值,白城、长春、四平、辽源和吉林地区分别居历史同期少雨第 2～6 位。受长时间少雨影响,辽源、白城、吉林、通化 4 个地区出现旱情,共造成 402.3 万人受灾,饮水困难 0.4 万人;农作物受灾面积 70.0 万公顷,绝收面积 6.0 万公顷;直接经济损失 73.6 亿元。

7 月 4—21 日,东丰县持续高温少雨,有 9 天日最高气温超过 30℃,连续 18 天无明显降水过程。全县因旱受灾人口 18.2 万人,农作物受灾面积 5.2 万公顷,成灾面积 3.2 万公顷,绝收面积 0.9 万公顷,直接经济损失 2.9 亿元(图 4.7.3)。

2. 局地强对流

6—8 月,吉林省部分地方遭受雷雨大风、冰雹、龙卷风等局地强对流天气,共有 6 县市(次)出现大风,通榆县出现龙卷风,18 县市(次)出现冰雹,18 县市(次)遭受雷击,1 人遭雷击死亡,受灾人口 35.1 万人,农作物受灾面积为 12.2 万公顷,绝收面积为 1.0 万公顷,直接经济损失为 5.7 亿元。

5 月 31 日 15 时 35 分左右,通榆县开通镇北郊到十花道乡部分村屯,出现龙卷大风天气,持续十几分钟(图 4.7.4)。灾害造成 2.7 万人受灾,农作物受灾面积 1.5 万公顷,直接经济损失 0.2 亿元。

3. 低温冷冻害和雪灾

3 月 3 日 2 时至夜间,白城市降雪导致洮北区东兴村等 11 个村的 1111 栋大棚被积雪压垮或破损,0.3 万人受灾,直接经济损失 0.04 万元。

图 4.7.3　2015 年 7 月 4—21 日吉林省东丰县干旱灾害(东丰县气象局提供)
Fig. 4.7.3　Dongfeng County in Jinlin Province was attacked by dought during July 4—21, 2015 (By Dongfeng Meteorological Service)

图 4.7.4　2015 年 5 月 31 日吉林省通榆县遭受龙卷袭击(通榆县气象局提供)
Fig. 4.7.4　Tongyu County was attacked by tornado on May 31, 2015 (By Tongyu Meteorological Service)

4.8　黑龙江省主要气象灾害概述

4.8.1　主要气候特点及重大气候事件

2015 年,黑龙江省年平均气温 3.9℃,比常年偏高 0.9℃,为 1961 年以来历史第 3 位(图 4.8.1);平均年降水量 564.8 毫米,比常年偏多 7%(图 4.8.2)。黑龙江省 2 月降水特多,为 1961 年以来历史同期最多;12 月降水为 1961 年以来历史同期第 2 多。全年气象灾害共造成 249.7 万人受灾,死亡 3 人;农作物受灾面积 117.6 万公顷,绝收面积 6.8 万公顷,直接经济损失 39.5 亿元。总体评价,2015 年属气象灾害较轻年份。

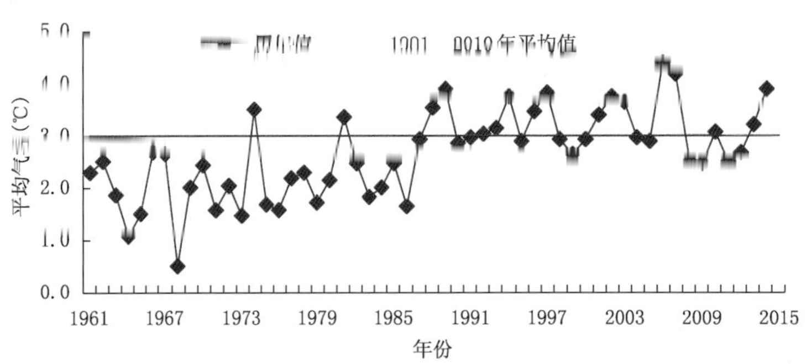

图 4.8.1 1961—2015 年黑龙江省年平均气温历年变化图(℃)

Fig. 4.8.1 Annual mean temperature in Heilongjiang during 1961—2015 (unit: ℃)

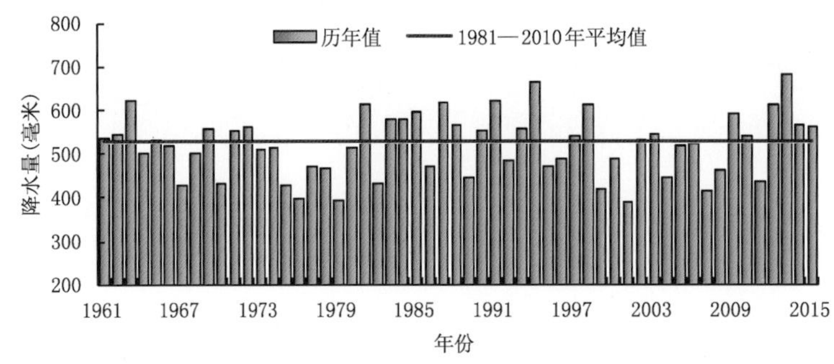

图 4.8.2 1961—2015 年黑龙江省年降水量历年变化图(毫米)

Fig. 4.8.2 Annual precipitation in Heilongjiang during 1961—2015 (unit: mm)

4.8.2 主要气象灾害及影响

1. 暴雨洪涝

2015 年,黑龙江省暴雨洪涝频发,全省共有 13 个市(地)的 84 个县(市、区)发生洪涝灾害,造成 107.0 万人受灾,死亡 1 人;农作物受灾面积 48.2 万公顷;损坏房屋 1.8 万间,直接经济损失 22.6 亿元。

夏季各月黑龙江均出现多次强降雨过程,主要特点为发生时间短、局地性强、强度大。7 月 12—14 日,虎林市普降暴雨,最大降水量为 114.4 毫米,造成农田、道路被淹(图 4.8.3)。8 月 18 日,黑河市爱辉区、北安市、五大连池市、嫩江县、孙吴县遭受暴雨袭击,造成受灾人口 7.9 万人,农作物受灾面积 5.6 万公顷,直接经济损失 9444.7 万元。

2. 局地强对流

2015 年,黑龙江省 13 个市(地)的 63 个县(市、区)发生局地强对流天气,造成 38.3 万人受灾,死亡 2 人;农作物受灾面积 14.7 万公顷;直接经济损失 5.6 亿元。风雹集中发生在 6—7 月,具有发生频率高、影响范围广、灾害损失重的特点。

7 月 1 日 15 时,哈尔滨市呼兰区遭受龙卷风、冰雹袭击,降雹过程持续 41 分钟,最大冰雹直径 2.4 厘米;龙卷风最大风速 70 米/秒、持续 30 秒。灾害造成受灾人口 2.3 万人,农作物受灾面积 4.1 万公顷,直接经济损失 7447 万元。

3. 雾霾

秋季,黑龙江省出现多次雾霾天气,主要发生在 10 月下旬和 11 月上中旬。其中 11 月 3 日,哈尔滨、绥化、鸡西、鹤岗、双鸭山、牡丹江等地出现重度污染,哈尔滨市区能见度仅为 50 米,所有空气

图 4.8.3　2015 年 7 月 14 日暴雨洪涝导致虎林市农田和道路被淹(虎林市气象局提供)
Fig. 4.8.3　Flooded farmland and road in Hulin City caused by rainstorm on July 14, 2015
(By Hulin Meteorological Service)

质量监测点的 $PM_{2.5}$ 浓度均超过 500 微克/立方米，达到“严重污染”。受雾霾天气影响，机场、高速公路多次封闭，中小学校停课。

4. 低温冷冻害和雪灾

2015 年，黑龙江省受低温冷冻灾害和雪灾影响，共造成 24.5 万人受灾，农作物受灾面积 6.3 万公顷，直接经济损失 2.4 亿元。

2 月，黑龙江降水为 1961 年以来历史同期最多。2 月 21 日，黑龙江省出现强降雪天气，有 6 个台站降暴雪，30 个台站降大雪，2 月 22 日 10 个台站降暴雪，8 个台站降大雪。12 月，黑龙江降水量为 1961 年以来历史同期第 2 多，其中 12 月 2 日 20 时至 3 日 20 时 11 个台站降暴雪，4 个台站降大暴雪。暴雪天气导致高速公路封闭、航班延误，给人们出行带来严重影响(图 4.8.4)。

图 4.8.4　2015 年 12 月 2 日伊春市乌伊岭区大到暴雪(黑龙江省伊春市气象局提供)
Fig. 4.8.4　Heavy snow to snowstorm in Wuyiling District, Yichun City on December 2, 2015
(By Yichun Meteorological Service)

10月8日，绥化市安达市、海伦市、望奎县、青冈县发生低温冷冻灾害，造成受灾人口4.7万人，农作物受灾面积1.2万公顷，直接经济损失6592万元。

4.9 上海市主要气象灾害概述

4.9.1 主要气候特点及重大气候事件

2015年，上海市年平均气温16.9℃，比常年偏高0.6℃，已连续第16年高于常年值(图4.9.1)；中心城区气温最高，年平均气温17.4℃，比常年偏高0.5℃，是有气象记录143年以来的第14个高值年，郊区一般为15.8～17.2℃，崇明最低；冬季、春季和秋季气温略高，夏季气温略低。年平均降水量1691.5毫米，比常年偏多43.2%，为1961年以来仅次于1999年的第2个高值年(图4.9.2)；各区县年降水量一般有1526.2～1847.9毫米，南汇最多，松江和青浦相对较少；冬季降水略偏少，春季降水略偏多，夏季、秋季降水显著偏多。2015年上海市主要气象灾害有台风、暴雨、雷雨大风、雷电、高温和大雾。全年气象灾害造成上海16.9万人受灾，1人死亡；农田受灾面积1.2万公顷，其中绝收0.1万公顷，直接经济损失3.5亿。总体评价，2015年属气象灾害一般年份。

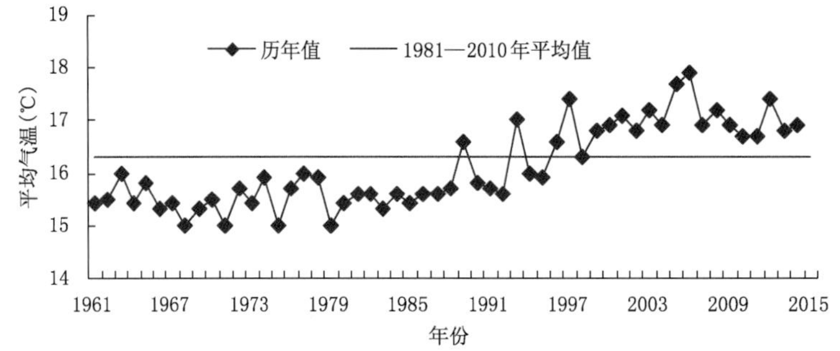

图4.9.1　1961—2015年上海市年平均气温历年变化图(℃)
Fig. 4.9.1　Annual mean temperature in Shanghai during 1961—2015 (unit: ℃)

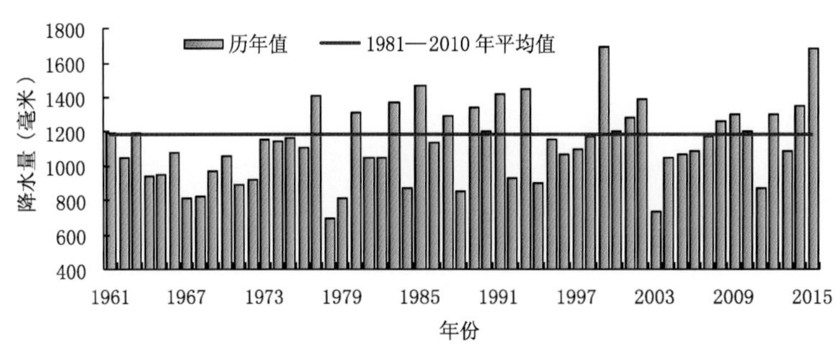

图4.9.2　1961—2015年上海市年降水量历年变化图(毫米)
Fig. 4.9.2　Annual precipitation in Shanghai during 1961—2015 (unit: mm)

4.9.2 主要气象灾害及影响

1. 暴雨洪涝

2015年，上海市平均暴雨日数(11站平均)有5天，比常年偏多2天。暴雨洪涝主要出现在6—9月，6月梅雨期间出现全市普降暴雨、局地大暴雨情况(图4.9.3)，7—8月的暴雨以短时局地性强降水为主并伴有雷电大风。全年暴雨造成1.7万人受灾，农作物受灾面积0.4万公顷，其中绝收面积 0.1 万公顷，近 80 条马路、近 60 个厂房和小区及近 100 个立交积水，千余户民宅进水，直接经济损失 1.2 亿元。

图 4.9.3　2015 年 6 月 17 日上海市暴雨造成路面严重积水(上海市公共气象服务中心提供)
Fig. 4.9.3　Flooded roads caused by rainstorm in Shanghai on June 17, 2015
(By Shanghai Public Meteorological Service Center)

2. 台风

2015 年，有三个台风相继影响上海地区，分别是 7 月 10—12 日 1509 号台风“灿鸿”、8 月 22—24 日 1515 号台风“天鹅”和 9 月 20 日 1521 号台风“杜鹃”。三个台风共造成 15.2 万人受灾，紧急转移安置人数 14.2 万人；农作物受灾面积 0.8 万公顷；直接经济损失 2.3 亿元。全市树木倒伏万余棵，广告牌等招牌受损 300 余处，100 多条马路、近 3000 户居民和商家、200 多个小区、30 多个立交桥积水；上海两大机场延误取消航班近 1300 架次。8 月 24 日，受台风“天鹅”外围环流和冷空气等的共同影响，虹桥机场停机坪出现数厘米的积水。

3. 局地强对流

2015 年，上海市发生 1 起雷雨大风并伴冰雹事件。4 月 18 日，受雷雨大风和冰雹影响，奉贤区麦子倒伏受损 16.7 公顷，蔬菜受损(包括大棚)6.1 公顷，虾塘死虾 5.5 公顷。2015 年，上海市发生雷击致灾事件 1 起。8 月 5 日下午，宝山罗店地区发生雷电，造成 1 人死亡，1 人受伤。

4. 高温

7 月 26 日至 8 月 6 日，上海连续出现 12 个高温日，上海电网的用电负荷也随之逐日攀升。8 月 3 日全市用电负荷达 2982 万千瓦，创下历史新高。高温使得上海各大医院门急诊量总体呈现上升趋势，中暑事件频发。

5. 大雾

11 月 29 日 20 时至 30 日 10 时，上海长时间被雾笼罩，闵行、宝山、嘉定、崇明、青浦、松江最小能见度不足 100 米。受大雾影响，从 11 月 29 日 20 时到 30 日 8 时，上海共发生交通事故 734 起，抛锚 29 起，上海两大机场延误航班 18 架次，30 日早高峰高速道路出城段受到大雾影响。

4.10　江苏省主要气象灾害概述

4.10.1　主要气候特点及重大气候事件

2015 年，江苏省年平均气温 15.8℃，较常年偏高 0.5℃(图 4.10.1)。平均年降水量 1339.1 毫米，较常年偏多 2.9 成（图 4.10.2），为 1961 年以来次多值，仅少于 1991 年 1449.8 毫米。降水时空分布不均，其中春季、夏季、秋季偏多，冬季降水显著偏少。

2015 年，江苏省主要气象灾害有干旱、雾霾、暴雪、暴雨洪涝、强对流、台风等。全省共有 534.8 万人次受灾，死亡 9 人，农作物受灾面积约 61.5 万公顷，直接经济损失 84.9 亿元。2015 年，江苏省主要农作物、水资源、人体健康、旅游为较好的气候年景，对海盐生产、特色农业、水环境及交通等行业气候年景正常或正常略差。

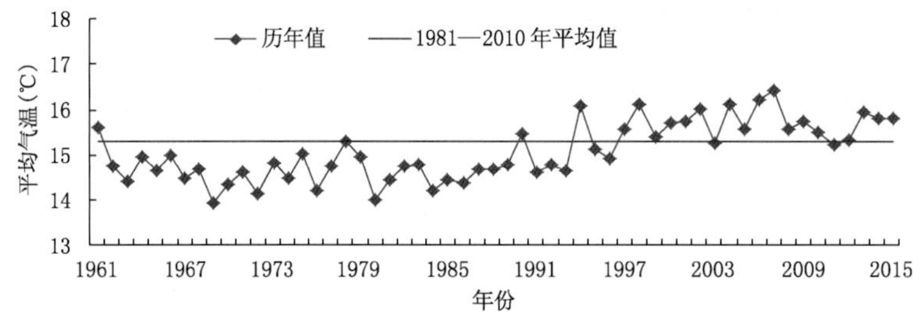

图 4.10.1 1961—2015 年江苏省年平均气温历年变化图（℃）
Fig. 4.10.1 Annual mean temperature in Jiangsu during 1961—2015 (unit: ℃)

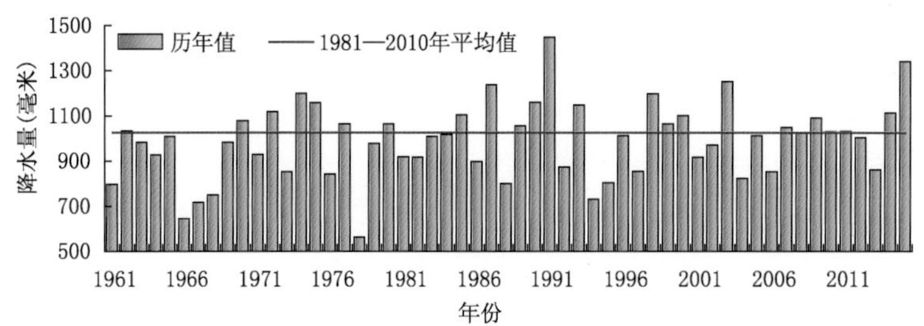

图 4.10.2 1961—2015 年江苏省年降水量历年变化图（毫米）
Fig. 4.10.2 Annual precipitation in Jiangsu during 1961—2015 (unit: mm)

4.10.2 主要气象灾害及影响

1. 低温冷冻害和雪灾

2015 年，江苏省低温冷冻害和雪灾共造成 64.8 万人受灾，农作物受灾面积 5.9 万公顷，绝收面积 0.2 万公顷，直接经济损失约 4.6 亿元。

1 月 27—29 日，江苏省出现了 2015 年首次大范围雨雪天气过程，南京、镇江、南通和扬州部分地区出现大到暴雪。除江苏省东南部地区外，其余大部分地区出现积雪，16 站积雪深度超 5 厘米，主要集中在江苏省江淮地区，最大积雪深度出现在东台，达 9 厘米。

11 月 24 日凌晨至夜间，江苏省淮北及江淮之间西部地区出现降雪，其中淮北北部地区大到暴雪。这次大范围降雪过程雪量之大、积雪之深为江苏省 1961 年以来 11 月罕见。受此次暴雪过程影响，徐州、连云港、宿迁三市共有 33.2 万人遭受雪灾，直接经济损失 2.3 亿元，其中农业经济损失 1.9 亿元。

2. 大雾

5 月 23 日晨 5 时 52 分许，受大雾影响，G15 沈海高速公路连云港段灌云灌南交界处的新沂河特大桥上，发生数十辆车连环追尾相撞事故，造成死亡 4 人。

12 月 7 日凌晨，江苏沿海高速公路盐城滨海射阳至滨海段，因大雾发生事故，10 多辆车追尾，烧毁车辆 56 辆以上，造成 2 人死亡。12 月 20 日中午 11 时多，苏嘉杭高速公路杭苏线常熟沙家浜附近，发生多车相撞事故，造成 1 人死亡。

3. 暴雨洪涝

2015 年，暴雨洪涝造成江苏省 129.4 万人次受灾，死亡 1 人，房屋损坏 6.9 万间，农作物受灾面积约 20.0 万公顷，直接经济损失 47.1 亿元。

5 月 15 日，江苏省淮河以南出现一次明显降水过程，同时伴有短时强降水、雷雨大风等强对流天气，全省有 16 个站日最大降水量超过 50 毫米，其中，溧阳(127.8 毫米)和宜兴(116.5 毫米)达到大暴雨量级，均创下了 5 月历史最大日降水记录，姜堰(73.9 毫米)、苏州(64.7 毫米)、大丰(63.5 毫米)、昆山(60.2 毫米)日最大降水量达到历史第三位。

4. 台风

2015 年，台风影响共造成江苏省 224.8 万人次受灾，转移安置 7.2 万人次，农作物受灾约 25.9 万公顷，直接经济损失约 17.4 亿元。

8 月 8 日，受第 13 号台风“苏迪罗”影响，江苏省出现大风暴雨天气，降水集中区位于江淮之间及沿江地区。截止 11 日，过程累计雨量有 28 个站超过 100 毫米，其中有 3 站超过 250 毫米，最大累计雨量 367.2 毫米出现在大丰。江淮之间东部地区出现了大风天气，瞬时最大风速出现在射阳，为 24.8 米/秒(10 级)。受“苏迪罗”影响，8 月 10—11 日，有 11 个站降水达到 1961 年以来 8 月历史同期前 3 位，其中南京、高邮、姜堰和宝应等四站刷新了本站 8 月历史记录。

受第 15 号台风“天鹅”外围云系和冷空气共同影响，8 月 24 日，江苏省东南部区域出现明显降水，有 15 站降水达到同日历史极值，其中如东日降水量 245.3 毫米和南通 210.8 毫米均超过 200 毫米，有 5 站(通州、太仓、海门、昆山、海安)超过 100 毫米，有 7 站超过 50 毫米。

4.11 浙江省主要气象灾害概述

4.11.1 主要气候特点及重大气候事件

2015 年，浙江省平均气温 17.7℃，比常年偏高 0.5℃，比 2014 年略偏高(图 4.11.1)；平均年降水量 1891.2 毫米，比常年偏多 3 成，为 1961 年以来第二多(图 4.11.2)；日照时数较常年明显偏少，为 1961 年以来最少。

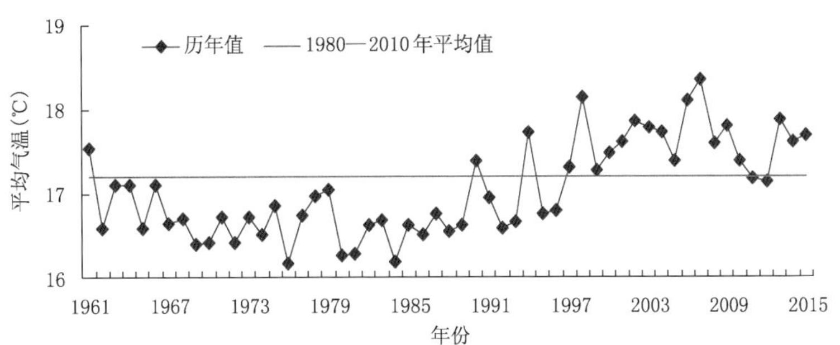

图 4.11.1 1961—2015 年浙江省年平均气温历年变化图(℃)

Fig. 4.11.1 Annual mean temperature in Zhejiang Province during 1961—2015 (unit:℃)

2015 年主要气候事件有：1 月多雾霾天气，严重影响交通与人体健康；2 月下旬多阴雨天气，大部分地区基本无日照，降水量异常偏多；3 月分散性局地强对流天气多发；梅雨特征较明显；8 月，台风“苏迪罗”带来百年一遇局地强降雨；10 月 27 日至 11 月 26 日，出现建国以来同期最严重的多雨寡照天气。全年气象灾害造成浙江省 704.6 万人受灾，死亡 60 人；农作物受灾面积 39.3 万公顷，绝收面积 5.8 万公顷；直接经济损失 228.1 亿元。总体来说，2015 年浙江省气象灾害影响中等偏重。

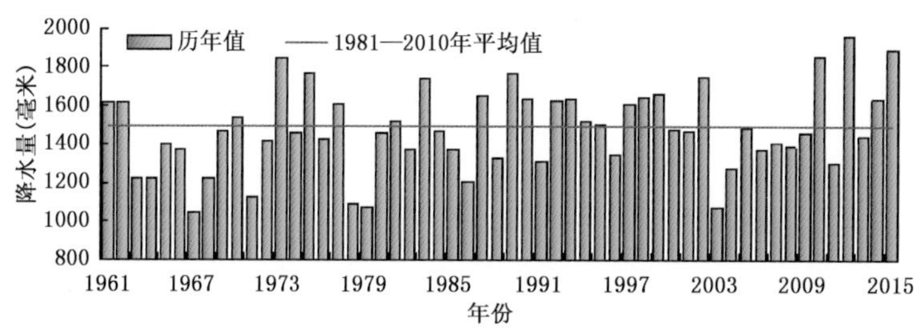

图 4.11.2　1961—2015 年浙江省年降水量历年变化图(毫米)
Fig. 4.11.2　Annual precipitation in Zhejiang Province during 1961—2015(unit: mm)

4.11.2　主要气象灾害及影响

1. 台风

2015 年,3 个台风(中心附近最大风力≥8 级)造成浙江省 667.6 万人受灾,死亡 15 人;紧急转移安置 182.8 万人;农作物受灾面积 36.8 万公顷,绝收 5.6 万公顷;直接经济损失 219.5 亿元。

第 9 号台风"灿鸿"于 7 月 11 日 16 时 40 分与浙江舟山朱家尖擦肩而过。"灿鸿"造成浙江省中北部沿海持续出现 12～14 级大风,瞬时风速最大为定海克冲岗 53 米/秒(16 级)。全省受灾人口 296.6 万人,紧急转移安置 125.1 万人;农作物受灾面积 22.0 万公顷;直接经济损失 91.0 亿元(图 4.11.3)。

第 13 号台风"苏迪罗"于 8 月 8 日先后在台湾花莲、福建莆田登陆,对浙江影响时间长,降水范围广,累计雨量大。最大小时降水出现在文成珊溪镇仰山,为 124 毫米(8 日 23 时)。"苏迪罗"给浙江省南部地区带来的暴雨引发了小流域山洪、泥石流等次生灾害,导致交通受阻,造成全省 284.4 万人受灾,15 人死亡,3 人失踪,直接经济损失 110.8 亿元。

图 4.11.3　台风"灿鸿"造成诸暨市农田被淹(诸暨市气象局提供)
Fig. 4.11.3　Farmland flooded in Zhuji City caused by heavy rainfall of "Chan-hom" typhoon (By Zhuji Meteorological Service)

2. 暴雨洪涝

2015 年,暴雨洪涝造成浙江省 36.0 万人受灾,紧急转移安置 2.4 万人,农作物受灾 2.4 万公顷,绝收 1900 公顷,直接经济损失 8.5 亿元。

2015 年,浙江省梅雨期 35 天,比常年偏多 5 天。6 月 7 日入梅至台风影响前夕(7 月 9 日),全省平均梅雨量达 406 毫米,超出常年梅雨量 40%。持续降雨使水库和江河水位总体偏高,太湖水位更居高不下，山体土壤也普遍处于饱和状态，台风引发山洪、地质灾害、流域性洪水的风险加大。

10 月 27 日至 11 月 26 日，全省平均降水量 216.7 毫米，比常年同期偏多 3 倍，为 1961 年以来历史同期最多，48 个县(市、区)破当地历史同期最多纪录；全省平均日照时数 45.9 小时，仅为常年 3 成，为 1961 年以来历史同期最少。持续阴雨寡照天气严重影响秋收冬种，晚稻收割推迟，局部地区水稻出现倒伏、稻穗发芽等现象；继而影响了大麦、小麦和油菜等冬种作物的播种。

3. 霾

2015 年，浙江省平均霾日数 53 天，比 2014 年偏少 16 天。全省 47.3%的市县霾日数少于 50 天，出现霾日数 100 天以上的仅占 6.8%。多发区主要集中在杭州、嘉兴、金华部分地区，舟山、丽水、台州出现霾天气较少。全省以轻微、轻度影响霾天气为主，各占霾日数的 73.4%和 20.2%，中度和重度霾分别占霾日数的 5.3%和 1.0%。1 月是霾的多发期和中度以上霾高发期。

4. 局地强对流

2015 年，局地强对流造成浙江省 1.0 万人受灾，直接经济损失 0.1 亿元。2015 年，全省共发生 312 起雷灾事故，较 2014 年下降 43.48%，导致 6 人死亡。3 月 17 日夜晚，受暖湿气流影响，杭州各地电闪雷鸣，余杭、淳安等地出现冰雹，余杭崇文村的村民房屋、电器、汽车等均有不同程度损伤。

4.12 安徽省主要气象灾害概述

4.12.1 主要气候特点及重大气候事件

2015 年，安徽省年平均气温 16.2℃，较常年偏高 0.3℃(图 4.12.1)。冬、春季气温偏高，秋季接近常年同期，而夏季仅高于 2014 年，为 2000 年以来第二低。年降水量 1388 毫米，较常年偏多近 2 成，为 2004 年以来最多(图 4.12.2)；降水空间分布不均，江淮东部及沿江江南偏多 2～4 成。冬季降水偏少，春、夏、秋三季连续偏多。

年内，安徽省主要气候事件有：梅雨期滁河流域发生洪涝灾害，台风“苏迪罗”导致大别山区暴发山洪，秋末出现低温连阴雨等。全省因气象灾害造成农作物受灾面积 96.7 万公顷，其中绝收面积 14.8 万公顷；受灾人口 1065.5 万人，死亡 25 人；直接经济损失 118.1 亿元。总体来看，2015 年，安徽省属一般气候年景。

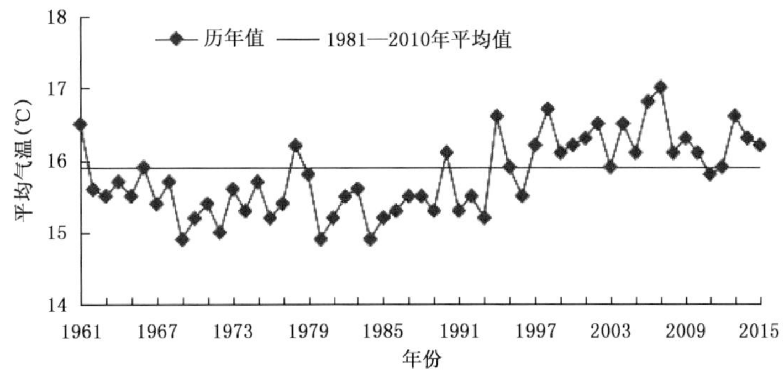

图 4.12.1 1961—2015 年安徽省年平均气温历年变化图(℃)

Fig. 4.12.1 Annual mean temperature in Anhui Province during 1961—2015 (unit:℃)

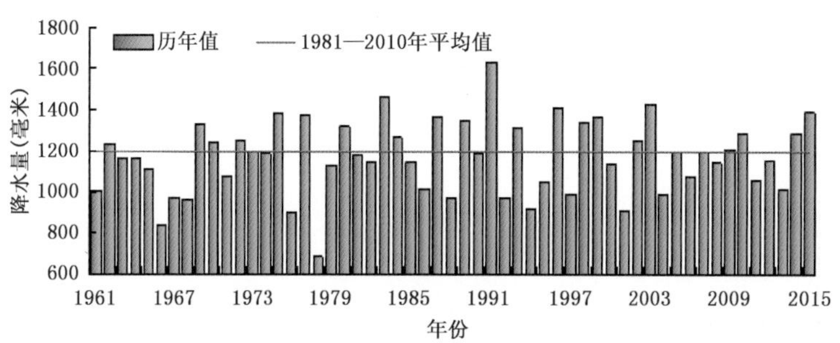

图 4.12.2　1961—2015 年安徽省年降水量历年变化图(毫米)
Fig. 4.12.2　Annual precipitation in Anhui Province during 1961—2015(unit: mm)

4.12.2　主要气象灾害及影响

1. 暴雨洪涝

2015 年,安徽共遭遇 10 次较大范围暴雨过程,有 7 次发生在夏季,其中 6 月 4 次。主要受灾地区为六安、安庆、滁州和池州等地。暴雨洪涝灾害共造成 69.1 万公顷农作物受灾,13.3 万公顷绝收;774.2 万人受灾,死亡 13 人;直接经济损失 73.5 亿元。

6 月 21—30 日降水过程持续时间最长、损失最大,雨带停滞在沿淮和江淮东部,累计雨量普遍超过 250 毫米,最大霍邱邵岗 408.1 毫米。受强降水影响,滁河干流全线超警,襄河口以上河段发生超历史洪水。6 月 28 日 11 时,爆破滁河荒草二圩、荒草三圩蓄洪,以消减滁河干流洪峰(图 4.12.3)。

图 4.12.3　2015 年 6 月 28 日因连日暴雨导致滁河炸坝泄洪(滁州市气象局提供)
Fig. 4.12.3　Dam bombed for flood discharge of Chuhe on June 28, 2015 due to consecutive rainstorm (By Chuzhou Meteorological Service)

2. 台风

2015 年,影响安徽的台风有 09 号“灿鸿”和 13 号“苏迪罗”,其中“苏迪罗”影响较重。台风共造成安徽省 128.8 万人受灾,死亡 4 人,9.9 万公顷农作物受灾,直接经济损失 31.8 亿元。

受“苏迪罗“台风影响,8 月 8—11 日,淮河以南累计降水量普遍在 50 毫米以上,大别山区部分乡镇超过 300 毫米，霍山仙人冲最大 1 小时雨强 108.1 毫米；全省有 171 个乡镇极大风速达 8 级以上，天柱山达 12 级；全省 13 个地市受灾，霍山局部地区暴发山洪（图 4.12.4）。

图 4.12.4　2015 年 8 月 11 日台风"苏迪罗"引发六安市霍山县山洪冲毁桥梁（安徽省气候中心提供）
Fig. 4.12.4　Damaged bridge by torrential flood in Huoshan County, Lu'an City on August 11, 2015 caused by typhoon "Soudelor" (By Anhui Climate Center)

3. 低温冷冻害和雪灾

2015 年冬春季及秋末，安徽共出现 5 次低温阴雨（雪）天气过程，以 11 月 4—25 日过程影响最大。低温冷冻害和雪灾共造成农作物受灾面积 5.8 万公顷，受灾人口 28.7 万人，直接经济损失 6.8 亿元。主要受灾地区为宿州和六安。

11 月 23—25 日，全省有 64 个市县出现寒潮，48 个市县出现雨夹雪或雪，沿淮淮北 27 个市县出现积雪，过程最大积雪深度砀山（15 厘米）、淮北（13 厘米）、萧县（10 厘米）、濉溪（8 厘米）、亳州（7 厘米）均创当地 1961 年以来历史同期极值。27 日，日最低气温砀山（－11.3℃）、萧县（－9.7℃）、淮北（－7.8℃）和芜湖市（－3.3℃）均创本站历史同期新低。

4. 局地强对流

2015 年，安徽强对流天气过程主要集中在 3—5 月及 8 月。全年因局地强对流天气造成 133.8 万人受灾，死亡 8 人，其中雷击死亡 4 人；农作物受灾面积 11.9 万公顷；直接经济损失 6.0 亿元。局地强对流天气受灾程度较 2014 年偏重，主要受灾地区为宿州、淮北和滁州。

5. 雾霾

2015 年 1—3 月、10 月及 12 月，安徽雾霾多发。12 月 20—26 日，全省出现大范围雾霾，其中寿县、定远、马鞍山最低能见度仅 40 米。持续雾霾天气导致交通受阻、空气质量下降。12 月 21 日至 22 日早晨，省内主要高速公路均临时封闭，合肥机场连续多日进出港航班延误，22 日全省有 14 个市出现不同程度的空气污染。

4.13　福建省主要气象灾害概述

4.13.1　主要气候特点及重大气候事件

2015 年，福建省年平均气温 20.1℃，较常年偏高 0.6℃（图 4.13.1）；平均年降水量 1934.7 毫米，较常年偏多280.5毫米(图4.13.2)，均为2000年以来第三位。春季出现罕见高温，降水偏少，中南部地区气象干旱严重；前汛期历时短，降水突发性、局地性、极端性强；6个台风登陆或影响福建，个数偏少、影响偏重；夏季凉爽多雨，降水量为1961年以来历史同期第二多；秋季气温异常偏高，11月气温较常年偏高2.4℃，创历史新高；出现明显冬汛，12月暴雨过程次数多、范围广、强度大，月降水量破历史纪录。年内气象灾害影响偏重，以暴雨洪涝和台风灾害为主。全年主要气象灾害共造成福建370.9万人受灾，死亡43人，直接经济损失189.1亿元。

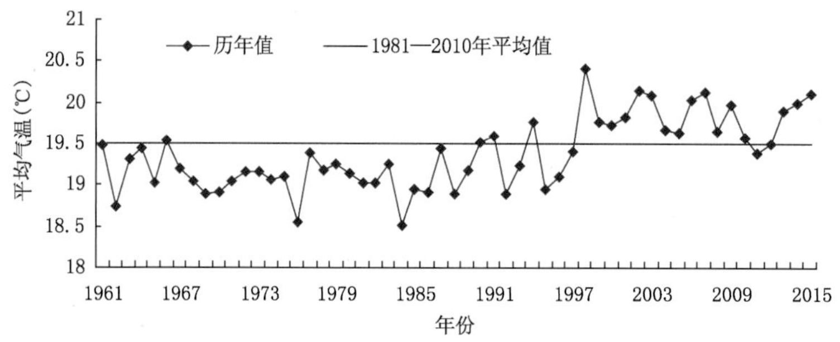

图4.13.1　1961—2015年福建省年平均气温历年变化图(℃)

Fig. 4.13.1　Annual mean temperature in Fujian Province during 1961—2015 (unit: ℃)

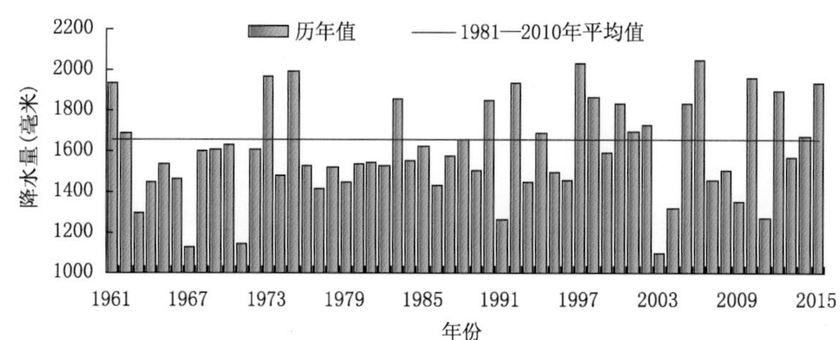

图4.13.2　1961—2015年福建省年降水量历年变化图(毫米)

Fig. 4.13.2　Annual precipitation in Fujian Province during 1961—2015(unit: mm)

4.13.2　主要气象灾害及影响

1. 暴雨洪涝

2015年，福建共出现27次暴雨过程，造成101.9万人受灾，死亡30人，直接经济损失100.4亿元。5月19日，三明市清流县、宁化县出现特大暴雨，部分城区、乡镇受淹，最大水深超2米，受淹10多个小时。7月22日，龙岩市连城县日降水量225.1毫米，破当地历史纪录，8个乡镇小时降水量超过50毫米，培田村1小时降水量91.8毫米，导致局地山洪暴发。

2. 台风

2015年，福建省台风灾害影响整体偏重，共造成268.5万人受灾，死亡8人，直接经济损失88.6亿元。台风“苏迪罗”带来强风暴雨，沿海最大阵风16级，福州、周宁日降水量突破历史极值，省内多条河流发生超警戒水位洪水，多地出现城市内涝及山洪地质灾害。福州城区严重受淹，历时38小时，最大水深1.2米，7万多株树木受损。

3. 局地强对流

2015年，福建共出现7次强对流天气过程，集中在4—7月，造成5000人受灾，直接经济损失

1000 万元。年内全省共发生雷电灾害 63 起，主要集中在 5—7 月，造成 5 人死亡。5 月 15—16 日，福建中北部地区出现 8 级以上雷雨大风，福州、厦门等地的局部县(市)出现短时强降水和冰雹。

4. 低温冷冻害

2015 年，福建共出现 4 次寒潮过程，分别发生在 1 月 6—9 日、4 月 6—8 日、11 月 22—27 日和 12 月 14—18 日。此外，1 月 12 日，南平、三明、宁德、泉州等地的高海拔地区出现降雪。3 月上中旬，中北部地区出现大范围、长时间的低温阴雨天气。4 月中旬，西北部高海拔山区出现有气象记录以来最迟晚霜。

5. 干旱

春季高温少雨，福建中南部地区气象干旱严重。春旱从 2 月上旬起出现并发展；3 月中旬至 4 月上旬，中南部地区部分县(市)连旱日数超过 70 天，出现重到特旱；4 月下旬至 5 月中旬的多场降水使旱情逐步缓解并最终解除。

6. 高温热浪

2015 年，福建共出现 5 次高温过程。4 月 5 日出现首个高温过程，且 4 月极端最高气温(沙县，38.2℃)首破 38℃。最强高温出现在 6 月，全省累计 25 个县(市)日最高气温超过 37℃，6 月 29 日宁德市和闽侯县极端最高气温均为 39.1℃。

4.14 江西省主要气象灾害概述

4.14.1 主要气候特点及重大气候事件

2015 年，江西省年平均气温 18.6℃，较常年偏高 0.6℃(图 4.14.1)，中南部有 5 个县(市)平均气温创历史新高；全省平均年降水量为 2106.4 毫米，较常年(1675 毫米)偏多 26%(图 4.14.2)。夏季平均气温偏低，春、秋、冬季偏高，其中夏季气温突破 2000 年以来新低；冬季降水量偏少，夏、秋季偏多，春季正常，其中秋季降水量创 1961 年以来历史同期新高。

年内，全省主要的气象灾害有暴雨洪涝、风雹、雷电、台风、大雾、霾等，其中暴雨洪涝灾害最为严重。年内受厄尔尼诺事件背景的影响，江西暴雨过程较多，尤其是 5—6 月暴雨过程频繁，过程间歇短，雨强大，局部洪涝、山洪地质灾害严重。全年因气象灾害造成 628.3 万人受灾，死亡 53 人；农作物受灾面积 45.5 万公顷，其中绝收面积 4.0 万公顷；直接经济损失 69.7 亿元。总体来看，2015 年气象灾害属于偏轻年份，农业气象条件属平偏丰年份。

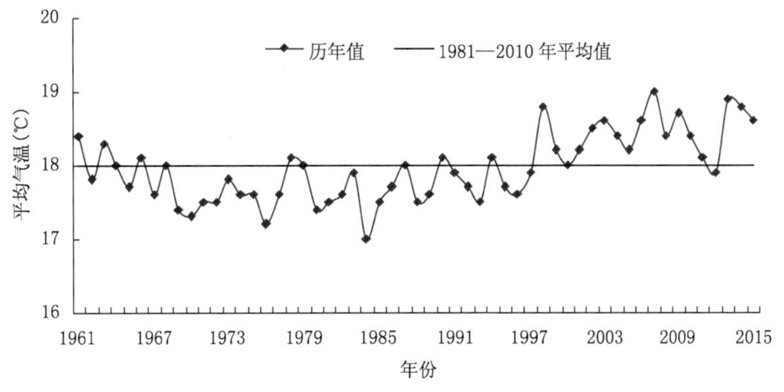

图 4.14.1 1961—2015 年江西省年平均气温历年变化图(℃)
Fig. 4.14.1 Annual mean temperature in Jiangxi Province during 1961—2015 (unit:℃)

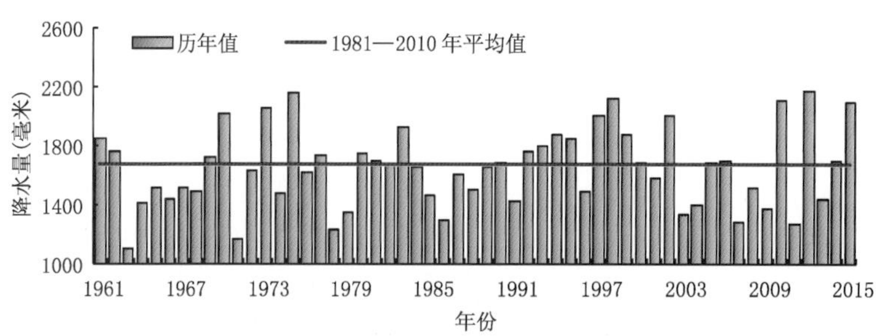

图 4.14.2 1961—2015 年江西省年降水量历年变化图(毫米)

Fig. 4.14.2 Annual precipitation in Jiangxi Province during 1961—2015 (unit: mm)

4.14.2 主要气象灾害及影响

1. 暴雨洪涝

年内致灾的暴雨过程主要集中在主汛期 5—6 月和秋冬季。全年洪涝灾害(含山体崩塌、滑坡、泥石流)共造成全省 542.2 万人受灾,死亡 26 人;农作物受灾面积 39.9 万公顷,绝收面积 3.6 万公顷;倒塌房屋 1.2 万间,损坏房屋 4.7 万间;直接经济损失 61.8 亿元。

5—6 月,全省先后出现 13 次明显的强降水过程,暴雨过程多、间歇短、雨强大。5 月 19—21 日,赣南东北部的兴国、石城、宁都、于都、瑞金出现特大暴雨,最大日雨量 375.9 毫米,最大小时雨量 84.6 毫米,降雨之强、破坏之大,历史罕见(图 4.14.3)。此外,受 11—12 月的暴雨过程影响,鄱阳湖主体及附近水域面积较历史同期明显偏大,赣江、抚河干支流短时超警戒水位,出现罕见冬汛。

图 4.14.3 2015 年 5 月 21 日,赣州瑞金市瑞林镇居民楼被淹(江西省气候中心摄)

Fig. 4.14.3 The residential buildings were flooded on May 21, 2015 in Ruijing City, Jiangxi Province (By Jiangxi Climate Center)

2. 台风

8 月上旬,受强台风"苏迪罗"影响,赣北局部出现特大暴雨,庐山大月山水库最大 24 小时雨量达到 545.2 毫米;局部阵风达 8~10 级,以庐山 27.4 米/秒为最大。受强风暴雨影响,省内旅游景区、铁路交通、电力等受到不同程度影响。"苏迪罗"共造成全省 58.6 万人受灾,死亡 1 人,紧急转移安置人口 11.1 万人;农作物受灾面积 4.0 万公顷;直接经济损失约 6.2 亿元。

3. 局地强对流

2015年,局地强对流天气造成江西省27.5万人受灾,26人死亡;农作物受灾面积1.6万公顷;直接经济损失1.7亿元。年内出现局地强对流灾害的时段主要在春夏季节,其中4月上旬江西中北部遭遇强对流天气,导致雷电、大风、冰雹、暴雨多灾并发。全年共发生雷灾事故41起,死亡25人。5—7月雷电灾害频发,雷击伤亡集中。

4. 大雾

2015年,江西共出现23次区域性的大雾天气过程,主要出现在秋冬季节,全省性的大雾次数较常年偏少。秋冬季出现的大雾天气,导致省内多条高速公路被迫封闭,给交通带来一定影响。

4.15 山东省主要气象灾害概述

4.15.1 主要气候特点及重大气候事件

2015年,山东省年平均气温为14.1℃,较常年偏高0.7℃(图4.15.1),四季平均气温均偏高;平均年平均降水量596.9毫米,较常年偏少7.0%(图4.15.2),冬、夏季平均降水量偏少,春、秋季偏多。春、夏、秋出现阶段性干旱,中东部地区旱情较重;夏季风雹多发;7月少雨高温,多地日最高气温超过40℃;冬、春季多大风天气;11月阴雨寡照,降水异常偏多;12月下旬雾霾异常严重。2015年,山东省主要气象灾害有干旱、风雹、洪涝、暴雪、低温冷冻、台风等,共造成1173.2万人受灾,11人死亡;农作物受灾面积137.9万公顷,绝收面积9.8万公顷;直接经济损失80.7亿元。总体而言,山东省2015年属气象灾害偏轻年份。

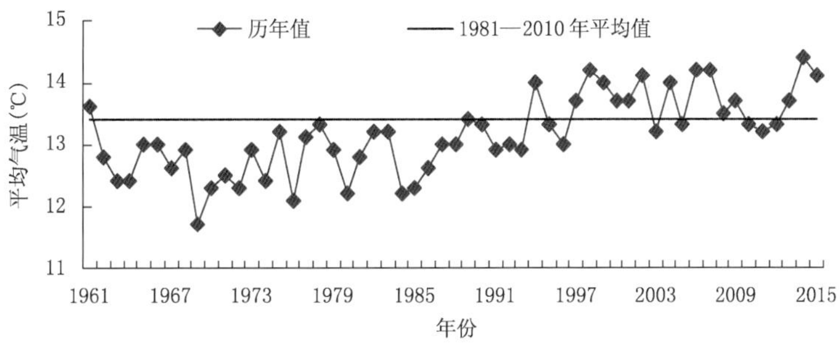

图4.15.1 1961—2015年山东省年平均气温历年变化图(℃)

Fig. 4.15.1 Annual mean temperature in Shandong Province during 1961—2015 (unit: ℃)

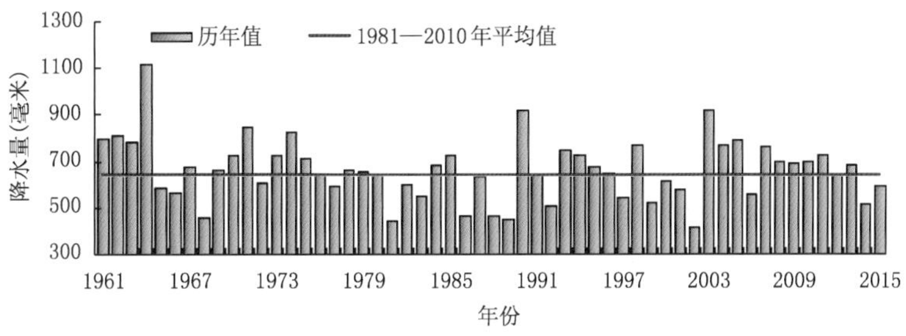

图4.15.2 1961—2015年山东省年降水量历年变化图(毫米)

Fig. 4.15.2 Annual mean precipitation in Shandong Province during 1961—2015 (unit: mm)

4.15.2 主要气象灾害及影响

1. 干旱

2015 年，由于降水偏少，降水时空分布不均，山东省春、夏、秋季出现阶段性干旱（图 4.15.3）。3 月，降水量显著偏少，部分地区出现旱情。5—10 月，全省平均降水量 413.9 毫米，较常年同期偏少 24.7%，中东部地区出现较重旱情，大中型水库蓄水量最少时较常年同期偏少 4 成。6 月 1 日至 7 月 27 日，全省平均降水量 116.9 毫米，较常年同期偏少 48.3%，为 1951 年以来历史同期次少值，山东半岛、鲁中北部及东部等地出现旱情并持续或发展。9 月 13 日至 10 月 31 日，全省平均降水量 22.2 毫米，较常年同期偏少 63.6%，青岛、烟台、日照、潍坊、临沂、泰安等地旱情迅速发展。干旱共造成 9 市 64 个县（市、区）的 505 个乡镇（街道）不同程度受灾，受灾 664.7 万人，饮水困难人口 75.6 万；农作物受灾面积 88.3 万公顷，绝收面积 6.5 万公顷；直接经济损失 32.0 亿元。

图 4.15.3　2015 年 7 月 15 日烟台龙口干旱（龙口气象局提供）

Fig. 4.15.3　The drought attacked Yantai in July 2015 (By Longkou Meteorological Service)

2. 低温冷冻害和雪灾

2015 年，低温冷冻害和雪灾造成山东 51.1 万人受灾，死亡 4 人；农作物受灾面积 4.3 万公顷；直接经济损失 22.3 亿元。11 月 23—24 日，鲁南和鲁中的南部部分地区出现大到暴雪（图 4.15.4）。持续降雪造成部分乡镇的蔬菜大棚倒塌受损，部分农作物和草莓等经济作物不同程度受损减产，部分房屋和企业厂房倒塌或损坏。

3. 局地强对流

2015 年，局地强对流天气造成山东 262.3 万人受灾，死亡 6 人，其中因雷击死亡 3 人；农作物受灾面积 20.8 万公顷，绝收面积 2.3 万公顷；直接经济损失 17.8 亿元，其中农业经济损失 15.9 亿元。8 月 15 日，鲁西南、鲁西北和鲁中的部分地区遭受雷暴天气影响，15—16 时泰安肥城市出现短时雷雨天气，15 时 45 分左右，汶阳镇浊前村村南蔬菜基地遭雷击，造成 3 人死亡。

4. 暴雨洪涝

2015 年，山东省暴雨洪涝灾害总体呈现发生频率低、局部反复受灾、损失重的特点，共造成 191.0 万人受灾，死亡 1 人；农作物受灾面积 23.9 万公顷；直接经济损失 8.5 亿元。8 月 2—5 日，鲁西北、鲁中的西部和山东半岛西北部地区出现大到暴雨，局部大暴雨或特大暴雨，给滨州、东营、莱

图 4.15.4 2015 年 11 月 24 日济宁泗水暴雪(泗水气象局提供)

Fig. 4.15.4 The snowstorm attacted Sishui on November 24,2015 (By Sishui Meteorological Service)

芜、聊城、泰安、济南等 6 市的部分地区带来较大影响。

4.16 河南省主要气象灾害概述

4.16.1 主要气候特点及重大气候事件

2015 年,河南省年平均气温 15.1℃,较常年偏高 0.5℃(图 4.16.1)。年内各月平均气温除 6 月、7 月、11 月较常年同期偏低外,其余各月均偏高。河南省平均年降水量 694.9 毫米,较常年偏少 5.5%(图 4.16.2)。年内 4—6 月、11 月降水量较常年同期偏多,其余各月偏少。2015 年河南省平均年日照时数 1779.4 小时,较常年偏少 215.7 小时。

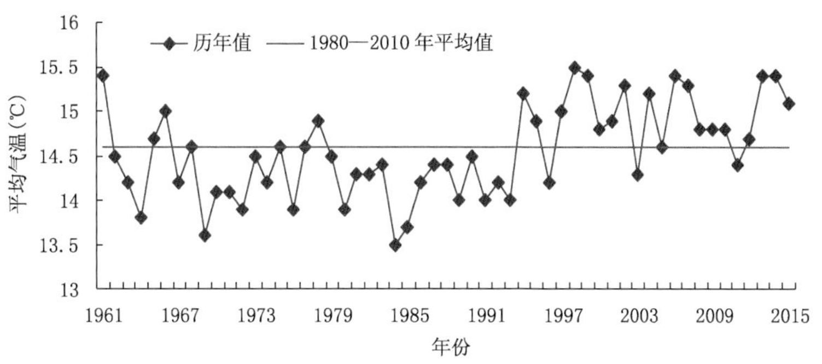

图 4.16.1 1961—2015 年河南省年平均气温历年变化图(℃)

Fig. 4.16.1 Annual mean temperature in Henan Province during 1961—2015 (unit:℃)

2015 年,河南省未出现大范围严重气象灾害,但区域性、阶段性气象灾害时有发生:春、夏、秋季出现了不同程度的气象干旱;春、夏季多次出现大风、冰雹等强对流天气;夏季局地发生暴雨洪涝灾害;1 月和 11 月,分别出现大范围强降雪,给交通运输、农业生产、人民生活带来极大不便;雾霾天气

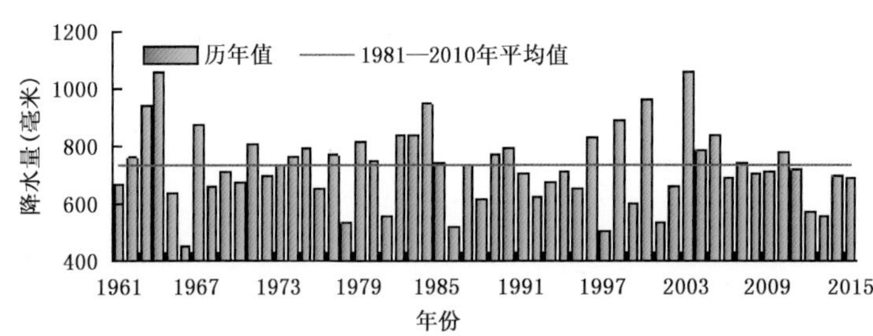

图 4.16.2　1961—2015 年河南省年降水量历年变化图(毫米)

Fig. 4.16.2　Annual precipitation in Henan Province during 1961—2015 (unit: mm)

频现。2015 年,河南省因气象灾害造成农作物受灾面积 22.5 万公顷,受灾人口 516.5 万人次,死亡 19 人,直接经济损失 44.0 亿元。总体来看,2015 年河南省气象灾害的影响较常年偏轻。

4.16.2　主要气象灾害及影响

1. 局地强对流

2015 年,河南省因局地强对流灾害造成农作物受灾面积 15.2 万公顷,绝收面积 0.9 万公顷,直接经济损失 30.5 亿元(图 4.16.3)。与常年相比,局地强对流灾害为偏重年份。

图 4.16.3　2015 年 8 月 22 日郏县遭受冰雹灾害(郏县气象局提供)

Fig. 4.16.3　The farmland affected by hail disasters on August 22, 2015 in JiaXian Country (By Jiaxian Meteorological Service)

2. 雪灾

2015 年,河南省因雪灾造成农作物受灾面积 2.0 万公顷,直接经济损失 1.2 亿元。与常年相比,雪灾为偏轻年份。1 月和 11 月,河南省分别出现两次全省大范围降雪天气,积雪量大、气温偏低,部分路段道路结冰,多地厂房、临时房屋、蔬菜大棚被雪压塌,对交通、人们出行造成了严重的影响。多条高速公路被管制,高速铁路降速运行,多个航班延误。

3. 雾霾

2015 年，河南省平均雾霾日数为 74 天，较常年偏多 34.3 天。全省年雾霾日数一般有 50～100 天；豫北北部、豫西山区、豫中和豫南局部雾霾日数在 100 天以上；中东部和豫西的部分地区、豫西南和豫南局部雾霾日数不足 50 天。

11 月，雾霾天气导致交通事故频现，高速公路多车追尾连撞，4 人死亡，8 人受伤。12 月份因严重雾霾天气，郑州市启动重污染天气Ⅰ级预警及响应，多地幼儿园、中小学停课，城区机动车单双号限行，航班延误等。

4.17 湖北省主要气象灾害概述

4.17.1 主要气候特点及重大气候事件

2015 年，湖北省年平均气温 16.9℃，比常年偏高 0.3℃(图 4.17.1)。冬季气温偏高，其中 1 月气温异常偏高，为 1961 年以来第 3 高值；春季、秋季气温变幅大，夏季气温偏低。平均年降水量为 1262 毫米，比常年偏多 5.3%(图 4.17.2)。年内主要气象灾害为低温雨雪、倒春寒、局地强对流和暴雨洪涝、连阴雨及雾霾。气象灾害共造成湖北省受灾人口 1100.2 万人，死亡 489 人；农作物受灾面积 111.6 万公顷；直接经济损失 82.2 亿元。

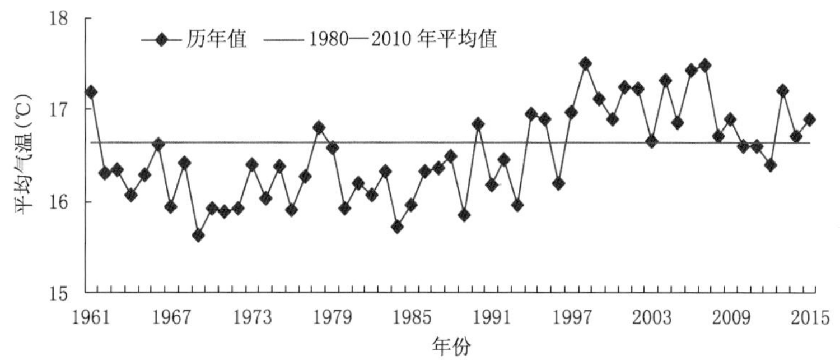

图 4.17.1　1961—2015 年湖北省年平均气温历年变化图(℃)

Fig. 4.17.1　Annual mean temperature in Hubei Province during 1961—2015 (unit:℃)

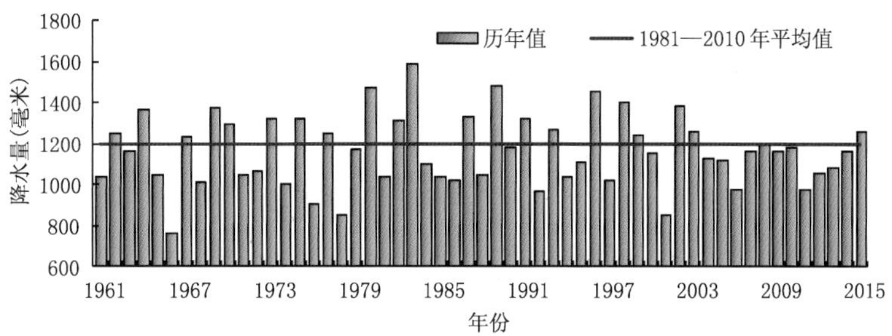

图 4.17.2　1961—2015 年湖北省年降水量历年变化图(毫米)

Fig. 4.17.2　Annual precipitation in Hubei Province 1961—2015 (unit:mm)

4.17.2 主要气象灾害及影响

1. 暴雨洪涝

2015 年，湖北先后发生 9 次较明显的区域性暴雨过程，且多伴有不同程度强对流天气，其中 4

月 3—4 日、5 月 14—15 日、6 月 1—3 日、6 月 16—17 日和 7 月 14—16 日过程影响较大（图 4.17.3）。5 月 15 日英山（174.5 毫米）、6 月 2 日监利（163.3 毫米）、洪湖（179.1 毫米）、6 月 17 日英山（170.3 毫米）和 7 月 23 日仙桃（217.9 毫米）突破极端降水量阈值，达极端降水事件标准。暴雨洪涝共造成 913.3 万人受灾，死亡 39 人；农作物受灾面积 87.4 万公顷，绝收面积 7.4 万公顷；损坏房屋 5.2 万间；直接经济损失 70.0 亿元。

4 月 1—9 日，湖北出现了一次强降水和倒春寒天气过程，全省平均过程降水量为 1961 年以来历史同期最多，其中谷城站 4 月 1 日降温幅度为 9.7℃，达日降温极端事件标准。

图 4.17.3　4 月 3 日通山大暴雨乡村内涝（咸宁市气象局提供）

Fig. 4.17.3　Flooding caused by rainstorm in Tongshan on April 3, 2015 (By Xianning Meteorological Service)

2. 局地强对流

2015 年，湖北省发生 10 次较明显的强对流天气过程。全省因强对流天气造成 99.5 万人受灾，死亡 450 人；直接经济损失 4.3 亿元。5 月 10—11 日，有 71 站出现致灾性大风（≥12 米/秒）。6 月 1 日 21 时 32 分，重庆东方轮船公司所属“东方之星”号客轮由南京开往重庆，当航行至湖北省荆州市监利县长江大马洲水道时翻沉。“东方之星”号客轮翻沉事件是一起由突发罕见的强对流天气——飑线伴有下击暴流带来的强风暴雨导致的特别重大灾难性事件（图 4.17.4）。

3. 低温冷冻害和雪灾

2015 年，低温冷冻和雪灾造成湖北省 43.9 万人受灾；农作物受灾面积 7.4 万公顷，绝收面积 0.1 万公顷；直接经济损失 3.8 亿元。1—2 月，湖北省出现 3 次大范围低温雨雪过程，分别发生在 1 月 27—29 日、1 月 31 日至 2 月 2 日、2 月 28 日。其中前两次雨雪过程共有 69 县市出现积雪，最大积雪深度达到 12 厘米。

4. 雾霾

2015 年，湖北省共发生雾霾天气过程 12 次，其中 1 月 8—12 日和 12 月 6—8 日、10—14 日、25—31 日过程影响范围较大，对交通及人体健康造成影响。

图 4.17.4　2015 年 6 月 1 日监利树木被强风拦腰吹倒(武汉区域气候中心提供)
Fig. 4.17.4　Trees were destroyed by strong wind at Jianli County on June 1, 2016 (By Wuhan Regional Climate Center)

4.18　湖南省主要气象灾害概述

4.18.1　主要气候特点及重大气候事件

2015 年,湖南省年平均气温 18.0℃,较常年偏高 0.6℃,为 1961 年以来第四高值(图 4.18.1);平均年降水量 1580.5 毫米,较常年偏多 12.6%(图 4.18.2);平均年日照时数为 1185.1 小时,较常年偏少 272.0 小时,为 1961 年以来最少。年内出现的暴雨洪涝、低温冷冻害、强对流等灾害给人民群众和社会生活造成了一定影响。气象灾害共造成湖南省 1221.4 万人次受灾,死亡(含失踪)31 人;农作物受灾面积 76.6 万公顷,绝收 8.8 万公顷;直接经济损失 126.7 亿元。与近 10 年灾情相比,2015 年灾情最轻,但是局部地区受灾严重,暴雨洪涝灾害损失占灾害损失比例最大。

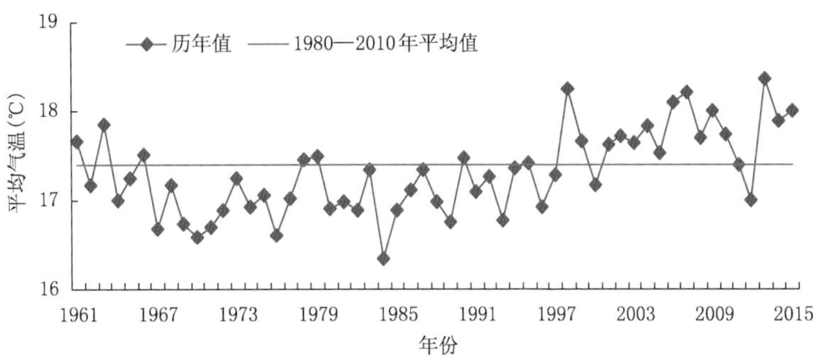

图 4.18.1　1961—2015 年湖南省年平均气温变化图(℃)
Fig. 4.18.1　Annual mean temperature in Hunan Province during 1961—2015 (unit: ℃)

4.18.2　主要气象灾害及影响

1. 干旱

2015 年,湖南省共出现 5 次局地阶段性干旱过程,干旱强度以轻到中度为主。湖南省平均气象

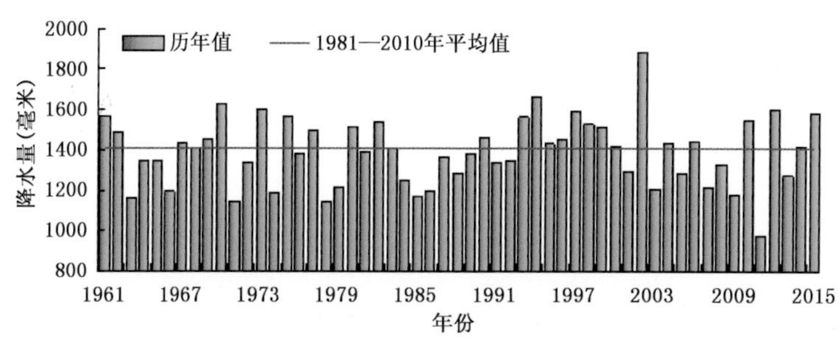

图 4.18.2　1961—2015 年湖南省年降水量历年变化图(毫米)

Fig. 4.18.2　Annual precipitation in Hunan Province during 1961—2015 (unit: mm)

干旱日数为 46.0 天,较常年偏少 36.5 天,为 2003 年以来最少值。2015 年干旱影响程度偏轻。

2. 暴雨洪涝

2015 年,湖南省共出现 397 站次暴雨、45 站次大暴雨、3 站次特大暴雨,暴雨以上等级站次数较常年偏多 82 次,为 1961 年以来第八高位。年内共有 54 个县(市)达到洪涝标准,出现极端强降水事件 96 站次。其中 11 月份共出现暴雨 48 站次、大暴雨 8 站次,暴雨以上县次数位居 1961 年以来历史同期第二多;受其影响,湘江中上游发生罕见汛情。

年内暴雨洪涝灾害(含泥石流、滑坡灾害)共造成湖南省 1196.1 万人受灾,死亡 24 人;农作物受灾面积 75.3 万公顷,绝收面积 8.8 万公顷;倒塌房屋 1.6 万间,损坏房屋 10.9 万间,直接经济损失 125.8 亿元。

3. 低温冷冻害

2015 年,湖南省出现两次较明显的低温冷冻灾害。低温冷冻灾害共造成湖南省 0.9 万人受灾,直接经济损失 0.1 亿元。

1 月 27 日至 2 月 2 日,湖南省出现一次范围较广的低温雨雪冰冻天气,共有 50 个县市出现冰冻,主要分布在湘中以北地区,其中凤凰冰冻持续时间为 5 天。4 月 5—14 日,湖南省出现大范围降温过程,其中 7—9 日连续 3 天日平均气温偏低 5.0℃以上,大部达到轻到中度"倒春寒"天气标准。

4. 局地强对流

2015 年,湖南省共出现大风 132 站次、冰雹 10 站次,分别较常年偏少 132 和 47 站次。局地强对流共造成湖南省 24.4 万人受灾,死亡 5 人;农作物受灾面积 1.2 万公顷;损坏房屋 0.3 万间,直接经济损失 0.8 亿元。

4 月 3—4 日,张家界、慈利、岳阳、临湘、沅江、祁阳、炎陵等县市遭遇雷雨、大风和冰雹袭击,多地出现了灾害。4 月 19 日晚,嘉禾、桂阳、宁远等县市遭受冰雹袭击,伴随狂风、雷电以及暴雨,桂阳测得最大冰雹直径 30 毫米,嘉禾县最大冰雹直径 15 毫米。

4.19　广东省主要气象灾害概述

4.19.1 主要气候特点及重大气候事件

2015 年广东省年平均气温 22.6℃,较常年偏高 0.7℃,仅次于 1998 年,为 1961 年以来次高值(图 4.19.1);月平均气温除 7 月略偏低外,其余各月均偏高,其中 6 月、11 月为有气象记录以来同期最高。平均年降水量为 1845.6 毫米,较常年偏多 3%(图 4.19.2),但时空分布不均,其中 5 月、12 月降水破历史同期最多纪录,粤北、珠江三角洲和粤东 5 月出现洪涝灾害,雷州半岛出现春夏连旱。5

月5日广东省开汛，较常年平均偏晚29天，为近37年来最晚。10月登陆广东的台风“彩虹”重创粤西。强对流天气频繁。广东平均年高温日数24.9天，较常年偏多7.4天。气象灾害共造成广东省农作物受灾面积84.7万公顷，绝收面积9.3万公顷；受灾人口848.7万人次，41人死亡，5人失踪；直接经济损失315.3亿元。2015年广东省总体气候特征是台风强、气温高、旱涝并存，属于偏差气候年景。

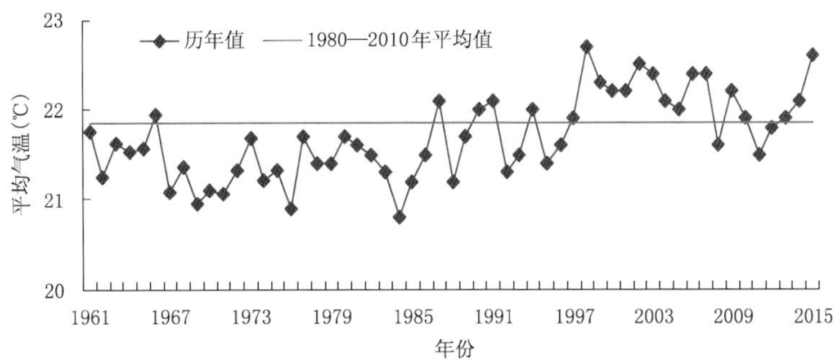

图4.19.1　1961—2015年广东省年平均气温历年变化图(℃)

Fig. 4.19.1　Annual mean temperature in Guangdong Province during 1961—2015 (unit:℃)

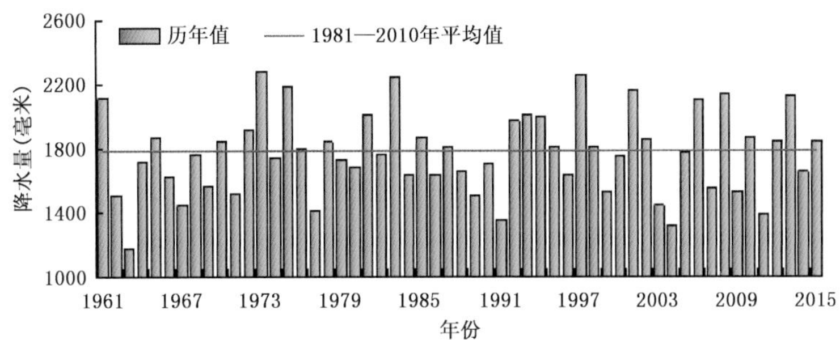

图4.19.2　1961—2015年广东省年降水量历年变化图(毫米)

Fig. 4.19.2　Annual precipitation in Guangdong Province during 1961—2015 (unit:mm)

4.19.2　主要气象灾害及影响

1. 热带气旋

2015年台风导致广东省农作物受灾面积61.7万公顷，其中绝收面积6.9万公顷；受灾人口613.5万人次，18人死亡；紧急转移安置人口30.3万人次；倒塌房屋0.7万间；直接经济损失288.0亿元。

第10号台风“莲花”于7月9日12时15分在陆丰甲东镇沿海地区登陆，给粤东带来狂风暴雨，造成广东直接经济损失17.3亿元。第22号台风“彩虹”于10月4日14时10分在湛江市坡头区沿海地区登陆，登陆时中心附近最大风力16级(52米/秒)，中心最低气压935百帕，为有气象记录以来10月登陆广东的最强台风。“彩虹”造成广东省18人死亡，4人失踪，直接经济损失270.7亿元(图4.19.3)。10月4日白天，受台风“彩虹”外围螺旋云带影响，佛山顺德、广州番禺等地出现龙卷风，共造成7人死亡。

2. 暴雨洪涝

2015年，广东暴雨具有“时空分布不均，5月暴雨多”的特点，共出现暴雨695站日，比常年偏多8.1%。全年暴雨洪涝共造成农作物受灾面积7.8万公顷，绝收面积0.5万公顷；受灾人口166.1万人，4人死亡；直接经济损失18.9亿元。

图 4.19.3 2015 年 10 月 4 日，超强台风"彩虹"造成湛江奥林匹克体育中心受损(广东省气候中心提供)
Fig. 4.19.3 Zhanjiang Olympic Sports Center was damaged by the super strong typhoon Mujigae on October 4,2015 (By Guangdong Climate Center)

汛期共出现 14 次强降水天气过程，其中 5 月 4—12 日、16—17 日、19—24 日、30—31 日出现了 4 次暴雨到大暴雨、局地特大暴雨过程，粤北、珠江三角洲和粤东出现洪涝灾害。7 月 20—24 日，广东中南部地区出现了暴雨到大暴雨，造成直接经济损失 4.4 亿元。

3. 干旱

2015 年，干旱导致广东省 47.8 万人受灾，饮水困难人口 7.3 万人；农作物受灾面积 14.8 万公顷，绝收面积 1.9 万公顷；直接经济损失 6.2 亿元。2 月至 7 月上旬，雷州半岛降水较常年同期偏少近 8 成，为 1961 年以来历史同期最少，平均气温较常年同期偏高 1.4℃以上。持续的温高雨少导致雷州半岛出现春夏连旱，干旱持续时间和强度为近 1949 年以来所罕见。

4. 局地强对流

2015 年，广东大风、冰雹及雷电等强对流天气主要发生在 3 月至 9 月，共造成 21.3 万人受灾，农作物受灾面积 0.4 万公顷，倒塌房屋 5.7 万间，直接经济损失 2.2 亿元。全省共发生雷击事故 521 起，造成 19 人死亡。4 月 19—21 日，粤北、珠江三角洲和粤东部分地区出现雷雨大风及冰雹等强对流天气过程。

4.20 广西壮族自治区主要气象灾害概述

4.20.1 主要气候特点及重大气候事件

2015 年，广西年平均气温 21.5℃，比常年偏高 0.7℃，为 1961 年以来最高(图 4.20.1)；平均年降水量 1937.0 毫米，比常年偏多 2.6 成，为 1961 年以来第 2 多(图 4.20.2)。年内主要气象灾害有低温冷冻害、暴雨洪涝、台风、高温、干旱、局地强对流天气、雾霾等。其中，3—4 月广西平均降水量为 1951 年以来历史同期最少，部分地区出现春旱；5、6 月暴雨过程频繁，7 月出现历史少见的持续大范围暴雨天气过程；第 22 号台风"彩虹"于 10 月上旬影响广西；11 月出现大范围强降雨，桂北出现罕见秋涝。2015 年气象灾害共造成广西农作物受灾面积 54.6 万公顷，绝收面积 3.2 万公顷；受灾人口 768.3 万人次，死亡 56 人，失踪 1 人；直接经济损失 48.5 亿元。总的来看，2015 年广西气象灾害属偏轻年份。

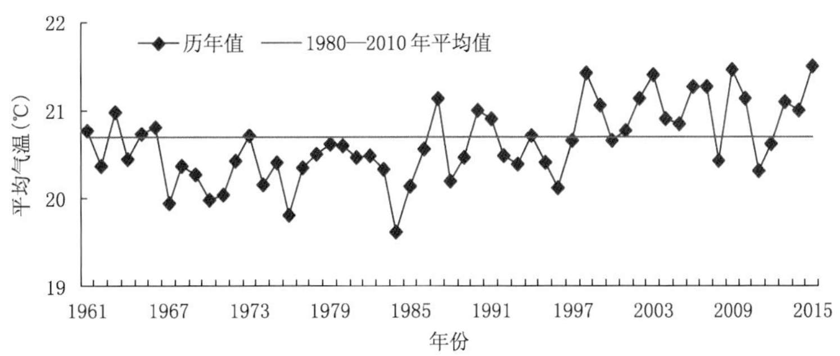

图 4.20.1　1961—2015 年广西年平均气温历年变化图(℃)

Fig. 4.20.1　Annual mean temperature in Guangxi during 1961—2015 (unit:℃)

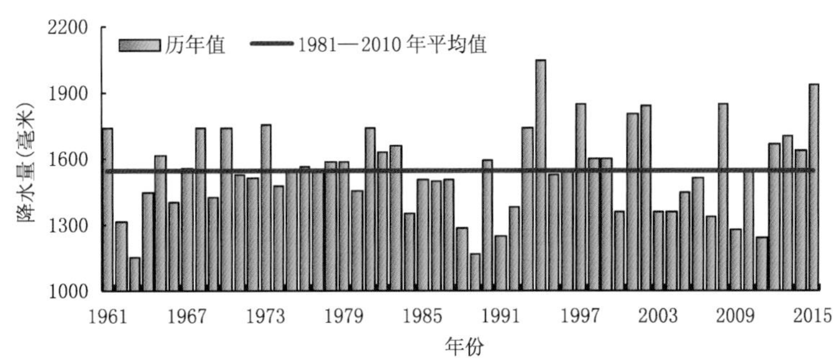

图 4.20.2　1961—2015 年广西年降水量历年变化图(毫米)

Fig. 4.20.2　Annual Precipitation in Guangxi during 1961—2015 (unit:mm)

4.20.2　主要气象灾害及影响

1. 台风

2015 年,台风造成广西 275.9 万人受灾,死亡 1 人,农作物受灾 16.1 万公顷,绝收 0.7 万公顷,直接经济损失 17.7 亿元。第 22 号超强台风"彩虹"于 10 月上旬影响广西,是 1949 年以来 10 月份进入广西内陆的最强台风,给桂东大部地区造成严重灾害(图 4.20.3)。

2. 暴雨洪涝

2015 年,广西暴雨站日数为 742 站日,比常年偏多 193 站日,为 1961 年以来最多,部分地区出现暴雨引发的中小河流洪水、山洪或内涝等灾害。全年暴雨洪涝共造成 383.9 万人受灾,死亡 49 人;损坏房屋 3.6 万间;农作物受灾面积 22.2 万公顷,绝收面积 2.2 万公顷;直接经济损失 28.9 亿元。暴雨洪涝主要出现在 5—7 月(图 4.20.4),其中 5 月下旬初和 6 月中旬初的强降雨天气过程引发的洪涝和地质灾害造成的经济损失和人员伤亡最大。此外,11 月出现罕见强秋雨。

3. 干旱

2015 年,干旱共造成广西 99.3 万人受灾,农作物受灾面积 16.0 万公顷,直接经济损失 1.6 亿元。3 月至 5 月初,广西大部地区降水量偏少,其中 3 月 1 日至 4 月 30 日全区平均降雨量为 1961 年以来历史同期最少。高温少雨导致土壤失墒严重,4 月至 5 月初,广西部分地区出现旱情,4 月下旬干旱范围较广。

4. 局地强对流

2015 年,广西共出现 3 次较大范围的强对流天气,主要出现在 2 月和 4 月,其中 2 月中旬和 4 月上旬的强对流天气危害较重。局地强对流天气共造成 9.2 万人受灾,死亡 6 人,直接经济损失 3003 万元。

图 4.20.3　2015 年 10 月 5 日广西贵港遭台风“彩虹”袭击，晚稻大面积倒伏(贵港市气象局提供)
Fig. 4.20.3　Lodging late season rice caused by typhoon “Mujigae” in Guigang on October 5, 2015
(By Guigang Meteorological Service)

图 4.20.4　2015 年 7 月 24 日广西南宁市区遭暴雨袭击致道路积水(广西气象科技服务中心提供)
Fig. 4.20.4　The streets of Nanning City were flooded during the rainstorm on July 24th, 2015
(by Guangxi Meteorological Science. Technology Service Center)

4.21　海南省主要气象灾害概述

4.21.1　主要气候特点及重大气候事件

2015 年，海南省年平均气温 25.3℃，较常年偏高 0.9℃(图 4.21.1)，与 1998 年并列为 1961 年以来最高值；平均年降水量 1360.5 毫米，比常年偏少 24.4%(图 4.21.2)，为 1961 年以来的第 6 偏少年份。年内多个月份的平均气温达到或突破历史同期最高值，海南出现了多次大范围高温天气过程，以 5 月中旬至 6 月下旬最为突出。气象干旱发生频繁，维持时间长，影响范围大，局部地区灾情严重。台风影响个数偏少，总体强度偏弱。暴雨洪涝灾害发生次数偏少、强度偏弱。雷电灾害属于偏轻年份。全年气象灾害共造成海南 144.9 万人次受灾，死亡 4 人，农作物受灾面积 4.1 万公顷，直接经济损失 14.2 亿元。总体看来，2015 年属气象灾害偏轻年份。

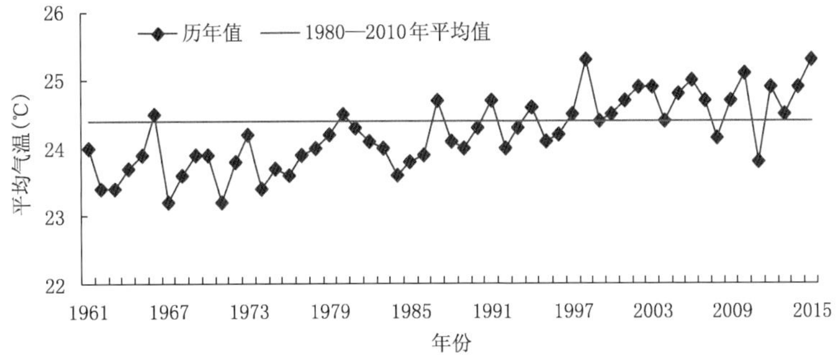

图 4.21.1　1961—2015 年海南省年平均气温历年变化图(℃)

Fig. 4.21.1　Annual mean temperature in Hainan Province during 1961—2015(unit:℃)

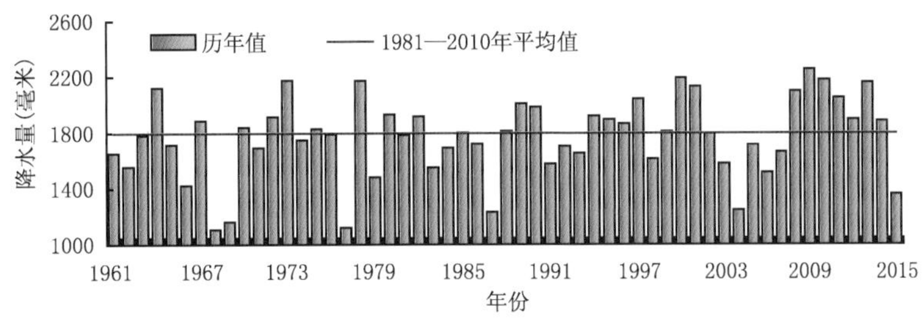

图 4.21.2　1961—2015 年海南省年降水量历年变化图(毫米)

Fig. 4.21.2　Annual precipitation in Hainan Province during 1961—2015 (unit:mm)

4.21.2　主要气象灾害及影响

1. 高温热浪

2015 年，海南年平均高温日数 46 天，为 1961 年以来最多。5 月 13 日至 6 月 20 日，有 17 个市县出现了高温天气，其中白沙极端最高气温(38.5℃)突破当地历史同期极值。8 月 14—27 日，有 16 个市县出现高温天气，其中海口(37.3℃)、澄迈(38.2℃)、临高(37.5℃)、文昌(36.8℃)、万宁(36.8℃)、屯昌(37.5℃)、白沙(37.1℃)、琼中(36.6℃)、乐东(37.1℃)、五指山(35.9℃)、保亭(38.1℃)、陵水(36.3℃)最高气温突破历史同期(8 月)极值。

2. 干旱

2015 年，由于降水偏少、气温偏高，海南气象干旱发生频繁，持续时间长，影响范围大，局部地区旱情严重。干旱共造成全省受灾人口 11.2 万人次，农作物受灾面积 4200 公顷，直接经济损失 1.5 亿元。1—4 月，海南降水量较常年同期显著偏少。至 4 月中旬末期，全省 18 个市县出现不同程度气象干旱。6 月中旬，气象干旱达到最重。三亚的部分城区出现了"用水荒"，6 月 5 日，三亚市正式启动城市供水三级应急响应。

3. 暴雨洪涝

2015 年，海南暴雨洪涝灾害发生次数总体偏少、强度偏弱。暴雨洪涝灾害共造成全省受灾人口 21.1 万人次，死亡 2 人，直接经济损失 3000 万元。7 月 20 日，受偏西急流和季风槽影响，海南省普降暴雨到特大暴雨。全省共 14 个市县日降水量达暴雨以上等级，其中 4 个市县达大暴雨以上等级。9 月 15 日，受第 19 号台风"环高"残余环流和冷空气共同影响，海南岛北部和东部地区普降暴雨、局地大暴雨，文昌个别乡镇出现特大暴雨；中部和南部地区普降中到大雨、局部暴雨。受强降雨影响，陵水县黎安镇大墩村一栋安置房发生倾斜(图 4.21.3)。10 月 11—14 日,受冷空气影响,海南省部分地区出现强降水天气。

图 4.21.3　2015 年 9 月 14 日,陵水县安置房受强降雨影响发生倾斜(海南省气象台提供)

Fig. 4.21.3　Tilt resettlement house were affected by heavy rains in Lingshui County on September 14, 2015 (By Hainan Meteorological Observatory)

4. 大雾

2015 年 1—2 月,海南发生 5 起大雾影响交通事件,造成多个航班延误,琼州海峡数次停航。1 月 4 日,受大雾影响,海口美兰机场 25 架次进港航班被延误,1 架次进港航班备降三亚。

4.22　重庆市主要气象灾害概述

4.22.1　主要气候特点及重大气候事件

2015 年,重庆市年平均气温 18.0℃,较常年偏高 0.5℃(图 4.22.1);平均年降水量 1220.4 毫米,接近常年(图 4.22.2)。2015 年重庆暴雨天气出现频次多,6—8 月频繁发生,年内发生区域暴雨天气过程 9 次,暴雨洪涝灾害偏轻;大风冰雹主要出现在 4 月;冬末春初及夏季局地出现气象干旱。高温出现早,强度弱,35℃以上高温日数全市平均为 17.6 天,较常年偏少 3 成;强降温过程少于常年;华西秋雨开始和结束均偏晚,强度正常。2015 年气象灾害共造成重庆市 189.2 万人次受灾,死亡 29 人,失踪 3 人;农作物受灾面积 7.0 万公顷,绝收面积 0.9 万公顷;直接经济损失 22.0 亿元。总体而言,2015 年重庆市气象灾害偏少,灾情偏轻,直接经济损失为 2001 年以来第二少。

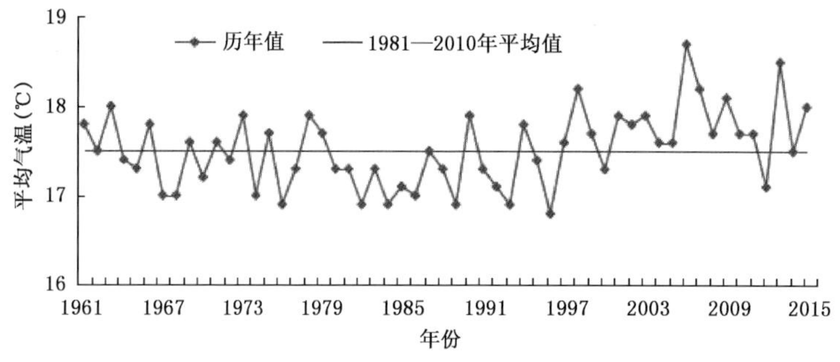

图 4.22.1　1961—2015 年重庆市年平均气温历年变化图(℃)

Fig. 4.22.1　Annual mean temperature in Chongqing City during 1961—2015(unit: ℃)

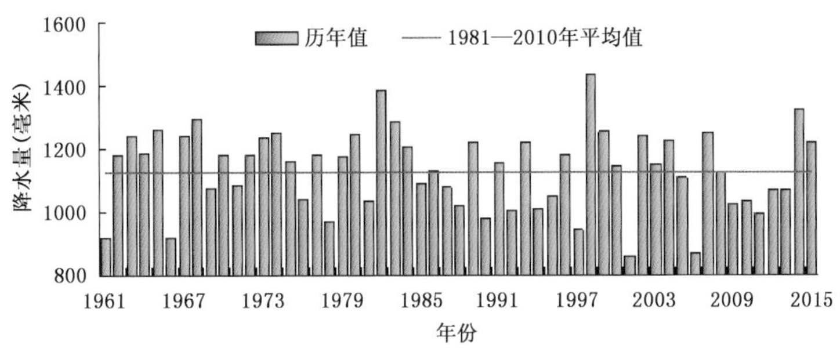

图 4.22.2　1961—2015 年重庆市年降水量历年变化图(毫米)

Fig. 4.22.2　Annual Precipitation in Chongqing City during 1961—2015(unit:mm)

4.22.2　主要气象灾害及影响

1. 暴雨洪涝

2015 年,重庆市暴雨天气频繁,但强度一般,暴雨洪涝灾害偏轻。年内有 27 个区县发生了 66 个站次的暴雨洪涝灾害,共造成 168.1 万人次受灾,死亡 27 人;农作物受灾面积 6.0 万公顷,绝收面积 0.8 万公顷;房屋损坏 2.6 万间,倒塌 0.9 万间;直接经济损失 20.1 亿元。

8 月 16 日午后至 18 日夜间,重庆市出现了年内最强的暴雨天气过程,中西部大部地区及东部部分地区出现大雨到暴雨,潼南、铜梁、大足、江津、城口、秀山等 6 个区县大暴雨,最大降雨量 330.5 毫米(潼南县米心镇)。此次暴雨天气造成 14.3 万人受灾,死亡 3 人,直接经济损失 5.3 亿元(图 4.22.3)。

图 4.22.3　2015 年 8 月 17 日重庆市潼南县暴雨造成农作物受灾(潼南县气象局提供)

Fig. 4.22.3　Crops damaged by raintorm in Tongnan County on August 17,2015

(By Tongnan Meteorological Service)

2. 局地强对流

2015 年,重庆市的强对流天气共造成 21.1 万人次受灾,死亡 2 人;农作物受灾面积 1.0 万公顷;房屋损坏 1.3 万间;直接经济损失 1.9 亿元。

4 月 1 日下午至 2 日凌晨,重庆市部分地区遭受大风、冰雹、雷电等强对流天气袭击。城口县冰雹持续时间 10～20 分钟,最大直径约 2 厘米,瞬时极大风速为 22.2 米/秒。云阳县出现了雷电、大风、冰雹(图 4.22.4),最大风速达 27.1 米/秒。此次强对流天气造成 7.3 万人受灾,死亡 1 人,农作物受灾面积 1803.5 公顷,直接经济损失 3423.8 万元。

图 4.22.4　2015 年 4 月 2 日重庆市云阳县出现大风冰雹(云阳县气象局提供)
Fig. 4.22.4　Strong wind and hail occurred in Yunyang County on April 2, 2015 (By Yunyang Meteorological Service)

4.23　四川省主要气象灾害概述

4.23.1　主要气候特点及重大气候事件

2015 年,四川省年平均气温 15.8℃,比常年偏高 0.9℃,与 2006 年和 2013 年并列历史最高(图 4.23.1);平均年降水量 940.4 毫米,比常年偏少 2%(图 4.23.2)。春秋冬三季气温偏高,夏季气温与常年持平;春夏冬三季降水偏少,秋季降水偏多。汛期暴雨频次少、范围略小、极端性强降水少、区域性暴雨不多,属暴雨偏少偏弱年份;川西高原和攀西地区出现较强低温冷冻和雪灾;大风冰雹灾害性天气发生范围较小;汛期和秋季气象地质灾害较多。气象灾害共造成四川省 992.9 万人次受灾,死亡 67 人,失踪 19 人;农作物受灾面积 56.3 万公顷,绝收面积 5.7 万公顷;直接经济损失 121.0 亿元。2015 年四川省农业气象条件总体是利大于弊;气候条件为偏好年份。

4.23.2　主要气象灾害及影响

1. 暴雨洪涝

2015 年,四川暴雨偏少、偏弱。年内全省因暴雨洪涝灾害造成 677 万人次受灾,死亡 57 人;农作物受灾面积 25.8 万公顷,其中绝收 3.3 万公顷;倒塌农房 2.2 万间,损坏房屋 12.6 万间;直接经济损失 101.2 亿元(图 4.23.3)。

6 月 22—25 日,区域性暴雨天气过程造成攀枝花、德阳、阿坝等 11 市(州)202 万人受灾,2 人死亡,2 人失踪;近 5500 间房屋倒塌,1.8 万间不同程度损坏;农作物受灾面积 2.8 万公顷,其中绝收 4600 公顷;直接经济损失 14.2 亿元。

2. 干旱

2015 年,全省气象干旱总体不明显。春旱发生范围大但程度偏轻;夏旱主要发生在盆地西北部,

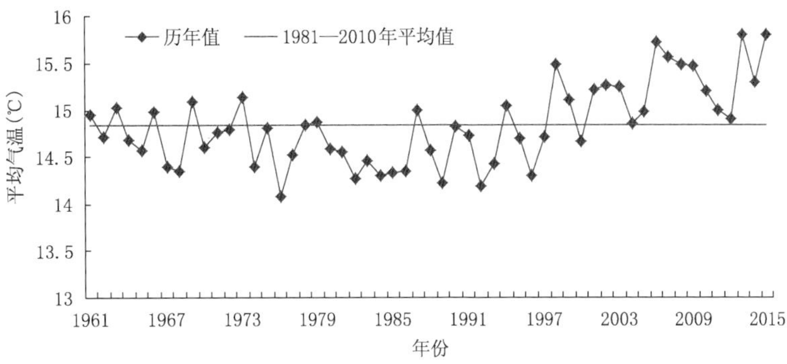

图 4.23.1　1961—2015 年四川省年平均气温历年变化图(℃)

Fig. 4.23.1　Mean of annual temperature in Sichuan Province during 1961—2015 (unit:℃)

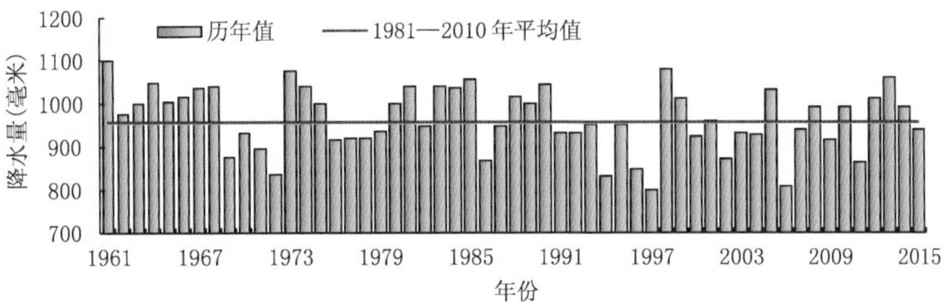

图 4.23.2　1961—2015 年四川省年降水量历年变化图(毫米)

Fig. 4.23.2　Annual precipitation in Sichuan Province during 1961—2015 (unit: mm)

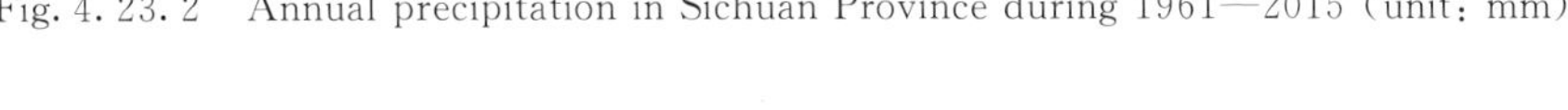

图 4.23.3　2015 年 6 月 28 日四川巴中市南江县暴雨成灾(南江县气象局提供)

Fig. 4.23.3　Water logging by strong rainfall in Nanjiang County of Sichuan Province on June 28, 2015

(By Nanjiang Meteorological Service)

但中度以上干旱范围小于常年;伏旱主要集中在盆地东北部和西北部。干旱共造成 165.4 万人受灾,21.6 万人饮水困难;农作物受灾面积 22.3 万公顷,绝收面积 1.1 万公顷;直接经济损失 6.1 亿元。

3. 局地强对流

2015 年，大风冰雹主要出现在春、夏两季，主要发生在攀枝花、广安、成都、阿坝、乐山、甘孜等市(州)的部分地区。总体来看，风雹灾害发生范围较小、灾情较轻，属风雹灾害一般年份。四川省年雷电日数为 280 天，雷电活动主要集中在 6—8 月。强对流天气共造成四川省 147.1 万人受灾，死亡 10 人；农作物受灾面积 7.2 万公顷，绝收 1.3 万公顷；倒塌房屋 0.1 万间，损坏房屋 13.1 万间；直接经济损失 13.4 亿元。

4 月 4—5 日，广安市出现一次强对流天气过程。此次过程共造成全市 28.5 万人受灾，死亡 8 人；房屋严重受损 6687 间；农作物受灾面积 1.1 万公顷；直接经济损失超过 2 亿元。

4. 低温冷冻和雪灾

1—3 月，川西高原和攀西地区日最低气温低于 0℃日数平均为 42.6 天。其中川西高原大部在 60 天以上，攀西地区北部大于 20 天，盆地大部不足 20 天。低温冷冻和雪灾共造成四川省 3.4 万人受灾，农作物受灾面积 1.0 万公顷，直接经济损失 0.3 亿元。

3 月 18—23 日，阿坝州部分地区普降大雪。雪灾共造成若尔盖县红星镇、唐克镇、辖曼乡、巴西乡、阿西乡等乡镇 1276 户 6826 人受灾，死亡大牲畜 741 头，死亡羊 5171 只，直接经济损失 599.6 万元。

5. 大雾

2015 年，四川省平均雾日数为 15.6 天，比常年偏少 14.2 天；年雾日数分布呈现东部盆地多、西部高原山地少的特征。

2 月 11 日，四川境内达州、自贡、宜宾等多地发布大雾橙色预警。受大雾影响，成自泸高速公路万家桥互通路段附近有 56 辆车发生连环追尾交通事故，造成 2 人死亡，34 人受伤。

4.24 贵州省主要气象灾害概述

4.24.1 主要气候特点及重大气候事件

2015 年，贵州年平均温度 16.4℃，较常年偏高 0.9℃(图 4.24.1)；平均年降水量为 1353.5 毫米，较常年偏多 14.6%(图 4.24.2)。贵州省年降水量时空分布不均，一般在 844.4～2290.9 毫米之间。全省平均年日照时数 919.2 小时，较常年偏少 11.8%。年内，贵州遭受了干旱、暴雨洪涝、局地强对流、低温冷冻害和雪灾等灾害，共造成 583.3 万人(次)受灾，死亡 64 人，失踪 4 人；农作物受灾面积 22.4 万公顷，绝收 2.9 万公顷；直接经济损失 66.5 亿元。2015 年农业气象条件属于较好年景。

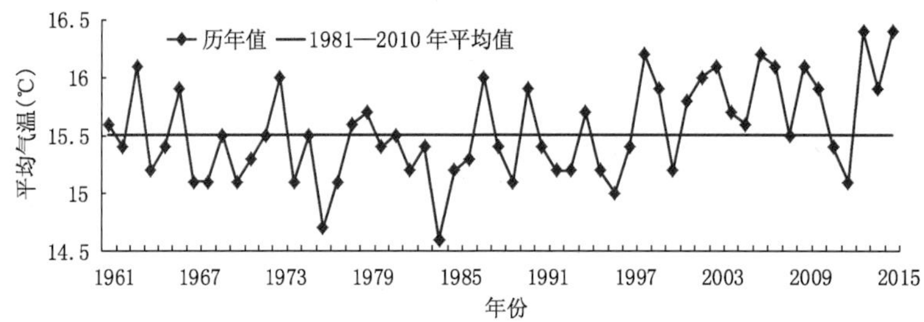

图 4.24.1 1961—2015 年贵州省年平均气温历年变化图(℃)

Fig. 4.24.1 Annual mean temperature in Guizhou Province during 1961—2015(unit:℃)

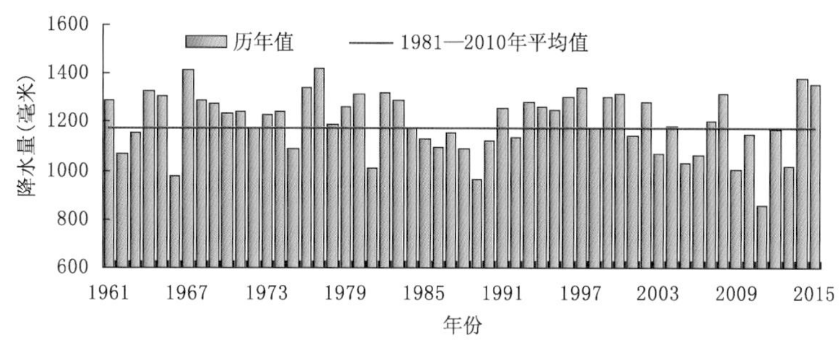

图 4.24.2　1961—2015 年贵州省年降水量历年变化图(毫米)

Fig. 4.24.2　Annual precipitation in Guizhou Province during 1961—2015 (unit: mm)

4.24.2　主要气象灾害及影响

1. 干旱

2015 年,全省因旱约 61.9 万人受灾,其中约 11.9 万人出现临时性饮水困难,农作物受灾 1.9 万公顷,直接经济损失约 1.0 亿元。春季,贵州省南部和西南部局地气温偏高、降水偏少,中部以南区域出现中到特重度气象干旱,造成黔西南、黔南、黔东南三个自治州 10 个县共计 86 个乡镇农作物受灾。

2. 暴雨洪涝

2015 年,贵州省共出现 24 次区域性暴雨过程,共造成 401.3 万人受灾,死亡 60 人;农作物受灾约 16.0 万公顷,绝收 2.1 万公顷;房屋倒塌 0.6 万间,损坏房屋 8.7 万间;直接经济损失约 58.5 亿元(图 4.24.3)。入汛后,全省先后出现了多轮强降雨灾害性天气过程,区域性暴雨过程多,极端降水事件频发。

图 4.24.3　2015 年 7 月 15 日贵州省松桃县遭受暴雨洪涝(贵州省气象局提供)

Fig. 4.24.3　Water logging by rainstorm and flood in Songtao County, Guizhou Province on July 15, 2015 (By Guizhou Meteorological Bureau)

5月20日，因强降水诱发山体滑坡造成贵阳海马冲“5.20”特大滑坡坍塌灾害。灾害造成云岩区头桥社区宏福景苑21栋第3、4单元部分垮塌，16人死亡。

3. 局地强对流

2015年，局地强对流灾害共造成114.1万人受灾，死亡4人；农作物受灾4.1万公顷，绝收0.6万公顷；房屋倒塌1000间，损坏5万间；直接经济损失约6.9亿元。贵州省各季均出现风雹天气，共有480个乡镇因风雹灾害造成损失(图4.24.4)。

图4.24.4 2015年4月2日贵州省习水县遭受风雹灾害(贵州省气象局提供)

Fig. 4.24.4 Farmland were destroyed in Xishui County, Guizhou on April 2, 2015 (By Guizhou Meteorological Bureau)

4. 低温冷冻害和雪灾

2015年，低温冷冻害和雪灾共造成贵州省6万人受灾，农作物受灾面积0.4万公顷，直接经济损失约1000万元。1月，贵州省天气以低温雨雪冰冻天气为主，上旬末出现降雪，中旬出现94站次霜冻，下旬出现冰冻天气，局地有降雪，冰冻灾害总体偏轻。灾害导致交通中断和交通事故，部分国省干线、县道实行交通管制；贵阳龙洞堡机场、铜仁凤凰机场临时关闭，造成航班延误或取消。

4.25 云南省主要气象灾害概述

4.25.1 主要气候特点及重大气候事件

2015年，云南省年平均气温17.5℃，较常年偏高0.8℃，与2014年同为1961年以来次高值(图4.25.1)。3月和6月气温为1961年以来历史同期的最高值，5月为次高值。全省平均年降水量1107.0毫米，较常年偏多1.9%，是2009年以来降水最多的一年(图4.25.2)。冬季云南降水量为1961年以来历史同期最多。平均年日照时数较常年偏多89小时。年内，云南出现冬季罕见大暴雨、春季气温显著偏高、雨季开始期偏晚、初夏高温干旱、强降水事件频发、夏季阴雨寡照等极端天气气候事件，造成气象灾害频繁发生，其中暴雨洪涝是2015年最主要的气象灾害，其次是干旱灾害。

2015年气象灾害共造成云南1260.6万人受灾，87人死亡，17人失踪；农作物受灾面积102.9万公顷，绝收面积11.2万公顷；直接经济损失129.6亿元。总体来看，2015年气象灾害造成的直接经济损失略低于近10年的平均值，死亡和失踪人数为近10年的次低值；农业气候条件属中等年景。

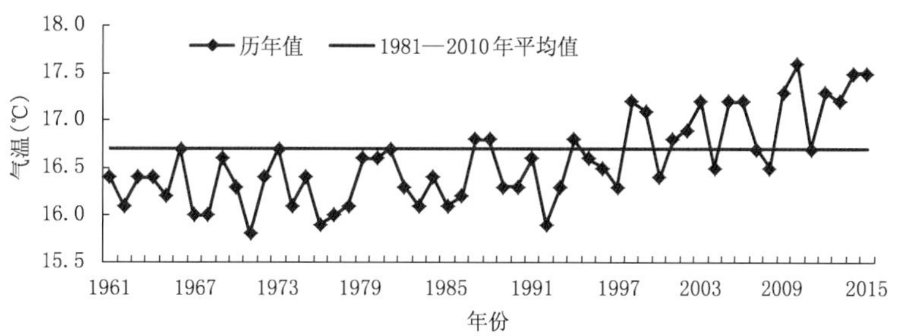

图 4.25.1　1961—2015年云南省年平均气温历年变化图(℃)

Fig. 4.25.1　Annual mean temperature in Yunnan Province during 1961—2015(unit: ℃)

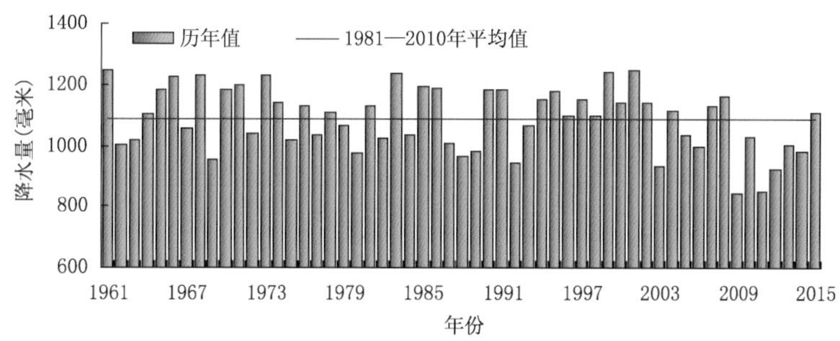

图 4.25.2　1961—2015年云南省年降水量历年变化图(毫米)

Fig. 4.25.2　Annual precipitation in Yunnan Province during 1961—2015(unit:mm)

4.25.2　主要气象灾害及影响

1. 干旱

2015年，云南春旱偏轻，但滇中西部及滇西地区初夏干旱明显，灾情重。干旱共造成9个州(市)522.6万人受灾，125.1万人饮水困难；农作物受灾面积51.5万公顷，绝收面积4.8万公顷；直接经济损失23.7亿元。由于初夏干旱影响范围有限，在近7年中干旱损失属次轻的年份。

5月1日至7月8日，全省平均降水量较常年同期偏少38%，为1961年以来历史同期次少，其中大理、迪庆、丽江、怒江、楚雄西部、保山东部、玉溪西部偏少3～9成。同时，全省平均气温为1961年以来历史同期最高。高温少雨天气引发区域性严重干旱(图4.25.3)，局部地区的干旱持续到7月下旬。

2. 暴雨洪涝

2015年，全省强降水过程多，大雨、暴雨和大暴雨较常年同期分别偏多71、43和11站次，造成洪涝灾害偏重发生。暴雨洪涝灾害共造成云南382.7万人受灾，76人死亡；房屋受损7.7万间，倒塌0.7万间；农作物受灾面积23.1万公顷，绝收面积4.2万公顷；直接经济损失68.8亿元。

7月下旬至10月上旬，云南局地发生洪涝灾害。9月16日凌晨，华坪县中心镇田坪村最大小时雨强达83.6毫米，24小时雨量达288.3毫米。此次暴雨洪涝造成10人死亡，5人失踪(图4.25.4)。同日，昌宁县漭水、田园两镇8小时累积雨量分别达到227.8毫米、144.0毫米，暴雨及其引发的山洪、泥石流灾害造成7人死亡。

3. 局地强对流

2015年，云南大风、冰雹灾害发生时间早、影响范围广。局地强对流灾害共造成145.3万人受

图 4.25.3　2015 年 6 月 30 日干旱导致易门县梅曾水库干涸(易门县气象局提供)
Fig. 4.25.3　Dry Meizeng reservoir in Yimen County caused by drought on June 30, 2015 (By Yimen Meteorological Service)

图 4.25.4　华坪县"9·16"特大暴雨冲毁的汽车堵塞鲤鱼河桥洞(华坪县气象局提供)
Fig. 4.25.4　Aperture of bridge on Liyu River was stuck by vehicles damaged by extreme heavy rain in Huaping County on Septemberr 16,2015 (By Huaping Meteorological Service)

灾,11 人死亡;房屋受损 19.0 万间;农作物受灾面积 11.2 万公顷,绝收面积 1.4 万公顷;直接经济损失 16.8 亿元。1—10 月,冰雹灾害次数(118 次)多于大风灾害次数(42 次)。3 月至 8 月是全省冰雹灾害的高发期,4 月大风灾害次数较多。雷电灾害初发期偏晚,灾害偏轻。1 月 8—11 日,滇西南地区发生冬季冰雹、大风灾害。

4. 低温冷害和雪灾

2015 年,低温冷冻和和雪灾共造成云南 204.0 万人受灾;损坏房屋 0.2 万间;农作物受灾面积 17.0 万公顷,绝收面积 0.8 万公顷;直接经济损失 20.1 亿元。冬季强寒潮造成的雪灾、霜冻灾害突出。1 月上旬和 12 月中旬的两次寒潮过程降温幅度大,并伴有雨雪天气,滇中及以北以东地区的 13

个州(市)65个县(市)发生低温冷害、雪灾和霜冻灾害,文山、大理、楚雄、红河、玉溪等州(市)的灾害损失较重(图4.25.5)。

图4.25.5 2015年1月7日玉溪市红塔区雪灾造成三七棚受损(红塔区气象局提供)
Fig. 4.25.5 Panax notoginseng shed was attacked by snow in Hongta District, Yuxi City on January 7, 2015 (By Hongta Meteorological Service)

4.26 西藏自治区主要气象灾害概述

4.26.1 主要气候特点及重大气候事件

2015年,西藏年平均气温为4.2℃,较常年偏高0.5℃(图4.26.1),全区大部四季气温偏高。8月,日喀则平均气温创历史同期新高,狮泉河、索县、类乌齐、洛隆11月平均气温创历史同期新高或持平。西藏平均年降水量为394.6毫米,较常年偏少55.4毫米(图4.26.2)。冬季降水时空分布极不均匀,春季降水正常或偏多,夏、秋两季降水偏少;年内极端降水事件出现较为频繁,那曲、日喀则等4站年降水量创历史新低。气象灾害共造成西藏25.0万人受灾,死亡8人;农作物受灾面积1.0万公顷;直接经济损失4.0亿元。

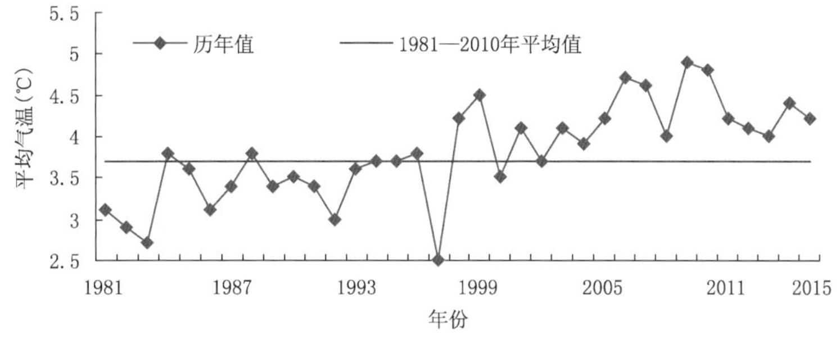

图4.26.1 1981—2015年西藏年平均气温历年变化图(℃)
Fig. 4.26.1 Annual mean temperature in Tibet during 1981—2015 (unit: ℃)

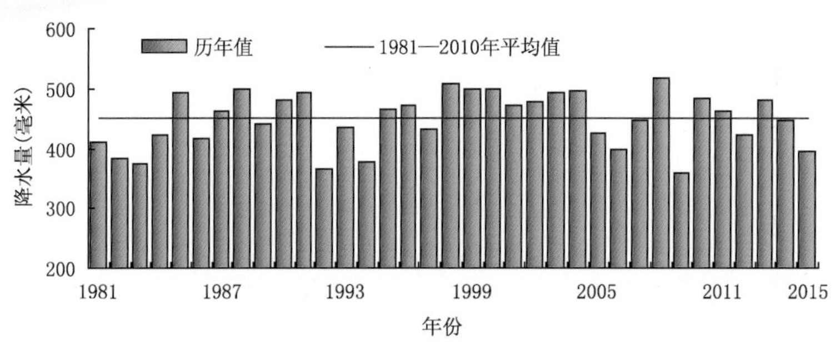

图 4.26.2　1981—2015 年西藏年降水量历年变化图(毫米)

Fig. 4.26.2　Annual mean precipitation in Tibet during 1981—2015 (unit: mm)

4.26.2 主要气象灾害及影响

1. 雪灾

2015 年,雪灾造成 6.3 万人受灾,因灾死亡 4 人;农作物受灾面积 0.1 万公顷;直接经济损失 0.8 亿元。

1 月,受南方暖湿气流和北方冷空气共同影响,阿里地区出现降雪天气。普兰县过程降雪量 53.5 毫米,积雪深度 34 厘米;改则县降雪量 2.6 毫米,积雪深度 4 厘米;措勤积雪 10 厘米,马攸积雪 49 厘米。

3 月,沿喜马拉雅山一线出现强降雪天气,普兰、吉隆至聂拉木一线出现大到暴雪,降水量达到 6.8～15.9 毫米,积雪深度达到 16～35 厘米,给当地交通运输及畜牧业生产等造成不利影响。

2. 暴雨洪涝

2015 年,暴雨洪涝造成 5.2 万人受灾,死亡 3 人,直接经济损失 2.0 亿元。

6 月,受高原切变线与孟湾暖湿气流的共同影响,林芝市波密县扎木镇出现连续性强降水天气,其中 6—9 日累计降水量为 88.6 毫米,造成达兴村和岗巴村 3 座木桥被冲垮,乡村道路积水。

8 月,日喀则市拉孜县大部乡镇出现降水天气过程,其中锡钦乡的三个村遭受强降雨导致的洪涝灾害。

3. 局地强对流

2015 年,局地强对流灾害共造成西藏 3.8 万人受灾,死亡 1 人;农作物受灾面积 1400 公顷;直接经济损失 0.6 亿元。

7 月,林芝市巴宜区布久乡甲日卡村遭遇 9 级大风,23 栋温室大棚被损毁;3 间活动板房受损,吹倒电线杆及大型广告牌各一个。

8 月,林芝市巴宜区布久乡出现了 10 米/秒以上强风,致使甲日卡村诚信蔬菜专业合作社遭受风灾。

4. 干旱

2015 年,干旱造成西藏 9.7 万人受灾,农作物受灾面积 1300 公顷,直接经济损失 0.6 亿元。3 月,由于前期降水偏少,林芝市波密县八盖乡、玉许乡农田出现不同程度旱情。

4.27 陕西省主要气象灾害概述

4.27.1 主要气候特点及重大气候事件

2015 年,陕西省年平均气温 12.8℃,较常年偏高 0.7℃,属偏暖年份(图 4.27.1)。年平均降水量 611.6 毫米,较常年偏少 3%,属降水略偏少年份(图 4.27.2)。冬季暖干;春季降水较常年同期偏多37%，透墒雨出现时间明显偏早；夏季温高雨少，7月全省35℃以上高温站次为1961年以来最多；秋季以温高雨多为主。

2015年陕西极端天气气候事件较多，其中春季低温冻害、7—8月持续高温天气、汛期强降水等对经济作物和农作物造成一定影响。2015年陕西省气象灾害造成583.0万人次受灾，35人死亡，68人失踪；农作物受灾面积74.5万公顷；直接经济损失72.7亿元。总体来看，2015年陕西气候属于正常年景，气象灾害灾情为一般年份。

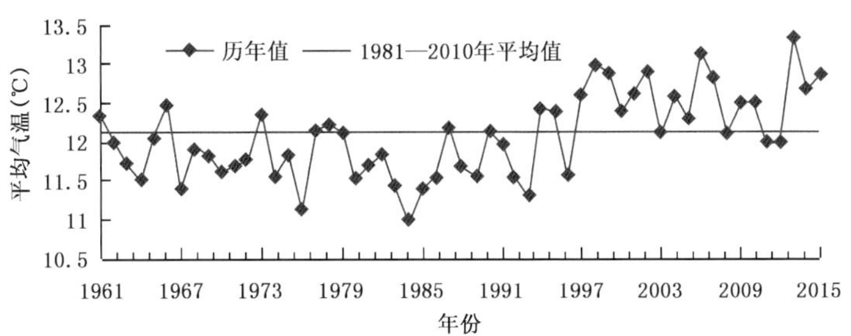

图4.27.1 1961—2015年陕西省年平均气温历年变化图(℃)

Fig. 4.27.1 Annual mean temperature in Shaanxi Province during 1961—2015 (unit: ℃)

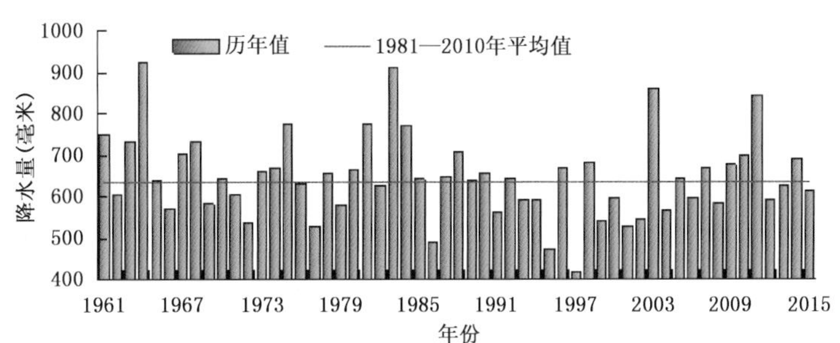

图4.27.2 1961—2015年陕西省年降水量历年变化图(毫米)

Fig. 4.27.2 Annual precipitation in Shaanxi Province during 1961—2015 (unit: mm)

4.27.2 主要气象灾害及影响

1. 干旱

2015年，陕西因旱造成272.3万人受灾，10.4万人饮水困难，农作物受灾面积56.2万公顷，绝收面积3.8万公顷，直接经济损失22.4亿元。夏季，陕西省温高雨少，其中7月异常少雨。干旱导致延安、榆林、宝鸡、韩城4市83.1万人受灾，农作物受灾面积25.8万公顷；直接经济损失10.2亿元。

2. 暴雨洪涝

2015年，陕西因暴雨洪涝灾害造成86.9万人受灾，32人死亡；3000间房屋倒塌，2.3万间房屋不同程度受损；9.1万公顷农作物受灾，绝收面积2.0万公顷；直接经济损失19.4亿元。

6月26—29日，陕西出现范围广、强度大的区域性暴雨过程。强降雨导致多地发生山洪、泥石流灾害，部分城市内涝严重(图4.27.3)。洪涝灾害造成铜川、宝鸡、咸阳等7市28个县(区)45.1万人受灾，4人死亡，13人失踪；倒塌损坏房屋1万余间；农作物受灾面积3.8万公顷；直接经济损失9.1亿元。

图 4.27.3　2015 年 6 月 28—29 日汉中市佛坪县发生山体滑坡和桥梁损毁(陕西省气象局提供)
Fig. 4.27.3　Landslides and bridge damage of Foping County of Hanzhong City during June 28—29, 2015 (By Shaanxi Meteorological Bureau)

3. 局地强对流

2015 年，局地强对流灾害造成陕西 210.3 万人受灾，死亡 3 人，农作物受灾面积 7.6 万公顷，绝收面积 1.1 万公顷，损坏房屋 7000 间，倒塌房屋 1000 间，直接经济损失 28.9 亿元。7 月，陕西 51 个县(市、区)遭受风雹灾害，经济作物损失严重，造成受灾人口 80.7 万人，死亡 1 人；倒塌和损坏房屋近 3000 间；直接经济损失 17.0 亿元。

4. 低温冷冻害和雪灾

2015 年，低温冻害和雪灾造成陕西 13.5 万人受灾，农作物受灾面积 1.6 万公顷，绝收面积 5200 公顷，直接经济损失 2.0 亿元。

4 月 11—14 日，陕北、关中等地出现 0 ℃以下的低温天气，局地出现 6 级大风，导致 3 市 5 县(区)10 万人受灾，农作物受灾面积 1.1 万公顷，直接经济损失 1.2 亿元。

4.28　甘肃省主要气象灾害概述

4.28.1　主要气候特点及重大气候事件

2015 年，甘肃省年平均气温 8.9℃，比常年偏高 0.8℃(图 4.28.1)。除 6—9 月外，其余各月平均气温均偏高，其中 1 月和 11 月分别偏高 2.0℃和 2.4℃。平均年降水量 364.0 毫米，比常年偏少 9%(图 4.28.2)。月平均降水量与常年同期相比，除 4 月偏多 8 成，11 月、12 月偏多 1.2 倍外，其余各月接近常年同期或偏少。甘肃省中东部出现严重春旱和伏旱，局地旱灾较重；5 月、7 月、8 月局地强降水引发山洪、泥石流和山体滑坡等气象次生灾害，造成的影响和损失较重；冰雹较常年偏少，但局地受灾严重；霜冻次数偏少，但晚霜冻影响较大，局地受灾较重。

2015 年气象灾害共造成甘肃 654.4 万人次受灾，死亡 2 人；农作物受灾面积 101.2 万公顷，绝收面积 7.6 万公顷；直接经济损失 60.6 亿元。总体评估，2015 年甘肃气候属较好的年景，气象灾害属较轻年份。

4.28.2　主要气象灾害及影响

1. 干旱

2015 年，干旱造成甘肃 228.6 万人次受灾，18.8 万人次饮水困难；农作物受灾面积 53.3 万公顷，绝收面积 4.8 万公顷；直接经济损失 21.6 亿元。

3—4 月，甘肃省大部地区气温比常年同期显著偏高，白银市和临夏州等地冬小麦和冬油菜受到

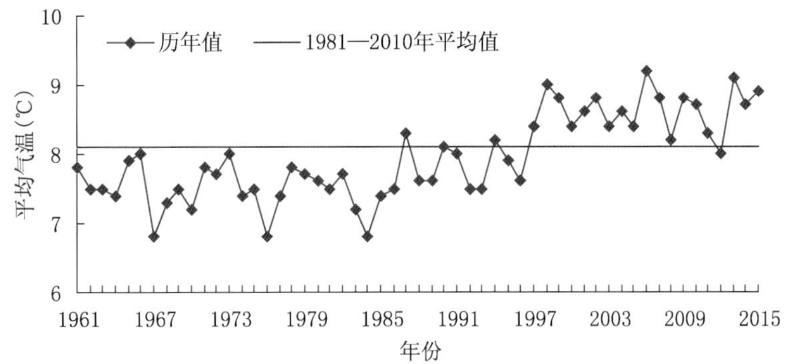

图 4.28.1 1961—2015 年甘肃省年平均气温历年变化图(℃)
Fig. 4.28.1 Annual mean temperature in Gansu Province during 1961—2015 (unit: ℃)

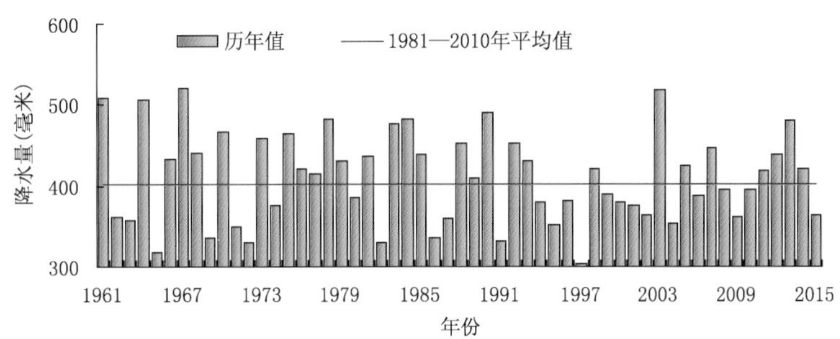

图 4.28.2 1961—2015 年甘肃省年降水量历年变化图(毫米)
Fig. 4.28.2 Annual precipitation in Gansu Province during 1961—2015 (unit: mm)

初春干旱影响。干旱造成临夏州 12.1 万人受灾,1200 人饮水困难,农作物受灾面积 5400 多公顷,直接经济损失 1400 余万元。

2. 暴雨洪涝

2015 年,甘肃省因暴雨洪涝灾害造成 69.9 万人次受灾,农作物受灾面积 8.1 万公顷,直接经济损失 7.4 亿元。

8 月 2—4 日,甘肃省张掖以东出现明显降水,部分地方出现短时强对流天气。全省共计 1056 个乡镇出现降水,其中大雨 119 个,暴雨 17 个,甘南州舟曲县武坪乡累积降水量 98.5 毫米,定西市通渭县什川乡 79.9 毫米,平凉市灵台县邵寨镇 78.6 毫米,庆阳市正宁县西坡乡 78.2 毫米。此次暴雨过程共造成 6000 人受灾,农作物受灾面积 1000 公顷,倒塌损坏房屋 150 多间。

3. 局地强对流

2015 年,甘肃省因大风、冰雹、雷电等强对流天气共造成 241.7 万人次受灾,死亡 2 人;农作物受灾面积 26.3 万公顷,绝收面积 2.0 万公顷;损坏房屋 1.2 万间;直接经济损失 29.0 亿元。

5 月 29—31 日,静宁、崇信、灵台、泾川、秦安、通渭、陇西、镇原、崆峒、会宁等县(区)出现了冰雹(图 4.28.3)。其中,平凉市静宁县新店乡冰雹持续时间最长达 30 分钟,最大直径约 2.8 厘米,堆积厚度达 5~6 厘米,雹粒密集。此次冰雹灾害共造成 39.1 万人受灾,农作物受灾面积 4.8 万公顷,直接经济损失 6.3 亿元。

4. 低温冷冻害和雪灾

2015 年,甘肃省因低温冷冻害和雪灾造成 114.2 万人次受灾,农作物受灾面积 13.5 万公顷,绝收面积 1500 公顷,直接经济损失 2.6 亿元。

9 月 30 日至 10 月 1 日,甘肃省大部出现 2015 年首次寒潮强降温天气。10 月 1 日,河西各地最

图 4.28.3　2015 年 5 月 30 日平凉泾川遭受冰雹灾害(泾川县气象局提供)
Fig. 4.28.3 Hail disaster in Jingchuan County, Pingliang City on May 30, 2015
(By Jingchuan Meteorological Service)

低气温下降到 1℃以下,河东除陇南南部、甘南东南部外,最低气温下降到 4℃以下。此次过程造成甘肃省农作物受灾面积 7500 多公顷,农业经济损失 7100 多万元。

4.29　青海省主要气象灾害概述

4.29.1　主要气候特点及重大气候事件

2015 年,青海省年平均气温 3.3℃,较常年偏高 1.0℃(图 4.29.1),为 1961 年以来第 4 高,冬、春、秋季气温均偏高,秋季气温创 1961 年以来历史极值。平均年降水量 341.4 毫米,较常年偏少 1 成(图 4.29.2),各季降水量分配不均,夏季偏少 1 成,其余各季接近常年。

2015 年主要气候事件有:冬季,青海出现大范围强降温、寒潮天气,称多清水河出现-45.9℃的极端最低气温纪录,都兰遭受暴风雪灾害;春季,沙尘暴席卷柴达木盆地;春末,受冷空气过境和辐射降温共同影响,东部农业区部分地区出现低温冻害;秋季,全省平均气温为 1961 年以来历史同期最高。2015 年气象灾害共造成青海省 189.4 万人受灾,死亡 12 人,失踪 3 人;农作物受灾面积约 22.0 万公顷,绝收面积 2.2 万公顷;直接经济损失 11.9 亿元。农业气候年景属于平年年景;牧业区牧草长势年景综合评价为"歉年"。

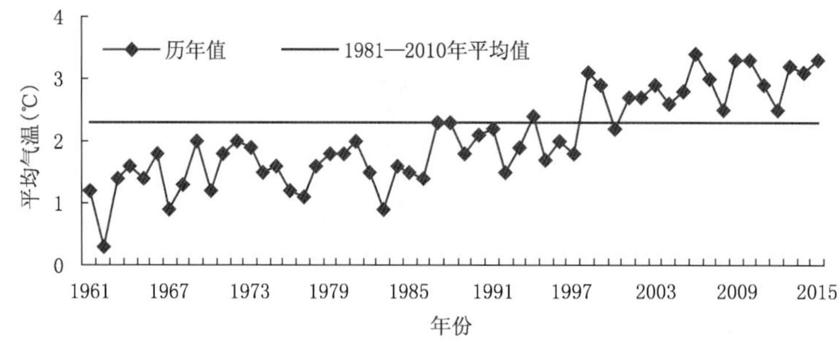

图 4.29.1　1961—2015 年青海省年平均气温历年变化图(℃)
Fig. 4.29.1　Annual mean temperature in Qinghai during 1961—2015(unit:℃)

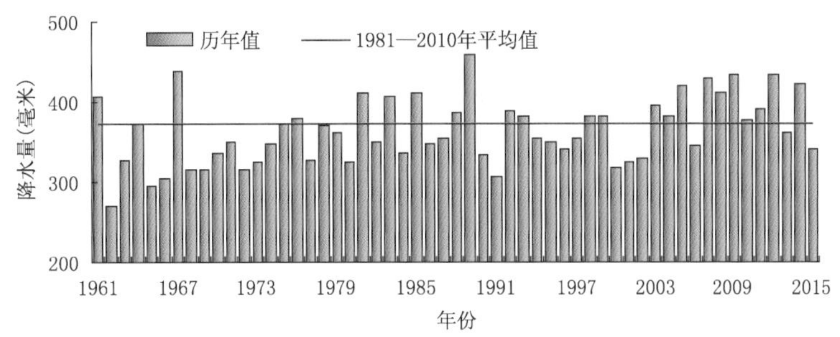

图 4.29.2　1961—2015 年青海省年降水量历年变化图(毫米)

Fig. 4.29.2　Annual precipitation in Qinghai during 1961—2015(unit:mm)

4.29.2　主要气象灾害及影响

1. 干旱

年内大部时段黄河上游地区降水偏少,气温偏高,导致 4—12 月黄河上游来水量持续偏枯,偏枯幅度为 2007 年以来最大。来水量持续偏枯对牧业生产、水力发电及下游供水产生较大影响。6 月 1—18 日,海东市乐都区出现干旱,全区 112.7 万人受灾,农作物受灾面积 126.5 万公顷,绝收面积 5.4 万公顷,直接经济损失 5.6 亿元。

2. 暴雨洪涝

2015 年,暴雨洪涝灾害共造成青海 11.5 万人次受灾,9 人死亡;1.0 万公顷农作物受灾,绝收面积 4000 公顷;倒塌房屋 1000 间,损坏房屋 4000 间;直接经济损失 1.5 亿元(图 4.29.3)。6 月 26—29 日,受连日强降雨及融雪的共同影响,格尔木市、乌兰县、都兰县出现不同程度洪水灾害,导致 80 多人被困,辖区内道路、交通等经济损失超亿元,格茫公路中断 80 小时。

图 4.29.3　2015 年 8 月 2 日暴雨冲毁大通县农田(大通县气象局提供)

Fig. 4.29.3　Farmland damaged by terrestrial rainstorm in Datong County on August 2, 2015 (By Datong Meteorological Service)

3. 局地强对流

2015 年,局地强对流灾害造成全省约 39.5 万人受灾,死亡 3 人;农作物受灾面积 5.0 万公顷,绝收面积 1.2 万公顷;直接经济损失 2.9 亿元。7—9 月,全省发生冰雹灾害 16 起,尤其东北部的门源、大通、湟源等地受灾程度较为严重(图 4.29.4)。8—9 月,青海发生雷雨大风灾害 3 起。

图 4.29.4　2015 年 8 月 20 日冰雹造成大通县农作物受灾(大通县气象局提供)
Fig. 4.29.4　Farmland damaged by hail in Datong County on August 20, 2015 (By Datong Meteorological Service)

4. 低温冷冻害和雪灾

2015 年,低温冷冻害和雪灾共造成青海 25.7 万人受灾,农作物受灾面积 3.4 万公顷,牧区草场严重被覆盖,牲畜无法采食牧草,直接经济损失共 1.9 亿元。5 月 10—11 日,乐都、大通和化隆县发生低温冻害共 3 起。1—2 月和 4 月,达日、称多、都兰和兴海县发生雪灾共 4 起。5 月 10 日,贵德发生霜冻灾害。

5. 沙尘暴

3 月 31 日,特强沙尘暴席卷柴达木盆地。格尔木市区能见度不足 30 米,最大风速达 19.1 米/秒,沙尘暴持续过程中还出现泥雨。小灶火、诺木洪、都兰等地也相继受到影响。4 月 3 日,河南县县城及部分乡镇出现沙尘暴天气。沙尘天气严重污染了空气,极大地影响了市民的户外活动及道路交通安全。

4.30　宁夏回族自治区主要气象灾害概述

4.30.1　宁夏主要气候特点及重大气候事件

2015 年,宁夏平均气温为 9.5℃,较常年偏高 1.0℃,为 1961 年以来第 4 高值,也是 1997 年以来连续第 19 个偏暖年(图 4.30.1);平均年降水量为 277.3 毫米,比常年偏多 3%(图 4.30.2);降水时空分布不均,盐池及以北偏多,其他大部地区偏少。

2015 年汛期,宁夏降水明显偏少,全区发生较严重的干旱;夏季阶段性高温持续时间之长、极端气温之高刷新历史记录。年内干旱、冰雹、暴雨洪涝、大风、大雾等气象灾害共造成 131 万人受灾,2 人死亡;农作物受灾面积 21.9 万公顷,绝收面积 2.8 万公顷;直接经济损失 8.3 亿元。

4.30.2　宁夏主要气象灾害及影响

1. 干旱

2015 年,干旱共造成宁夏 99.6 万人受灾,饮水困难人口 36.5 万人次,农作物受灾面积 17.2 万公顷,绝收面积 2.3 万公顷,直接经济损失 4.7 亿元。5 月 22 日至 8 月 31 日,宁夏降水持续偏少,平

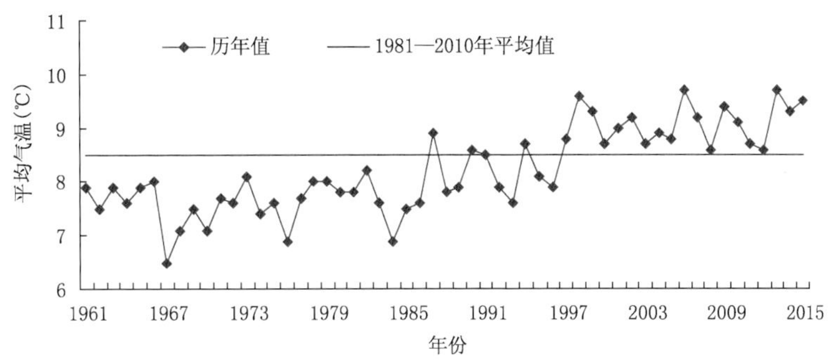

图 4.30.1 1961—2015 年宁夏年平均气温历年变化图(℃)

Fig. 4.30.1 Annual mean Temperature in Ningxia during 1961—2015(unit: ℃)

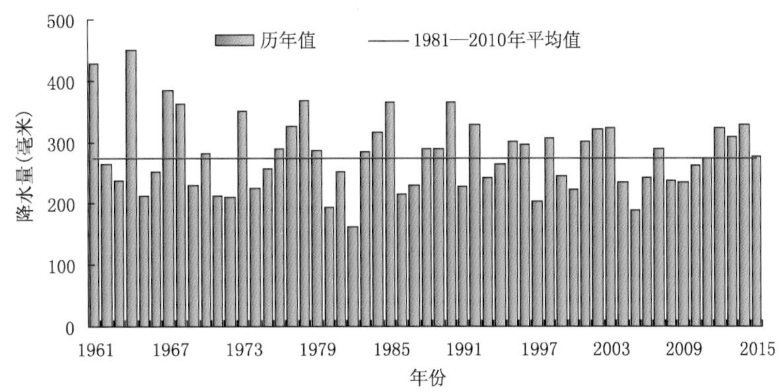

图 4.30.2 1961—2015 年宁夏年降水量历年变化图(毫米)

Fig. 4.30.2 Annual Precipitation in Ningxia during 1961—2015 (unit: mm)

均降水量为 91.0 毫米,较常年同期偏少 44%,仅次于大旱的 1982 年。期间各地有效降水(日降水量≥5 毫米)日数明显偏少,平均日数仅为 5 天,为 1961 年以来最少。夏季,宁夏平均气温为 21.3℃,较常年同期偏高 0.4℃。由于降水持续偏少,加之气温偏高,宁夏出现气象干旱,大部地区达特旱。

2. 暴雨洪涝

2015 年,宁夏各地遭受暴雨洪涝灾害 11 次,造成 1 人死亡,2.1 万人受灾;农作物受灾面积 4600 公顷,绝收面积 1800 公顷;直接经济损失约 7000 万元。

8 月 1 日,中宁县徐套乡上流水村、大滩川村突降短时暴雨并伴有冰雹,暴雨造成上流水村火石岩塘北山沟下泄洪水(图 4.30.3)。此次灾害造成农作物受灾面积 200 多公顷,15 千米砂石路被洪水冲毁,直接经济损失 144 万元。

3. 局地强对流

2015 年,宁夏遭受冰雹灾害 20 次,大风灾害 8 次。局地强对流天气共造成 1 人死亡;农作物受灾面积 3.8 万公顷,绝收面积 2800 公顷;受灾人口 21.2 万人;直接经济损失约 2.3 亿元。

7 月 20 日,宁夏盐池县花马池镇突降冰雹及强降雨,并出现洪涝,最大冰雹直径 20 毫米。灾害造成玉米、西瓜和马铃薯等农作物全部绝产,直接经济损失 90 万元(图 4.30.4)。

4. 高温热浪

2015 年 7 月 26—28 日和 30—31 日,银川市及所辖市(县)出现持续高温天气,其中 27 日气温最高,永宁最高气温达 39.5℃,创 1961 年以来历史最高值。银川最高气温达 38.1℃,为历史第二高

图 4.30.3　2015 年 8 月 1 日中宁县强降水造成山洪灾害(中宁县气象局提供)
Fig. 4.30.3　Flood by strong rainfall in Zhongning County on August 1, 2015 (By Zhongning Meteorological Service)

图 4.30.4　2015 年 7 月 20 日盐池县受冰雹危害的西瓜(盐池县气象局提供)
Fig. 4.30.4　Watermelon damaged by hail hazard in Yanchi County on July 20, 2015
(By Yanchi Meteorological Service)

值。全市 268 个区域自动站中,249 个站的最高气温超过 35℃,190 个超过 37℃,75 个站的最高气温高达 39℃以上。持续高温造成用水用电量明显增长,对生产生活等产生较大影响。

4.31 新疆维吾尔自治区主要气象灾害概述

4.31.1 主要气候特点及重大气候事件

2015 年，新疆年平均气温为 9.4℃，较常年偏高 1.1℃，与 2007 年并列为 1961 年以来最高（图 4.31.1），其中北疆和南疆地区平均气温较常年偏高 1.4℃和 1.1℃，天山山区年平均气温较常年偏高 0.6℃；新疆平均年降水量为 191.7 毫米，较常年偏多 26.1 毫米（图 4.31.2）。全疆大部开春期和终霜期偏早；初霜期北疆大部偏早，南疆大部偏晚；入冬期全疆大部偏晚。冬季最大积雪深度全疆大部地区偏厚。

2015 年新疆出现的主要气象灾害有暴雨洪涝、大风沙尘、冰雹、连阴雨、低温冷害、雪灾、雷电、高温、大雾等，给农牧业及林果业生产、交通运输、人民生命及财产安全等造成了危害。2015 年新疆气象灾害灾种多，范围广，损失重，突发性强，造成的直接经济损失共 92.3 亿元，农作物受灾面积 95.9 万公顷，属于气象灾害偏重发生年份，其中暴雨洪涝及其衍生的地质灾害损失最大。

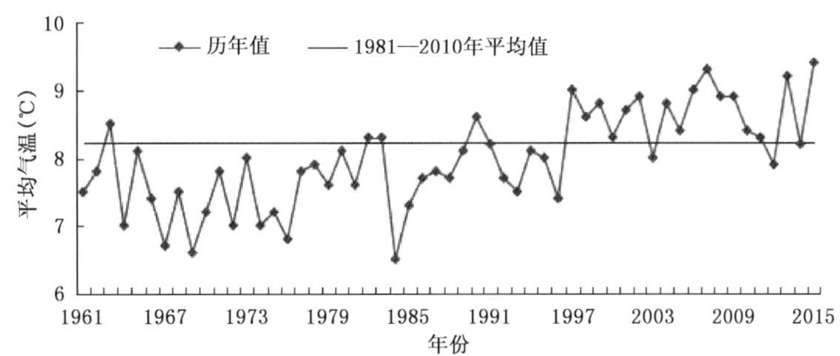

图 4.31.1 1961—2015 年新疆年平均气温历年变化图（℃）
Fig. 4.31.1 Annual mean temperature in Xinjiang during 1961—2015 (unit: ℃)

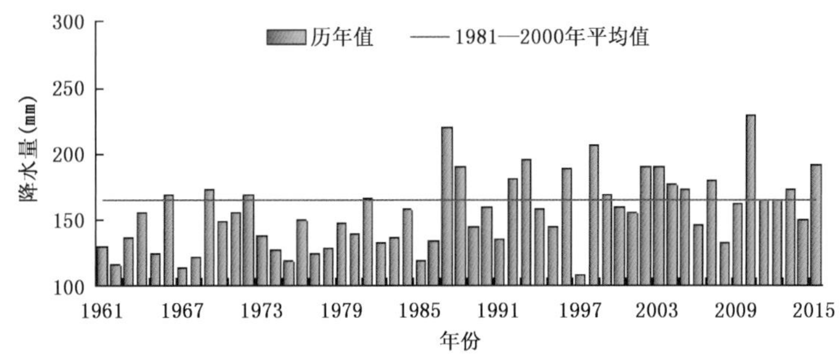

图 4.31.2 1961—2015 年新疆年降水量历年变化图（毫米）
Fig. 4.31.2 Annual precipitation in Xinjiang during 1961—2015 (unit: mm)

4.31.2 主要气象灾害及影响

1. 暴雨洪涝

2015 年，新疆局地暴雨洪涝灾害主要发生在 6—7 月。全疆因暴雨洪涝造成 13 人死亡，63.6 万人受灾；农作物受灾面积 9.0 万公顷；直接经济损失 32.9 亿元。

6 月 9—10 日，昌吉和乌鲁木齐境内 44 站出现大于 24 毫米的暴雨，9 站出现大于 48 毫米的大暴雨。此次过程造成 4 人死亡，直接经济损失约 4.7 亿元。

6月26—29日，伊犁河谷遭遇罕见暴雨(图4.31.3)。伊犁5县市出现日降水量大于24毫米的暴雨，其中巩留27日降水量94.8毫米、尼勒克29日降水量46.3毫米，均为6月历史最大日降水量；巩留三天累计降水量达133.1毫米，超过6月份历史最大累计降水量。伊犁河谷发生的暴雨洪涝灾害，造成人员伤亡和严重经济损失。

图4.31.3 2015年6月下旬罕见暴雨侵袭伊犁地区(伊犁气象局提供)

Fig. 4.31.3 Ili Area was attacked by extreme rainstorm in late June, 2015 (By Ili Meteorological Service)

2. 沙尘暴

2015年，新疆沙尘暴灾害具有发生频次多、强度大的特点，属于中度偏重发生，4—6月份最多。全疆13地州(市)共57县出现沙尘灾害。4月26—28日，全疆普遍出现6～8级大风，28县次出现沙尘天气，墨玉、于田出现能见度为0米的特强沙尘暴。此次风沙天气对交通运输、设施农业、林果业以及公众健康造成不利影响。

3. 低温冷冻害和雪灾

2015年，新疆低温冷冻和雪灾共造成7.7万公顷农作物受灾，直接经济损失9.3亿元。12月9—14日，受强冷空气影响，北疆各地、天山山区、南疆大部、哈密北部等地均出现降雪天气。北疆17县(市)出现暴雪，乌鲁木齐和米泉出现大暴雪(图4.31.4)。受暴雪天气影响，G30线、昌吉立交桥至奎屯立交桥及乌鲁木齐市内多条道路实施交通管制，乌鲁木齐国际机场142个航班取消。

4. 高温热浪

2015年7月，新疆出现历史罕见的大范围、长时间、高强度的高温天气。全疆平原地区均出现日最高气温≥35℃的高温天气，其中50县市出现日最高气温≥40℃的高温；51县市高温日数破历史极值；28县市极端最高气温居历史第一位，其中吐鲁番东坎儿7月24日最高气温达47.7℃。高温给人们生活、农作物及林果生长造成不利影响。

图 4.31.4　2015 年 12 月乌鲁木齐遭遇暴雪(新疆气象局提供)

Fig. 4.31.4　Heavy snowstorm in Urumqi in December, 2015 (by Xingjiang Meteorological Bureau)

第5章 全球重大气象灾害概述

世界气象组织(WMO)发布的《2015年WMO全球气候状况声明》(WMO Statement on the Status of the Global Climate in 2015)指出,2015年将因创纪录的高温和极端天气而"载入史册",建议国际社会做好直面更热、更旱、更涝未来的准备。

2015年,许多国家都遭遇了热浪,其中,最具破坏性影响的几次热浪出现在印度和巴基斯坦。2015年,亚洲和南美洲大陆经历了有记录以来最热的一年。西欧和中欧遭遇了特长的热浪期,美国西北部和加拿大西部都遭遇了创纪录的野火季。2015年全球降水量接近长期平均水平,但极端降水较多。2015年1月,活跃的西非季风使非洲马拉维遭遇了有史以来最严重的洪灾。2014—2015年是自1932—1933年以来最干旱的一年。厄尔尼诺现象引起的干旱加剧了印度尼西亚的森林大火,并波及到了邻国的空气质量。加勒比、中美洲部分地区以及包括巴西东北部、哥伦比亚和委内瑞拉等地区在内的南美洲北部地区遭受了严重的旱灾。此外,2015年全球热带风暴、气旋和台风的总数与长期平均数差别不大,但存在一些异常事件记录。

5.1 基本概况

2015年初,美国遭严重暴风雪袭击,造成重大经济损失。入春后,严重的干旱使得亚非多国陷入粮食危机。夏季,高温席卷全球,多国高温突破纪录,巴基斯坦、印度和埃及等国上千人因高温丧生。年内,多地暴雨洪涝灾害频繁发生,暴雨导致的洪涝灾害在非洲东南部多国、东南亚多国造成了严重的人员伤亡和经济损失。各大洋热带气旋和风暴活动频发,上演双台、三台同舞,给沿岸国家带来了严重损失。

5.2 全球重大气象灾害分述

5.2.1 寒流和暴雪

1月4日,美国遭遇暴风雪袭击,造成至少6人死亡。

1月15日,英国威尔士遭遇大风寒流天气袭击,造成1人死亡。

1月26—28日,美国东部遭遇暴风雪袭击,多个州进入紧急状态,马萨诸塞州最为严重,部分地区积雪达90厘米。

1月31日至2月24日,美国中西部多次遭受暴风雪袭击,造成至少34人死亡。

2月中旬后期,土耳其遭受暴风雪袭击,首都伊斯坦布尔交通瘫痪、交通事故频发,造成1人死亡,10人受伤;全市中小学校18日停课一天。

2月24—27日,阿富汗遭遇近年来罕见的暴雪袭击,东北部出现雪崩,致使200余人死亡。

3月中上旬,美国东部遭遇暴风雪袭击,多地气温跌破记录,数千万民众受影响,造成重大损失。

9月15日，法国东南部上阿尔卑斯省的埃克兰山发生雪崩，造成7人死亡。

11月26日，美国中南部遭暴风雪侵袭，造成至少10人死亡。

12月14—15日，美国北部及中西部遭暴雪袭击，民航及高速公路受到较大影响。

5.2.2 高温干旱

1月18日，澳大利亚内陆遭高温袭击，造成2人死亡。

2月初，马达加斯加南部因严重干旱导致数万民众面临粮食困难。

2月，印度西部马哈拉施特拉邦遭受旱灾，近900万农民受到影响。

3月，马达加斯加南部多地发生干旱，导致大面积粮食歉收。

4月，美国加利福尼亚州遭遇严重干旱。

5月，菲律宾多地发生干旱灾害。

5月下旬，印度发生严重高温灾害，造成2000余人死亡。

6月下旬，巴基斯坦南部遭受高温热浪，导致1233人死亡。

6月，朝鲜各地遭遇严重干旱，近14万公顷稻苗大片枯萎。

6—7月，泰国遭遇近10年来最严重干旱，多地农作物生产受威胁。

7月，欧洲多地遭遇高温天气袭击，多国高温创纪录，葡萄牙有约100人死亡。

7月，日本遭受高温天气袭击，造成至少14人死亡。

8月初，日本遭受高温袭击，导致25人死亡，中暑上万人。

8月上旬，欧洲多国遭受热浪袭击，意大利140人死亡。

8月9—18日，埃及持续高温导致105人死亡，2390人受伤。

10月，受厄尔尼诺影响，非洲多个国家面临旱灾威胁，埃塞俄比亚北部和苏丹东部等地区面临严重的粮食危机。至10月中旬，美国加州干旱造成超过1亿棵树死亡，约占加州森林的20%。

11月12日，博茨瓦纳遭遇连续高温。

11月26日，澳大利亚南部因高温和强风导致森林火灾，造成2人死亡。

11月18日，澳大利亚西南部遭热浪袭击，引发多起森林火灾，造成4人死亡。

12月，埃塞俄比亚发生干旱。

5.2.3 暴雨洪涝

1. 亚洲

1月19日，阿拉伯联合酋长国(阿联酋)遭遇暴雨，引发内涝，造成至少3人死亡，数十人受伤。

4月4日，孟加拉国西北部遭受暴雨袭击，共造成30人死亡，数百人受伤。

4月21—23日，印度北部遭暴雨袭击，造成至少55人死亡。

4月28日，阿富汗北部因暴雨导致山体滑坡，造成至少50人死亡。

5月6日，印度尼西亚爪哇岛暴雨引发山体滑坡，造成至少4人死亡。

5月，中国南方部分地区遭受多次暴雨袭击，造成73人死亡，33人失踪，直接经济损失超过100亿元人民币。

6月10日，尼泊尔东北部因大雨引发泥石流，导致47人死亡。

6月13—14日，格鲁吉亚首都第比利斯遭受洪灾，造成至少19人死亡，6人失踪。

6月23—26日，印度西部遭暴雨袭击，造成至少81人死亡。

7月1日，印度东北部西孟加拉邦大吉岭县暴雨成灾，造成至少30人死亡。

7月上旬至8月中旬，缅甸水灾致180人死亡，受灾人口近百万。

7月15日至8月8日，巴基斯坦洪灾导致至少166人死亡，超过100万人受灾。

7 月 19 日，伊朗北部因暴雨引发山洪，造成 11 人死亡。

7 月中旬，菲律宾北部暴雨引发洪水，导致 4 人死亡。

7 月 21 日，印度中部受暴雨影响，至少有 10 人死亡。

7 月 27 日至 8 月 4 日，印度多邦洪水造成 180 人死亡。

7 月 30 日，尼泊尔西部暴雨引发滑坡，造成至少 30 人死亡。

7 月下旬，越南东北部遭遇暴雨，造成至少 17 人死亡，6 人失踪。

8 月初，菲律宾南部连降暴雨引发洪灾，致 5 人死亡，3 人失踪。

8 月上旬，朝鲜黄海南道发生洪灾，造成 10 人死亡。

8 月 10—11 日，尼泊尔西部山区山体滑坡造成至少 11 人死亡。

8 月下旬，朝鲜北部边境城市罗先市遭受暴雨袭击，导致 40 余人伤亡。

9 月 8 日，老挝北部琅勃拉邦勐南县发生泥石流灾害，导致 2 人死亡，2 人失踪。

9 月 22 日，越南河内暴雨导致至少 1 人死亡，8 人受伤。

10 月 12 日，缅甸东部暴雨引发山体滑坡，造成至少 17 人死亡。

11 月 9—13 日，印度南部泰米尔纳德邦暴雨引发洪水，造成 48 人死亡。

11 月 15 日，斯里兰卡大部分地区连降暴雨并引发洪涝灾害，造成近 10 万人受灾。

11 月 17 日，印度坦米尔那都省暴雨天气持续近两周，致 71 人死亡。

11 月 16—18 日，沙特阿拉伯西部和北部地区持续降特大暴雨，造成至少 13 人死亡。

11 月，中国湖南、广西、云南等地遭受暴雨洪涝灾害，湘江中上游发生 1961 年有记录以来最大冬汛。

12 月 2—4 日，印度南部遭遇罕见暴雨并引发洪灾，造成至少 325 人死亡。

2. 欧洲

6 月 10 日，法国科西嘉岛强降雨引发滑坡，共造成 3 人死亡，2 人受伤。

6 月 25 日，俄罗斯索契遭遇洪水袭击，导致 1 人死亡。

10 月 3 日，法国东南部暴雨引发洪灾，造成至少 16 人死亡，3 人失踪。

12 月 4—6 日，风暴“德斯蒙德”在英格兰西北部引发强降雨，导致数百个家庭被疏散，超过 6 万间房屋停电。

3. 美洲

1 月 7 日，巴西圣保罗遭遇强暴雨袭击，损失严重。

2 月 16 日，阿根廷中部突降暴雨，造成至少 6 人死亡。

2 月 26 日，巴西遭暴风雨袭击，致 1 人死亡。

3 月 8 日，巴西圣保罗暴雨引发山体滑坡，造成 3 人死亡。

3 月 25 日，秘鲁中部暴雨引发山体滑坡，造成至少 7 人死亡，多人失踪。

3 月 25—26 日，智利北部地区遭受暴雨袭击，导致 1 万多人受灾，12 人死亡，20 人失踪。

4 月 6 日，海地南部遭受暴雨洪水袭击，造成至少 6 人死亡，数千人无家可归。

4 月 27 日，巴西东北部因暴雨引发山体滑坡，导致 12 人死亡，6 人失踪。

5 月 18 日，哥伦比亚西北部暴雨引发山体滑坡，造成至少 92 人死亡。

5 月下旬，美国中南部平原地区发生洪水，造成至少 24 人死亡。

7 月 13 日，美国肯塔基州暴雨引发洪水，造成至少 2 人死亡，6 人失踪。

7 月 19 日，美国俄亥俄州暴雨引发洪涝，造成 3 人死亡。

8 月上旬，阿根廷多地遭受洪水灾害，造成 3 人死亡，1.1 万余人转移安置。

8 月 11 日，暴风雨横扫美国东海岸地区，致 8400 万人受灾。

8月19日，美国阿拉斯加滨海小镇暴雨引起山体滑坡，导致4人失踪。

9月14日，美国犹他州和亚利桑那州交界地区暴雨引发洪水，造成15人死亡，5人失踪。

10月1日，危地马拉首都附近发生特大山体滑坡，致253人死亡，数百人失踪。

10月3—4日，美国南北卡罗来纳州受飓风“金华”影响发生暴雨洪涝，致12人死亡。

11月17日，美国华盛顿州遭遇狂风暴雨，引发洪水和泥石流，造成3人死亡。

12月9日，暴风雨致美国俄勒冈州2人死亡。

12月25—27日，南美洲国家巴拉圭、乌拉圭、巴西和阿根廷多地遭受严重水灾，至少造成6人死亡，超过16万人转移安置。

4. 大洋洲

4月20—23日，澳大利亚东部遭受狂风暴雨和洪水袭击，造成至少4人死亡，直接经济损失超过1亿美元。

5月1—2日，澳大利亚遭暴雨袭击，造成至少6人死亡。

5月14日，新西兰惠灵顿遭暴雨袭击，导致1人死亡。

5. 非洲

1月，马拉维遭连续暴雨袭击，引发洪灾，造成至少176人死亡，逾20万人流离失所。

1月下旬至2月上旬，莫桑比克中部和北部发生洪涝灾害，造成至少159人死亡。

5.2.4 沙尘暴

9月7日，中东地区受沙尘暴袭击，造成至少8人死亡，近4000人因患呼吸疾病入院治疗。

5.2.5 台风和风暴

1. 太平洋

2月22日，台风“玛莎”(Matsa)登陆澳大利亚昆士兰州，导致1500座房屋被毁。

3月14—15日，瓦努阿图遭遇强飓风“帕姆”(Pam)袭击，造成10多万人受灾，11人死亡，3300人流离失所。

5月11日，台风“红霞”(Noul)袭击菲律宾，造成2人死亡。

6月24—25日，台风“鲸鱼”(Kujira)侵袭越南北部，暴雨引发山洪造成7人死亡，4人失踪。

7月16日，台风“浪卡”(Nangka)登陆日本，导致2人死亡，1人失踪。

8月8日，台风“苏迪罗”(Soudelor)登陆中国台湾、福建，导致36人死亡，9人失踪。

8月21日，台风“天鹅”(Goni)袭击菲律宾，造成至少26人死亡。

8月25日，台风“天鹅”(Goni)登陆日本，导致59人受伤。

9月9日，台风“艾涛”(Etau)登陆日本引发暴雨洪水，造成7人死亡，44人受伤，10万人被迫逃离家园。

9月28日，台风“杜鹃”(Dujuan)先后在中国台湾、福建沿海登陆，造成台湾3人死亡，376人受伤。

10月18日，台风“巨爵”(Koppu)在菲律宾造成35人死亡，7人失踪。

10月23日，飓风“帕特里夏”在墨西哥太平洋沿岸登陆，给当地造成一定程度破坏并引发山体滑坡。

12月13—16日，台风“茉莉”(Melor)在菲律宾北部登陆，迫使80万人紧急疏散，造成45人死亡。

2. 大西洋

4月25日，美国海岸遭风暴袭击，导致2人死亡，5人失踪。

6 月 24 日，美国东北部遭强烈暴风雨袭击，至少 2 人死亡，40 万个家庭断电。

8 月 28 日，热带风暴“艾瑞卡”登陆多米尼加，造成 21 人死亡。

11 月 1 日，伴随着龙卷风的强风暴系统连日袭击美国墨西哥湾沿岸，造成至少 7 人死亡。

3. 印度洋

11 月 2 日，热带风暴“查帕拉”登陆也门索科特拉岛，造成 26 人死亡，200 多座房屋被毁。

11 月 10 日，飓风“梅甘”登陆也门索科特拉岛，导致 14 人死亡。

5.2.6 雷电

3 月 17—18 日，南非雷电造成 7 人死亡，5 人受伤。

9 月 6 日，印度南部安得拉邦一农场遭闪电袭击，导致 22 人死亡。

5.2.7 龙卷风

3 月 25 日，美国俄克拉何马州遭受龙卷风袭击，造成 1 人死亡，至少 19 人受伤，数十幢房屋被损毁，近 10 万个家庭一度电力中断。

4 月 9—13 日，美国多州遭受龙卷风、雷暴、冰雹袭击，造成至少 5 人死亡。

4 月 20 日，巴西南部遭受龙卷风袭击，造成至少 2 人死亡，近千人受伤，近万名民众流离失所。

5 月 10—11 日，美国多地遭遇龙卷风袭击，造成至少 5 人死亡。

5 月 25 日，墨西哥北部遭受龙卷风袭击，造成至少 14 人死亡，150 人受伤。

6 月 22—23 日，美国中西部遭暴风雨和龙卷风袭击，至少 5500 万人受灾。

12 月 23—27 日，美国中南部遭受龙卷风、暴雨和洪水袭击，造成 26 人死亡。

2015年全球重大灾害性天气气候事件示意图

第6章　防灾减灾重大气象服务事例

2015年气候相对平稳，总体来看气象灾害损失偏轻。气象灾害以洪涝、台风等为主，局地性、突发性强。全年来看，南方地区强降雨过程多，强对流天气频发，局地灾害损失大；全年登陆台风虽少，但强度大，给浙江、广东等沿海地区造成人员伤亡和经济损失；入秋后中东部地区出现多次雾霾天气过程，空气污染严重，社会影响大。在党中央、国务院的领导下，各级气象部门认真贯彻落实各项工作部署，主动服务、积极应对，在转折性、关键性、重大灾害性天气过程和重要活动中及时提供了准确的预报；从防灾减灾效益出发，进行全方位、多途径的气象服务工作，为防灾减灾工作做出了有力贡献，取得了显著的社会、经济效益。

6.1　南方强降雨气象服务

2015年，全国共出现35次暴雨天气过程，较2014年同期偏多6次，其中南方汛期暴雨过程多，主汛期(6—8月)南方共出现18次暴雨过程。强降雨落区摆动频繁，江淮、江南、西南部分地区出现极端性强降水，福建、贵州和江苏等地多站的日降水量突破历史极值。暴雨造成部分江河水位上涨，上海、南京、深圳、武汉等多个大中城市发生严重城市内涝。

6.1.1　预报预警信息发布及时

2015年，中国气象局共启动重大气象灾害(暴雨)应急响应10次。5—9月，中央气象台共发布暴雨预警221期，山洪气象风险预警66期、地质灾害气象风险预警126期、渍涝风险气象预报43期、全国主要公路气象预报153期、重大公路气象预警14期。

6.1.2　部门合作与应急联动工作机制进一步深化

2015年，中国气象局深入推进与各部门之间的合作。与水利部先后5次开展汛期联合会商，联合印发《关于进一步加强水文气象合作的通知》，签订联合发布山洪灾害气象预警备忘录，于7月20日开始正式联合发布山洪灾害气象预警。与民政部联合召开部局合作联席会议，就完善防灾减灾领域合作机制达成共识。与国土资源部联合召开了全国地质灾害气象预警预报服务工作协调领导小组会议，交流了地质灾害气象风险预警经验，对深化地质灾害气象风险预警和应急联动工作做出了安排。汛期气象灾害预警服务部际联动平台为25个单位的38位联络员提供预警信息与气象产品服务邮件22270封、短信息2137条。

6.1.3　决策服务内容丰富

5—9月，中国气象局决策气象服务中心共制作38期《重大气象信息专报》、101期《气象灾害预警服务快报》报送党中央、国务院和各相关部门。在提高决策服务效率的同时，强化提高决策气象服务的科技含量，将暴雨灾害风险预估信息纳入决策气象服务材料中，服务内容从最初的风雨实况监测走向气象灾害的风险评估，从基本的天气预报纵深到天气影响预报和风险预报，决策服务层层递进、全面周到。

6.1.4 公众服务影响力倍增

中国气象局网制作汛期专题 48 个，聚焦汛期强降雨天气；中国天气网共发布各类汛期相关资讯 3100 余条；与《人民日报》联合策划汛期气象服务报道，于 8 月 30 日头版刊发《及时预警，为防灾减灾赢得时间》、4 版刊发《握紧灾害防御"发令枪"》。充分利用新媒体(微博、微信和新闻客户端)平台，有效拓宽宣传科普工作的覆盖面。中央气象台首席预报员接受中央电视台、中央人民广播电台等主流媒体采访，强化了气象服务宣传工作，提高了预警发布效益，公众服务影响力倍增。

6.2 台风"苏迪罗"气象服务

2015 年，第 13 号台风"苏迪罗"分别于 8 月 8 日凌晨和晚上以强台风和强热带风暴强度登陆台湾和福建，之后深入内陆，先后经过江西、安徽、江苏后进入黄海，共 11 个省(市)受其影响，浙江、福建、台湾等地受灾严重。由于预报准确、预警及时，中国气象局及各相关部门及时启动防台风灾害应急响应，防御准确到位，台风"苏迪罗"造成的损失远小于历史上同等强度台风造成的损失。

6.2.1 及时启动应急响应，滚动发布台风预报预警信息

从"苏迪罗"开始编号起，中国气象局就高度重视，全力以赴做好台风预警预报服务工作。8 月 6 日 8 时 30 分中国气象局启动重大气象灾害(台风)三级应急响应，7 日将三级应急响应提升为二级。6—10 日，中央气象台共发布台风橙色预警 7 期、黄色预警 3 期，暴雨橙色预警 3 期、黄色预警 6 期。浙江、福建等地气象部门也及时发布台风预警信息，并向有关责任人发布台风预警短信。

6.2.2 气象现代化建设效益显著，预报服务能力稳步提升

2015 年，台风路径预报准确率进一步稳步提升，中央气象台 24 小时路径预报误差首次低于 70 千米；第 13 号台风"苏迪罗"实况路径和强度基本与预报相吻合：24 小时路径预报误差为 47.6 千米；强度预报误差为 4.3 米/秒。开展台风风场精细化格点预报业务，将中科院大气所"热带气旋风场动力释用"技术和 Grapes-TYM 数值预报相结合，形成基于中央气象台台风主观预报位置和强度的订正风场，24 小时滚动发布 10 千米×10 千米的逐小时精细化大风预报，进一步推进了台风预报的精细化水平和自动化程度。

6.2.3 决策服务科技含量高，服务效益显著

在做好预报预警工作的同时加强决策服务。8 月 4 日，中央气象台提前 5 天准确预报："苏迪罗"可能于 8 日登陆我国浙闽沿海；6 日制作《重大气象信息专报》，明确指出"苏迪罗"将先后登陆台湾和福建沿海，台闽浙粤赣皖豫苏等地将受影响，报送党中央、国务院。及时开展台风风雨监测和影响评估，实现了精细化实况产品和预报产品的无缝隙对接。进行台风灾害影响风险评估，制作台风暴雨灾害综合风险及影响预估产品，为决策服务提供了有力技术支持。

各级政府和相关部门根据气象部门的决策服务信息超前部署、提前采取防御措施，及时启动防台风应急预案，并及时组织船舶回港避风、人员上岸和转移危险地区的群众，从而极大地减少了人员伤亡。

6.2.4 公众服务通俗生动

多途径加强面向媒体和公众的台风信息和科普知识服务，预报服务与科普相得益彰，宣传生动风趣。对公众发布的内容覆盖"苏迪罗"生命周期全过程，不但预报信息全面，还增加了风雨实况播报和多角度、全方位的专家解读，使公众对"苏迪罗"的认识更为直观深入，有效引导社会公众的防台避台工作。气象服务调查结果显示，公众对台风"苏迪罗"气象服务的满意率为 86.15%。

6.3 雾霾气象服务

2015 年入秋以后，京津冀地区共出现 4 次中到重度霾天气过程，多地 $PM_{2.5}$ 日均浓度超过 250 微克/立方米，北京部分站点个别时段 $PM_{2.5}$ 浓度超过 700 微克/立方米，河北中部局地超过 1000 微克/立方米；北京两次启动重污染红色预警，公众和媒体广泛关注。其中，11 月 27 日至 12 月 1 日为 2015 年最强的雾霾和重污染天气过程，对此中国气象局高度重视，及时部署各项工作，提早预报、积极响应、及时评估，圆满完成雾霾过程预报服务工作。

提早发布预报预警。中央气象台 11 月 24 日提前三天准确预报"华北中南部等地空气污染扩散条件逐渐转差，部分地区有霾"；28 日制作《重大气象专报》中强调"至 12 月 1 日华北中南部、黄淮北部持续重度霾，局地有重度霾"，报送党中央、国务院；28 日，中国气象局与环境保护部联合发布《重污染天气预报》；雾霾过程影响期间，中央气象台共发布霾黄色预警 5 期、橙色预警 4 期。

加强部门联动。自 11 月 27 日起连续多日与京津冀环境气象中心、环保部环境监测总站等有关部门针对此次雾霾天气的极端性及成因展开会商深入分析，力争改进预报结论，并确保对外服务的一致性。

及时开展影响评估。过程结束后，气象部门及时分析总结，开展雾霾影响评估，在 12 月 1 日中国气象局严重雾霾天气专家分析会上较为详尽地进行了针对性分析汇报。

做好科普宣传。中国气象局召开新闻发布会，主动与多家新闻单位合作和沟通，进行雾霾天气的广泛宣传和多方位服务，提高社会认知度和服务效益；通过中国天气网、中央气象台微博、微信等平台面向公众及时普及雾霾科普知识，并提供出行、日常生活等方面的精细化建议。

6.4 "东方之星"客轮翻沉事件气象服务

2015 年 6 月 1 日夜间，受飑线天气系统影响，"东方之星"客轮在长江湖北监利段翻沉，造成 442 人死亡。事件发生之后，中国气象局对此高度重视，迅速对灾情调查、现场救援气象保障和媒体宣传等方面做出相关部署。

紧急启动应急响应。6 月 2 日中国气象局紧急启动"东方之星"客船翻沉事件气象服务特别工作状态，中央气象台和湖北省气象局加强天气监测预报和灾情收集，国家卫星气象中心启动风云 2 号卫星区域加密观测，湖北省气象局启动水上搜救气象应急保障Ⅰ级响应。

全面部署救援气象服务。6 月 2 日 8 时 30 分召开中国气象局气象服务工作领导小组紧急会议和全国气象部门视频会议，就做好客船翻沉事件救援气象服务做出细致安排，同时强调加强局地强降雨、强对流等灾害性天气监测和预报服务。中国气象局下发通知，对做好灾害性天气预报预警服务再做部署。

做好灾情调查和现场救援气象保障。中国气象局 6 月 2 日 5 时 30 分即成立由天气预报和雷达专家组成的专家组，与湖北省气象局紧急视频会商，利用天气雷达、气象卫星云图、周边自动气象观测站等数据对客轮翻沉地点和时段的灾害天气实况和预报进行会商；6 月 2 日 8 时，派出由国家气象中心、北京大学、南京大学专家组成的调查组前往湖北监利进行现场调查，并会同当地气象部门现场指导救援气象服务；6 月 3 日、4 日、5 日，中国气象局 3 次组织北京大学、南京大学、灾害天气国家重点实验室、中国科学院大气物理研究所和中国气象局专家一起进行专题研讨，利用气象卫星、天气雷达、闪电定位和地面自动气象观测等资料以及专家现场调查结果科学分析事发时天气实况，为国务院"东方之星"号客轮翻沉事件调查组提供了详实的气象分析和调查材料。

做好媒体宣传和科普服务。在气象专家会商分析基础上，中国气象局组织制作了相关新闻通稿，做好科普宣传和舆论引导。

6.5 其他重大气象服务事例

6.5.1 “两会”气象服务

全国“两会”分别于3月3日和5日在北京召开。中国气象局在2月9日印发了《关于做好2015年全国“两会”气象保障服务的通知》，要求北京市气象局及各相关单位加强“两会”气象服务组织领导，共同组织做好“两会”气象保障服务工作。“两会”期间，各单位之间加强沟通协作，根据天气变化情况及时组织中央气象台与北京气象台的预报和服务会商，切实做好“两会”期间灾害性转折性天气预报预警。3月1—15日，中国气象局每天滚动制作“两会”气象服务专报，共制作《全国政协十二届二次会议气象服务专报》和《十二届全国人大二次会议气象服务专报》各15期。“两会”期间，中国气象局特别做好可能出现的寒潮、大风、降温、雾、霾等灾害性天气过程的精细化预报，及时发布预警信息，提供有针对性的服务，着力提升预报预警和服务的精细化水平，取得了良好的服务效果。

6.5.2 抗日战争胜利70周年纪念活动气象保障服务

为纪念中国人民抗日战争暨世界反法西斯战争胜利70周年，北京举行了包括“9·3”大阅兵及其他系列纪念活动。中国气象局按照中央纪念活动领导小组的部署和要求，加强组织领导，创新工作机制，圆满完成了“9·3”纪念活动及系列演练的气象保障任务。

加强天气气候监测，及时提供精细化的天气预报。天气条件是影响纪念活动的关键因素之一，为了准确预报纪念活动期间的天气，中央气象台、北京市气象局牵头，组织部门内外单位的资深专家和首席预报员成立预报专家组，密切监视天气变化，精心组织天气会商，先后进行了5次气候会商，28次专题天气会商。

强化军地联合，全力做好人工消云减雨保障作业。为了最大限度减轻不利气象条件对纪念活动的影响，经中央纪念活动领导小组批准，首次建立跨部门的人工影响天气作业军地协调机制，整合军地人工影响天气作业资源，形成强大的保障合力。气象部门在人工影响天气作业方案制定、地面力量组织、技术保障、作业指挥调度、安全管理等方面发挥了很好的作用。

主动服务，精心组织纪念活动期间空气质量预报预警与评估。气象条件是影响纪念活动期间空气质量的重要因素，气象部门将空气质量保障气象服务作为重点任务之一，精心组织安排，与环保部门建立重大活动空气质量联合保障机制，重点强化空气污染气象条件预报评估和重污染天气预报预警。从7月20日开始，气象部门就开展了纪念活动期间空气污染气象条件和雾、霾的中长期趋势预测；8月18日开始与环保部门共会商37次，联合向大气污染防治指挥部报送空气质量预报服务专报18期。

活动结束后，北京市委致信感谢中国气象局在纪念大会期间所提供的气象保障服务；阅兵联合指挥部办公室专程赴中国气象局致谢，并授予此次阅兵保障贡献突出奖牌。刘云山、张高丽、汪洋等中央领导同志在中国气象局呈报的纪念活动总结材料上做出重要批示，充分肯定了中国气象局卓有成效的气象服务保障工作。

附　录

附录 A　气象灾情统计年表

表 A1　2015 年气象灾害总受灾情况统计表

Table A1　Summary of total meteorological disasters over China in 2015

地区	农作物受灾情况		人口受灾情况			直接经济损失（亿元）
	受灾面积（万公顷）	绝收面积（万公顷）	受灾人口（万人）	死亡人口（人）	失踪人口（人）	
北京	0.6	0.1	5.5	0	0	1.3
天津	0	0	0	0	0	0.7
河北	179.9	17.0	1699.5	12	0	107.5
山西	114.2	14.1	863.3	10	0	103.3
内蒙古	270.0	31.5	582.0	26	0	109.8
辽宁	148.4	24.1	715.6	4	0	65.1
吉林	84.6	7.4	450.4	1	0	81.8
黑龙江	117.6	6.8	249.7	3	0	39.5
上海	1.2	0.1	16.9	1	0	3.5
江苏	61.5	4.1	534.8	9	0	84.9
浙江	39.3	5.8	704.6	60	3	228.1
安徽	96.7	14.8	1065.5	25	0	118.1
福建	20.3	2.6	370.9	43	3	189.1
江西	45.5	4.0	628.3	53	0	69.7
山东	137.9	9.8	1173.2	11	0	80.7
河南	22.5	1.3	516.5	19	0	44.0
湖北	111.6	9.0	1100.2	489	6	82.2
湖南	76.6	8.8	1221.4	29	2	126.7
广东	84.7	9.3	848.7	41	5	315.3
广西	54.6	3.2	768.3	56	1	48.5
海南	4.1	0.4	144.9	4	0	14.2
重庆	7.0	0.9	189.2	29	3	22.0
四川	56.3	5.7	992.9	67	19	121.0
贵州	22.4	2.9	583.3	64	4	66.5
云南	102.9	11.2	1260.6	87	17	129.6
西藏	1.0	0.1	25.0	8	0	4.0
陕西	74.5	7.4	583.0	35	68	72.7
甘肃	101.2	7.6	654.4	2	0	60.6
青海	22.0	2.2	189.4	12	3	11.9
宁夏	21.9	2.8	131.0	2	0	8.3
新疆（包含兵团）	95.9	8.3	252.5	15	1	92.3
合计	2176.9	223.3	18521.5	1217	135	2502.9

表 A2　2015 年暴雨洪涝(滑坡、泥石流)灾害情况统计表

Table A2　Summary of rainstorm induced flood (landside and mud-rock flow) disasters over China in 2015

地区	农作物受灾情况		人员受灾情况		房屋倒损情况		直接经济损失(亿元)
	受灾面积(万公顷)	绝收面积(万公顷)	受灾人口(万人)	死亡人口(人)	倒塌房屋(万间)	损坏房屋(万间)	
北京	0.1	0	0.2	0	0	0	0
天津	0	0	0	0	0	0	0.7
河北	28.2	3.1	181.3	1	0	0.2	9.2
山西	3.1	0.7	30.5	8	0.1	0.8	5.8
内蒙古	18.5	2.1	49.6	17	0.1	0.6	9.7
辽宁	0.7	0.1	11.4	1	0	0	0.4
吉林	2.4	0.4	12.7	0	0	0.1	2.5
黑龙江	48.2	4.0	107.0	1	0.1	1.8	22.6
上海	0.4	0.1	1.7	0	0	0	1.2
江苏	20.0	1.1	129.4	1	0.1	6.9	47.1
浙江	2.4	0.2	36.0	39	0	0.1	8.5
安徽	69.1	13.3	774.2	13	0.5	4.8	73.5
福建	7.7	1.3	101.9	30	1.3	5.8	100.4
江西	39.9	3.6	542.2	26	1.2	4.7	61.8
山东	23.9	0.8	191.0	1	0.1	0.3	8.5
河南	5.3	0.3	59.6	6	0.4	0.5	12.3
湖北	87.4	7.4	913.3	39	1.6	5.2	70.0
湖南	75.3	8.8	1196.1	24	1.6	10.9	125.8
广东	7.8	0.5	166.1	4	0.3	0.3	18.9
广西	22.2	2.2	383.9	49	0.9	3.6	28.9
海南	0.1	0	21.1	2	0	0	0.3
重庆	6.0	0.8	168.1	27	0.9	2.6	20.1
四川	25.8	3.3	677.0	57	2.2	12.6	101.2
贵州	16.0	2.1	401.3	60	0.6	8.7	58.5
云南	23.1	4.2	382.7	76	0.7	7.7	68.8
西藏	0.7	0.1	5.2	3	0	0.3	2.0
陕西	9.1	2.0	86.9	32	0.3	2.3	19.4
甘肃	8.1	0.7	69.9	0	0	0.2	7.4
青海	1.0	0.4	11.5	9	0.1	0.4	1.5
宁夏	0.5	0.2	2.1	1	0	0.1	0.7
新疆(包含兵团)	9.0	2.1	63.6	13	1.4	18.5	32.9
合计	562.0	65.9	6777.5	540	14.5	100.0	920.6

表 A3　2015 年干旱灾害情况统计表

Table A3　Summary of drought disasters over China in 2015

地区	农作物受灾情况		人员受灾情况		直接经济损失（亿元）
	受灾面积（万公顷）	绝收面积（万公顷）	受灾人口（万人）	饮水困难人口（万人）	
北京	0	0	0.6	0	0.1
天津	0	0	0	0	0
河北	111.3	8.2	894.8	16.8	47.5
山西	102.3	12.6	624.0	24.2	71.0
内蒙古	217.2	25.4	404.7	62.2	81.5
辽宁	143.0	23.3	678.6	29.6	60.0
吉林	70.0	6.0	402.3	0.4	73.6
黑龙江	48.4	1.0	79.9	0	8.9
上海	0	0	0	0	0
江苏	0	0	0	0	0
浙江	0	0	0	0	0
安徽	0	0	0	0	0
福建	0	0	0	0	0
江西	0	0	0	0	0
山东	88.3	6.5	664.7	75.6	32.0
河南	0	0	0	0	0
湖北	11.8	1.2	43.5	4.5	4.1
湖南	0	0	0	0	0
广东	14.8	1.9	47.8	7.3	6.2
广西	16.0	0.3	99.3	8.6	1.6
海南	0.4	0	11.2	0	1.5
重庆	0	0	0	0	0
四川	22.3	1.1	165.4	21.6	6.1
贵州	1.9	0.2	61.9	11.9	1.0
云南	51.5	4.8	522.6	125.1	23.7
西藏	0.1	0	9.7	0.3	0.6
陕西	56.2	3.8	272.3	10.4	22.4
甘肃	53.3	4.8	228.6	18.8	21.6
青海	12.6	0.5	112.7	0	5.6
宁夏	17.2	2.3	99.6	36.5	4.7
新疆（包含兵团）	22.4	0.7	12.3	0.4	12.7
合计	1061.0	104.6	5436.5	454.2	486.4

表 A4　2015 年大风、冰雹及雷电灾害情况统计表

Table A4　Summary of gale, hail and lightning disasters over China in 2015

地区	农作物受灾情况		人员受灾情况		房屋倒损情况		直接经济损失（亿元）
	受灾面积（万公顷）	绝收面积（万公顷）	受灾人口（万人次）	死亡人口（人）	倒塌房屋（万间）	损坏房屋（万间）	
北京	0.5	0.1	4.6	0	0	0.1	1.1
天津	0	0	0	0	0	0	0
河北	34.7	5.5	592.0	11	0.1	1.2	48.6
山西	5.6	0.5	182.7	2	0	0.7	21.2
内蒙古	30.1	3.8	75.6	9	0	0.2	16.1
辽宁	4.7	0.7	25.6	3	0	0.1	4.7
吉林	12.2	1.0	35.1	1	0	0.4	5.7
黑龙江	14.7	1.5	38.3	2	0	0.6	5.6
上海	0	0	0	1	0	0	0
江苏	9.7	0.6	115.8	8	0.1	7.8	15.8
浙江	0.1	0	1.0	6	0	0.1	0.1
安徽	11.9	0.6	133.8	8	0.1	1.2	6.0
福建	0	0	0.5	5	0	0	0.1
江西	1.6	0.1	27.5	26	0.1	0.4	1.7
山东	20.8	2.3	262.3	6	0.1	0.7	17.8
河南	15.2	0.9	452.1	13	0.3	4.4	30.5
湖北	5.0	0.3	99.5	450	0.1	1.3	4.3
湖南	1.2	0	24.4	5	0	0.3	0.8
广东	0.4	0	21.3	19	0	5.7	2.2
广西	0.3	0	9.2	6	0	0.5	0.3
海南	0	0	0	1	0	0	0
重庆	1.0	0.1	21.1	2	0	1.3	1.9
四川	7.2	1.3	147.1	10	0.1	13.1	13.4
贵州	4.1	0.6	114.1	4	0.1	5.0	6.9
云南	11.2	1.4	145.3	11	0	19.0	16.8
西藏	0.1	0	3.8	1	0	0	0.6
陕西	7.6	1.1	210.3	3	0.1	0.7	28.9
甘肃	26.3	2.0	241.7	2	0	1.2	29.0
青海	5.0	1.2	39.5	3	0	0.1	2.9
宁夏	3.8	0.3	21.2	1	0.1	0	2.3
新疆(包含兵团)	56.8	4.0	156.9	2	0	0.2	37.4
合计	291.8	30.9	3202.3	621	1.3	66.3	322.7

表 A5 2015 年热带气旋灾害情况统计表

Table A5 Summary of tropical cyclone disasters over China in 2015

地区	农作物受灾情况		人口受灾情况			倒塌房屋（万间）	直接经济损失（亿元）
	受灾面积（万公顷）	绝收面积（万公顷）	受灾人口（万人次）	死亡人口（人）	紧急转移安置人口（万人次）		
北京	0	0	0	0	0	0	0
天津	0	0	0	0	0	0	0
河北	0	0	0	0	0	0	0
山西	0	0	0	0	0	0	0
内蒙古	0	0	0	0	0	0	0
辽宁	0	0	0	0	0	0	0
吉林	0	0	0	0	0	0	0
黑龙江	0	0	0	0	0	0	0
上海	0.8	0	15.2	0	14.2	0	2.3
江苏	25.9	2.2	224.8	0	7.2	0.1	17.4
浙江	36.8	5.6	667.6	15	182.8	0.3	219.5
安徽	9.9	0.8	128.8	4	22.6	0.3	31.8
福建	12.6	1.3	268.5	8	70.1	0.5	88.6
江西	4.0	0.3	58.6	1	11.1	0.1	6.2
山东	0.6	0	4.1	0	0	0	0.1
河南	0	0	0	0	0	0	0
湖北	0	0	0	0	0	0	0
湖南	0	0	0	0	0	0	0
广东	61.7	6.9	613.5	18	30.3	0.7	288.0
广西	16.1	0.7	275.9	1	13.4	0.3	17.7
海南	3.6	0.4	112.6	1	7.8	0	12.4
重庆	0	0	0	0	0	0	0
四川	0	0	0	0	0	0	0
贵州	0	0	0	0	0	0	0
云南	0.1	0	6.0	0	0	0	0.2
西藏	0	0	0	0	0	0	0
陕西	0	0	0	0	0	0	0
甘肃	0	0	0	0	0	0	0
青海	0	0	0	0	0	0	0
宁夏	0	0	0	0	0	0	0
新疆(包含兵团)	0	0	0	0	0	0	0
合计	172.1	18.2	2375.6	48	359.5	2.3	684.2

表 A6　2015 雪灾和低温冷冻灾害情况统计表

Table A6　Summary of snow, low-temperature and frost disasters over China in 2015

地区	农作物受灾情况		人员受灾情况		房屋倒损情况		直接经济损失（亿元）
	受灾面积（万公顷）	绝收面积（万公顷）	受灾人口（万人次）	死亡人口（人）	倒塌房屋（万间）	损坏房屋（万间）	
北京	0	0	0.1	0	0.1	0	0.1
天津	0	0	0	0	0	0	0
河北	5.7	0.2	31.4	0	0	0	2.2
山西	3.2	0.3	26.1	0	0	0	5.3
内蒙古	4.2	0.2	52.1	0	0	0	2.5
辽宁	0	0	0	0	0	0	0
吉林	0	0	0.3	0	0	0	0
黑龙江	6.3	0.3	24.5	0	0	0	2.4
上海	0	0	0	0	0	0	0
江苏	5.9	0.2	64.8	0	0	0	4.6
浙江	0	0	0	0	0	0	0
安徽	5.8	0.1	28.7	0	0	0	6.8
福建	0	0	0	0	0	0	0
江西	0	0	0	0	0	0	0
山东	4.3	0.2	51.1	4	0	0.1	22.3
河南	2.0	0.1	4.8	0	0	0	1.2
湖北	7.4	0.1	43.9	0	0	0	3.8
湖南	0.1	0	0.9	0	0	0	0.1
广东	0	0	0	0	0	0	0
广西	0	0	0	0	0	0	0
海南	0	0	0	0	0	0	0
重庆	0	0	0	0	0	0	0
四川	1.0	0	3.4	0	0	0	0.3
贵州	0.4	0	6.0	0	0	0	0.1
云南	17.0	0.8	204.0	0	0	0.2	20.1
西藏	0.1	0	6.3	4	0	0	0.8
陕西	1.6	0.5	13.5	0	0	0	2.0
甘肃	13.5	0.1	114.2	0	0	0	2.6
青海	3.4	0.1	25.7	0	0	0	1.9
宁夏	0.4	0	8.1	0	0	0	0.6
新疆(包含兵团)	7.7	0.5	19.7	0	0	0.8	9.3
合计	90.0	3.7	729.6	8	0.1	1.1	89.0

附录 B 主要气象灾害分布示意图

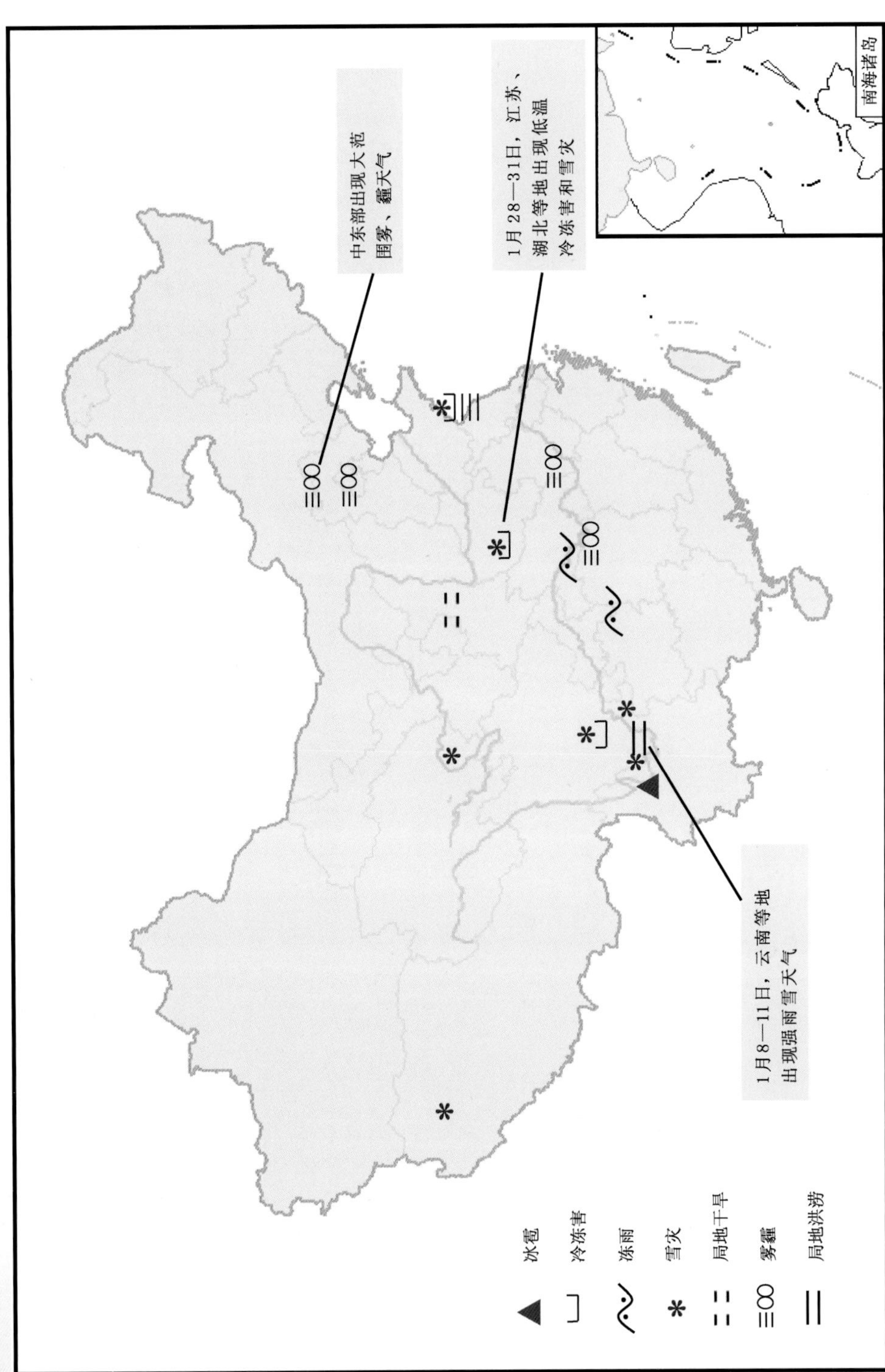

图 B1 2015 年 1 月全国主要和极端天气气候事件分布图

Fig. B1 Main and extreme weather and climate events over China in January 2015

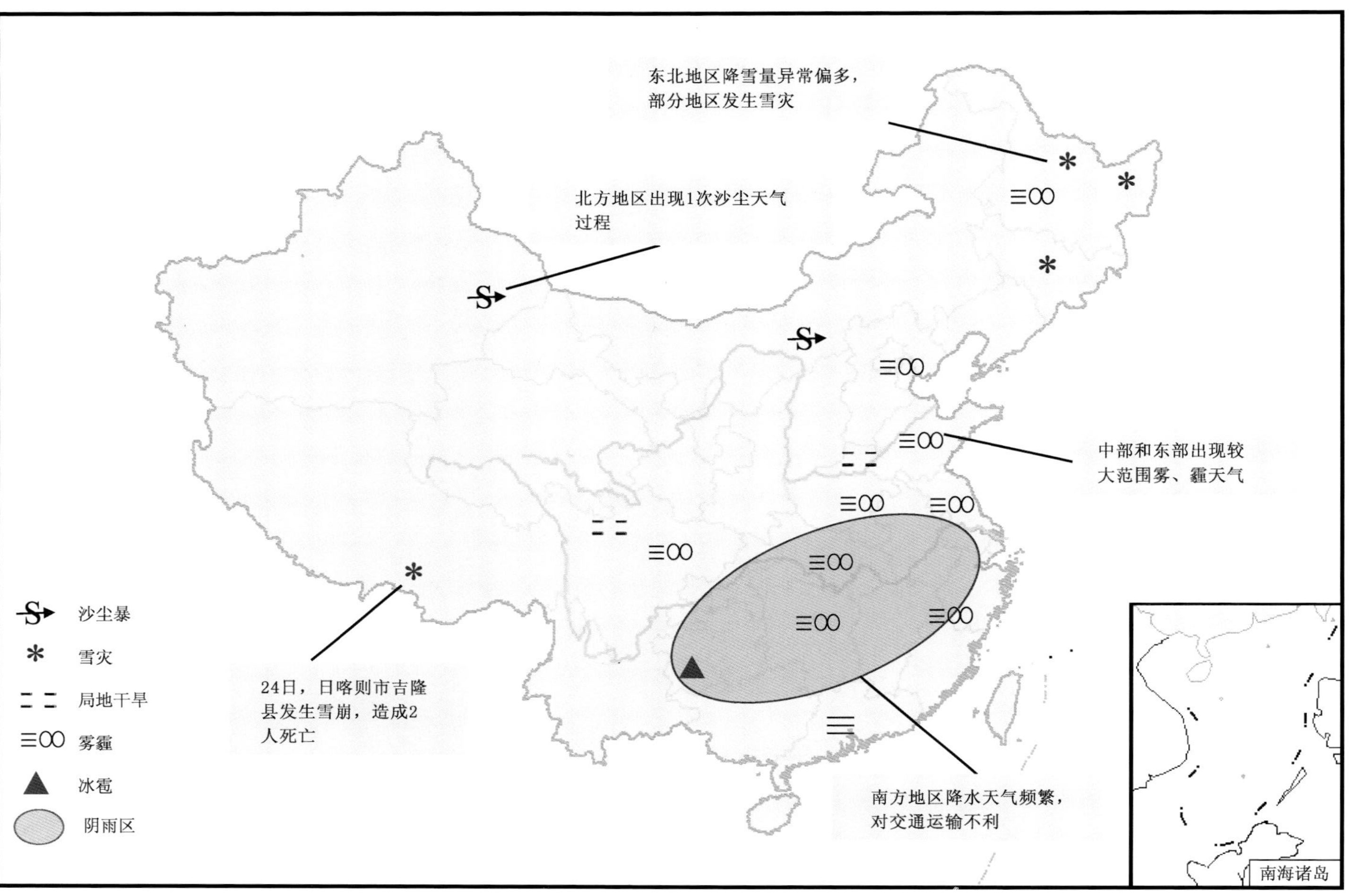

图 B2　2015 年 2 月全国主要和极端天气气候事件分布图

Fig. B2　Main and extreme weather and climate events over China in February 2015

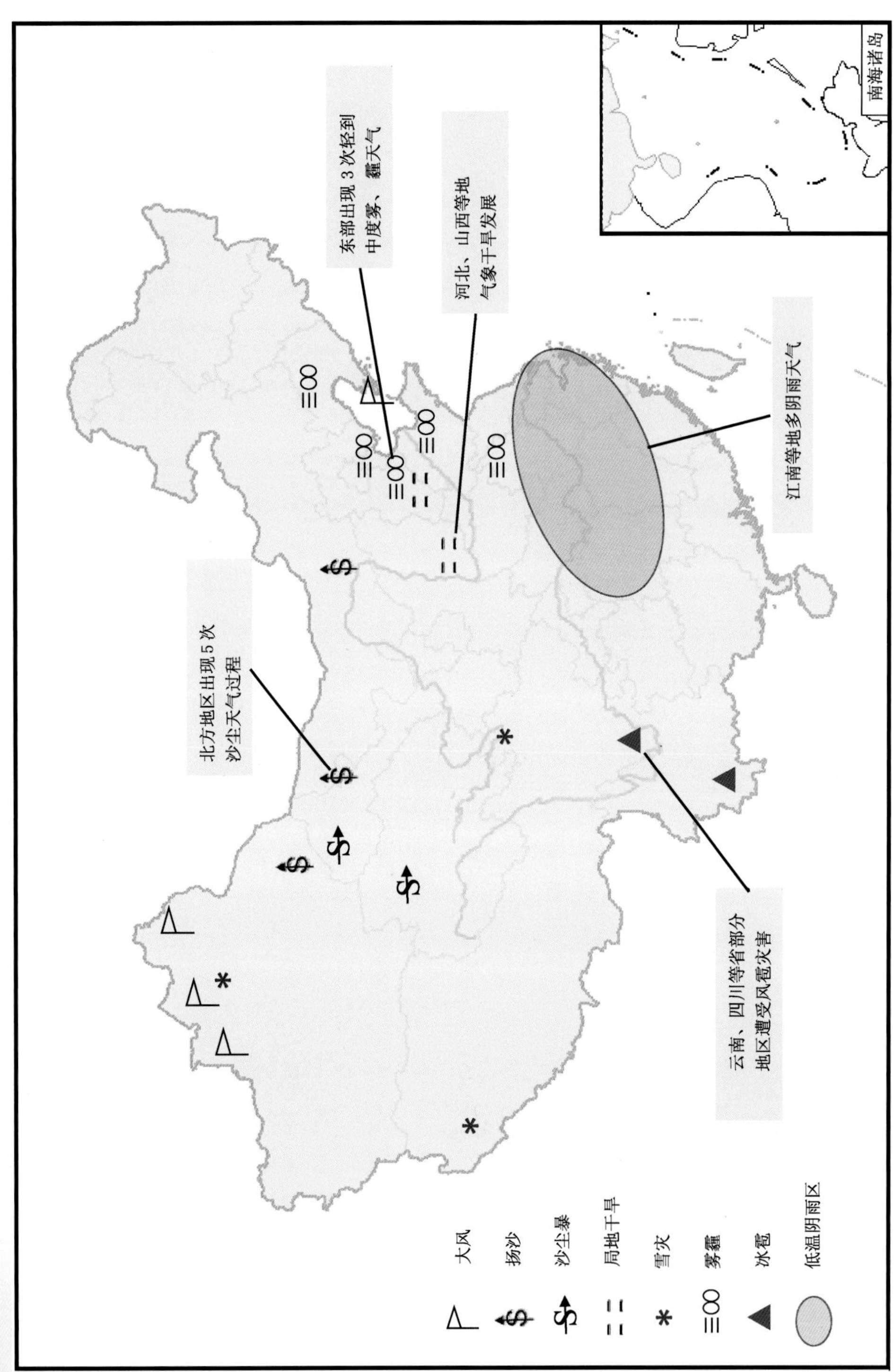

图 B3　2015 年 3 月全国主要和极端天气气候事件分布图

Fig. B3　Main and extreme weather and climate events over China in March 2015

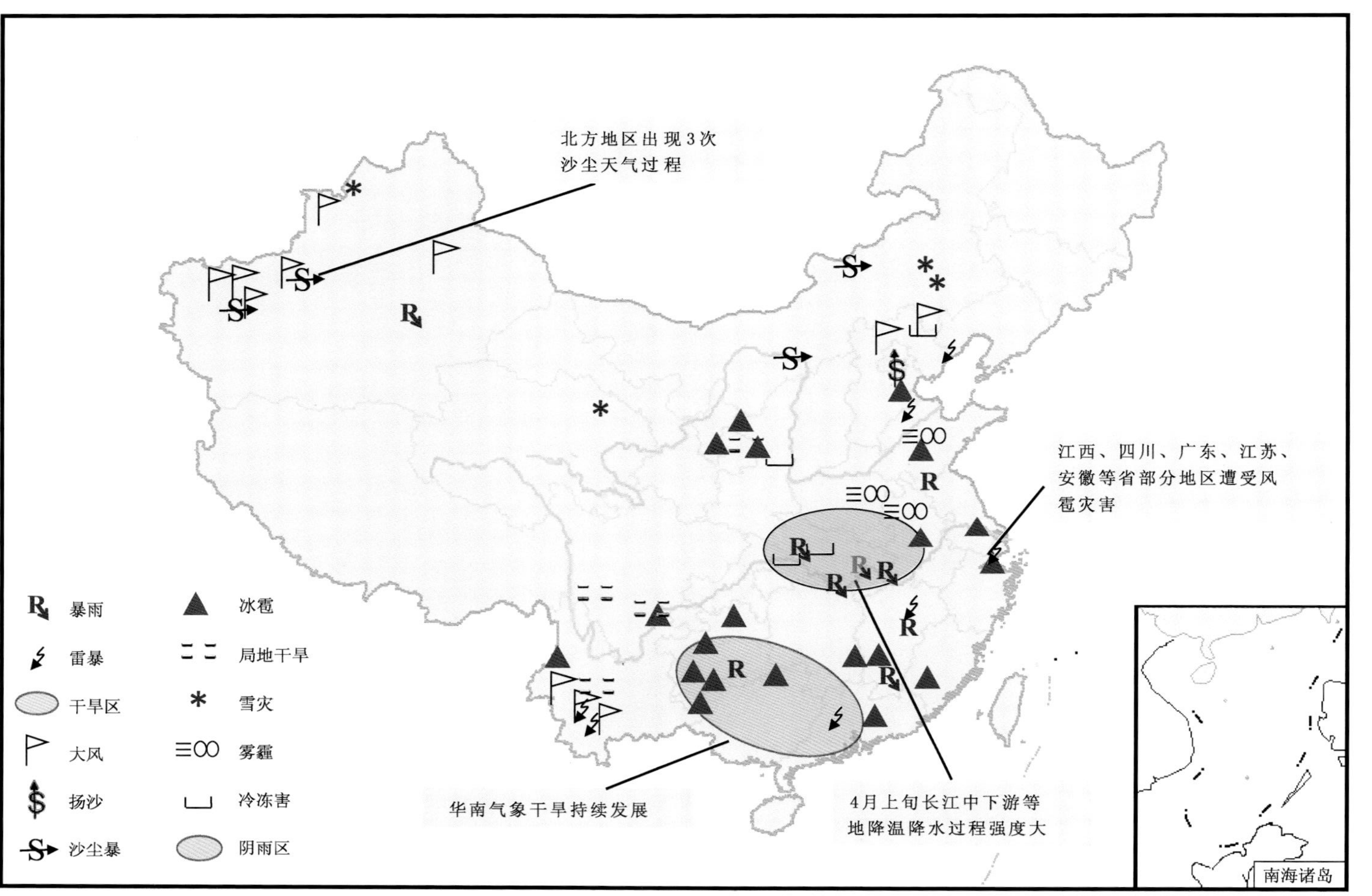

图 B4 2015 年 4 月全国主要和极端天气气候事件分布图

Fig. B4 Main and extreme weather and climate events over China in April 2015

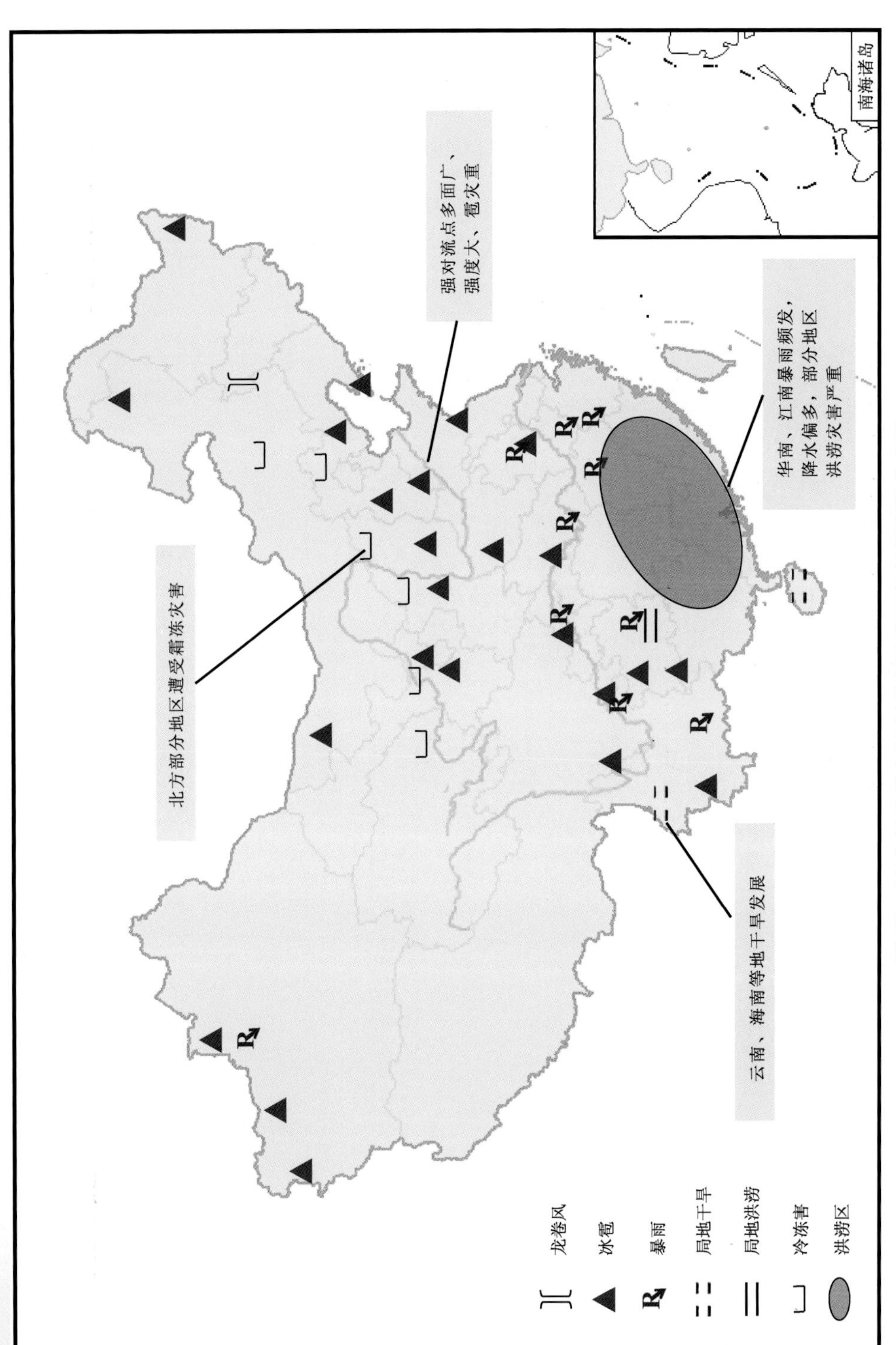

图 B5　2015 年 5 月全国主要和极端天气气候事件分布图

Fig. B5　Main and extreme weather and climate events over China in May 2015

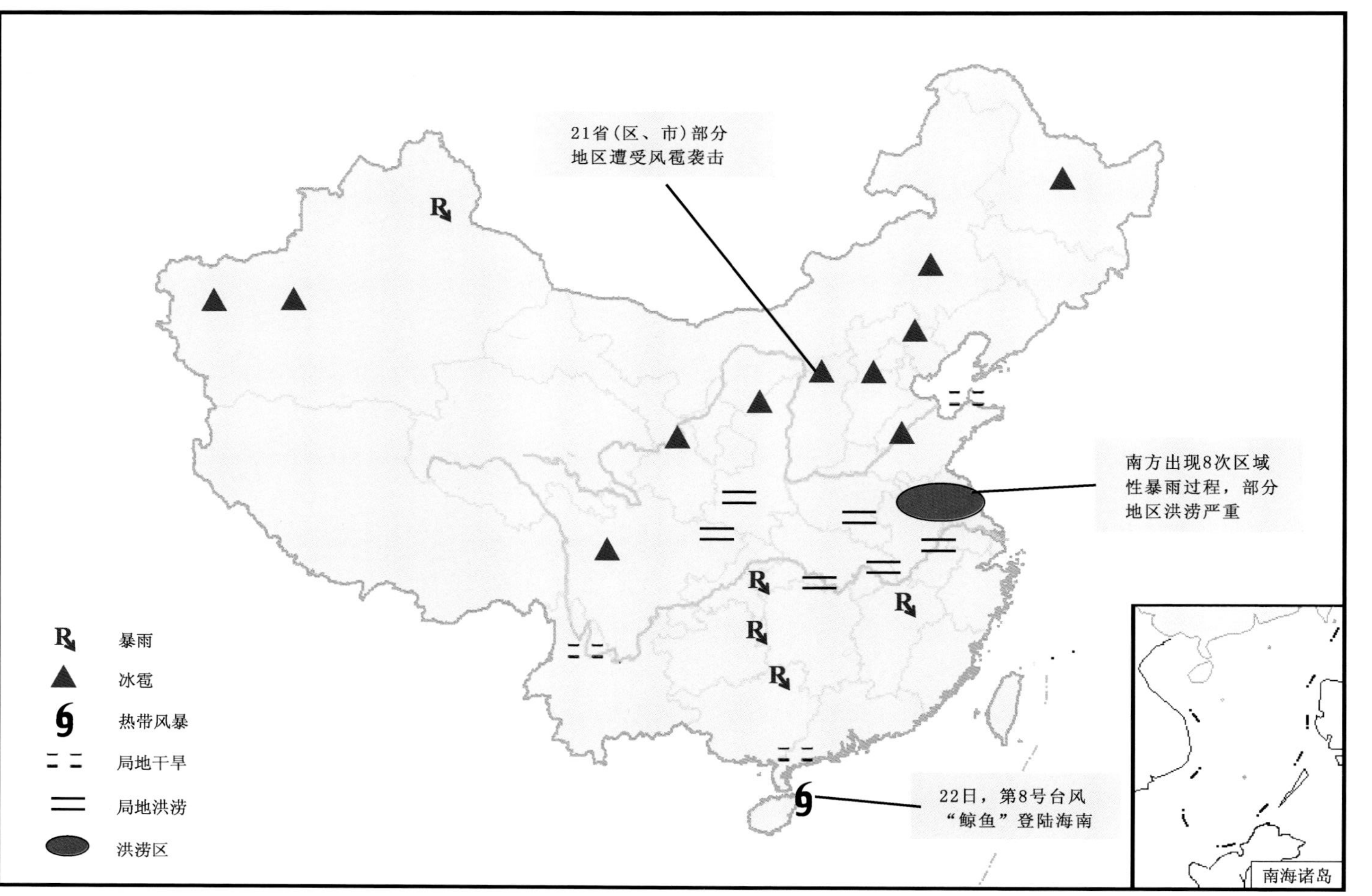

图 B6　2015 年 6 月全国主要和极端天气气候事件分布图

Fig. B6　Main and extreme weather and climate events over China in June 2015

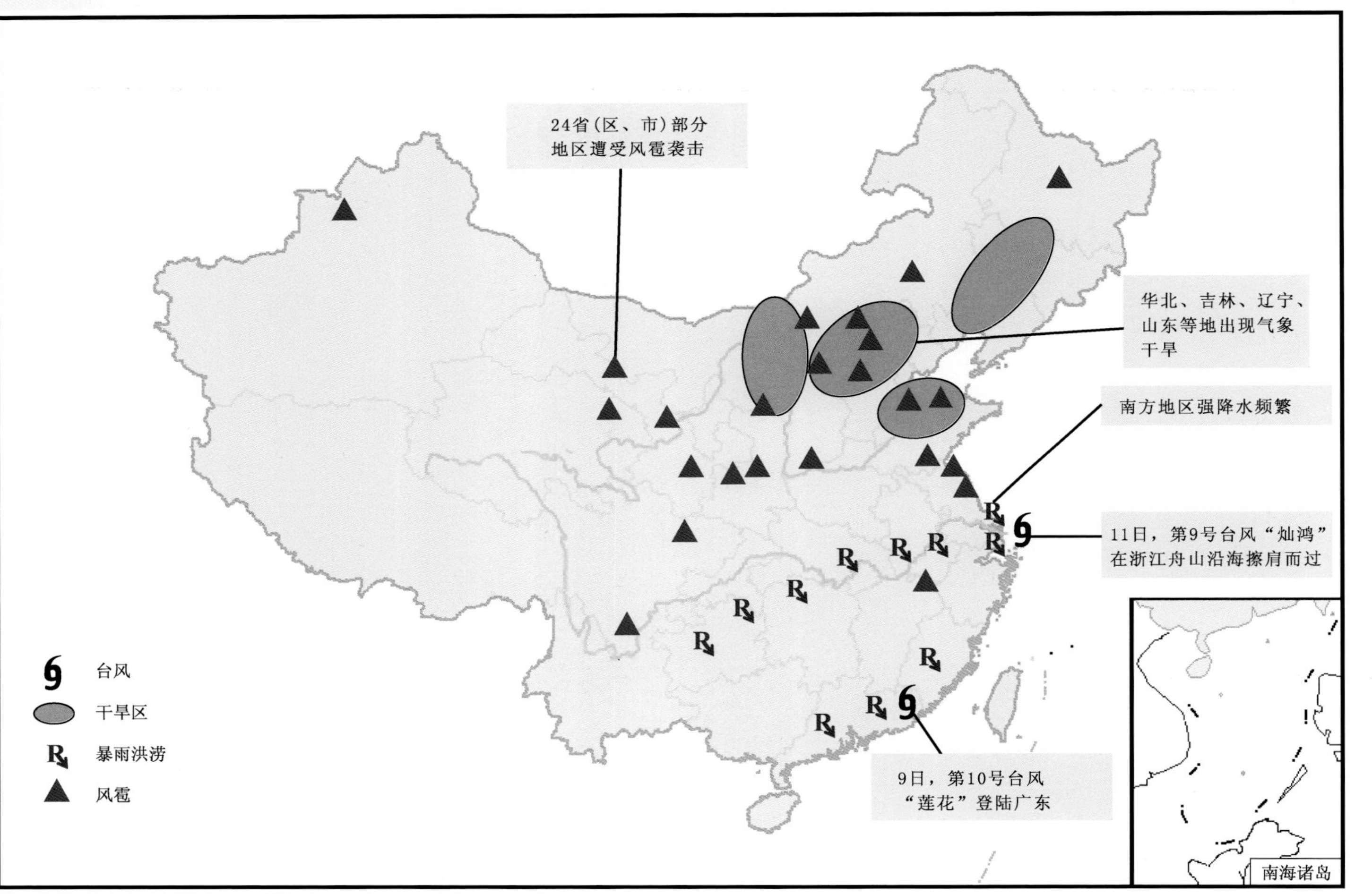

图 B7　2015 年 7 月全国主要和极端天气气候事件分布图

Fig. B7　Main and extreme weather and climate events over China in July 2015

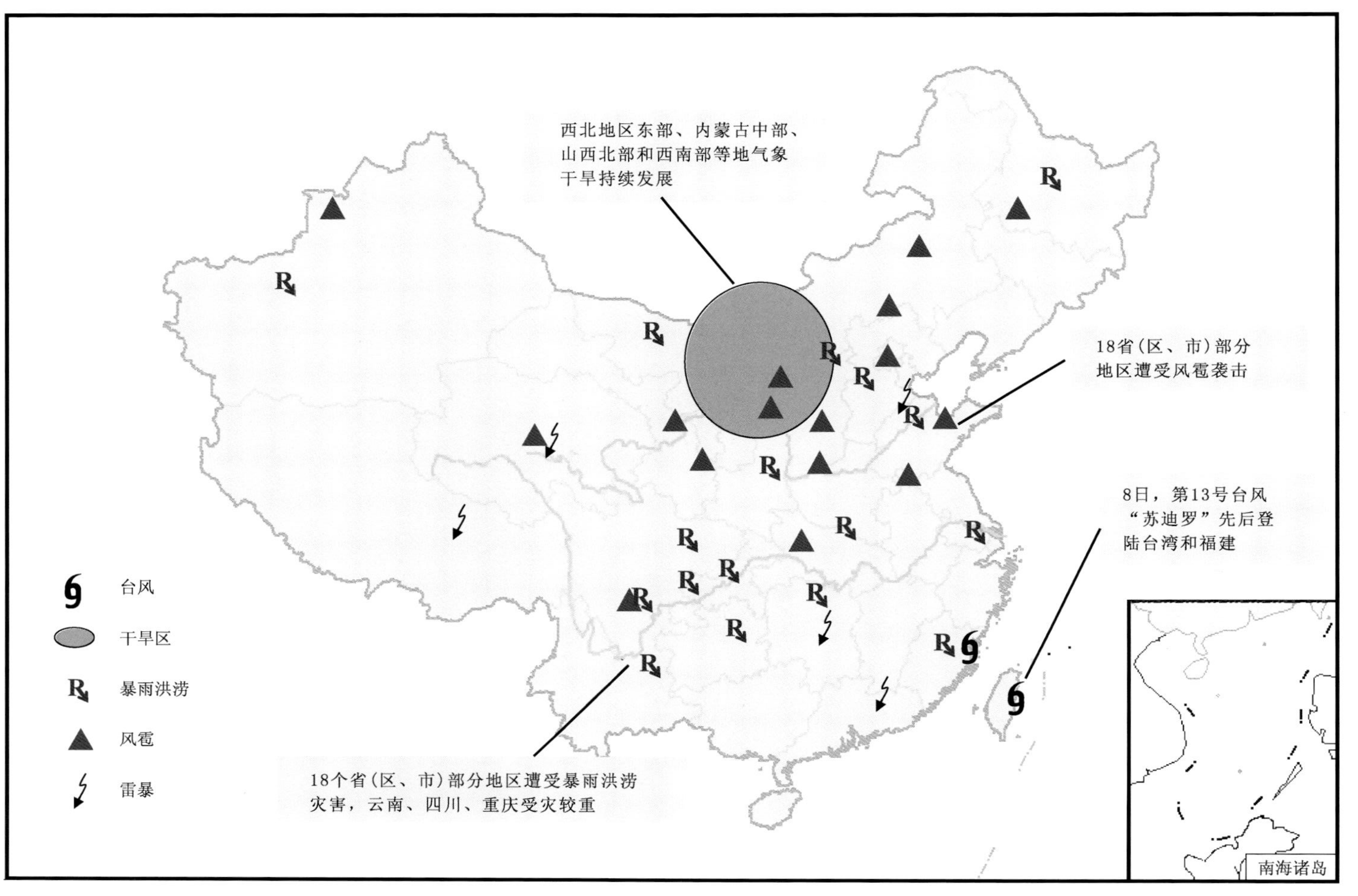

图 B8 2015 年 8 月全国主要和极端天气气候事件分布图

Fig. B8 Main and extreme weather and climate events over China in August 2015

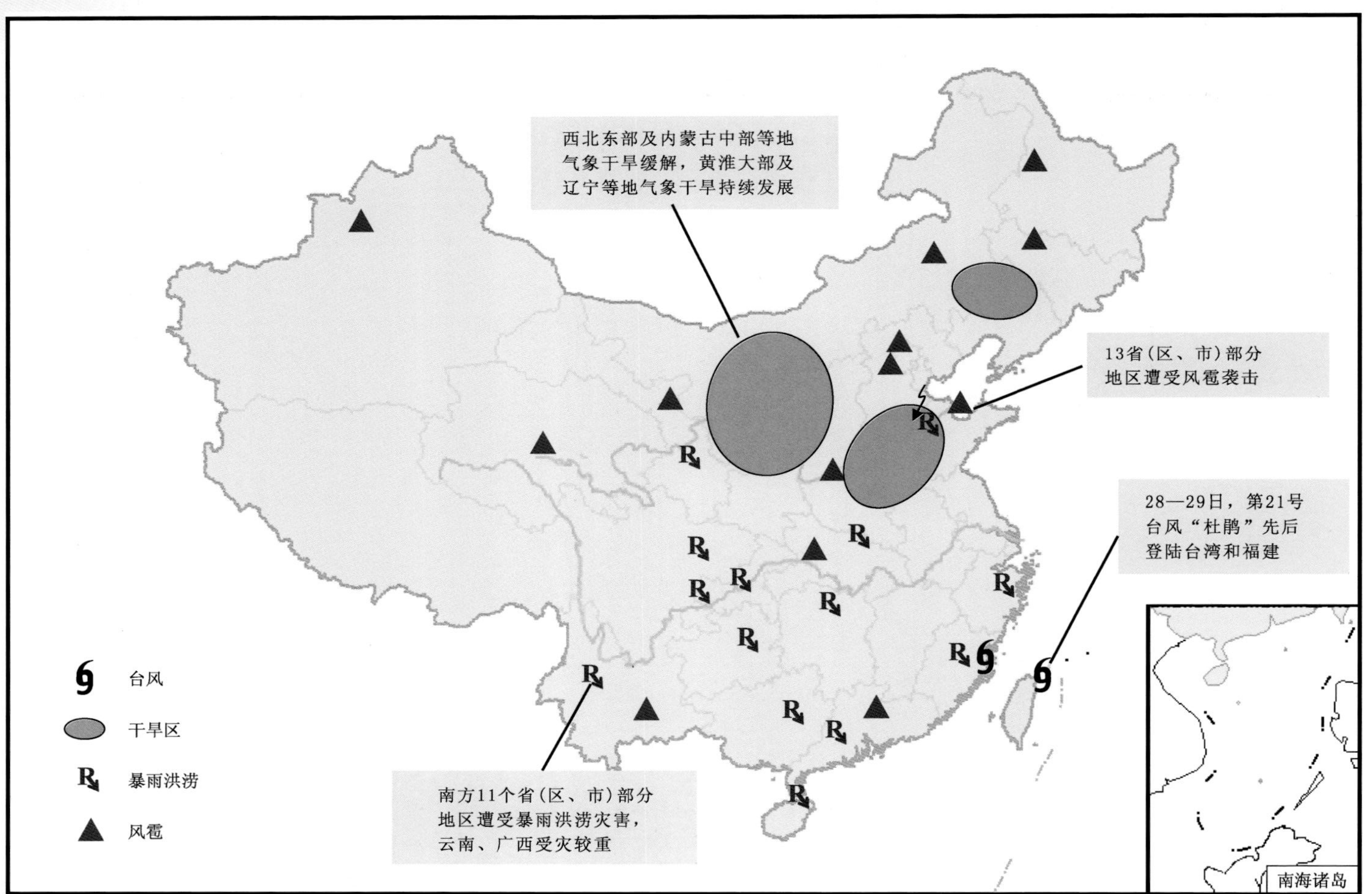

图 B9　2015 年 9 月全国主要和极端天气气候事件分布图

Fig. B9　Main and extreme weather and climate events over China in September 2015

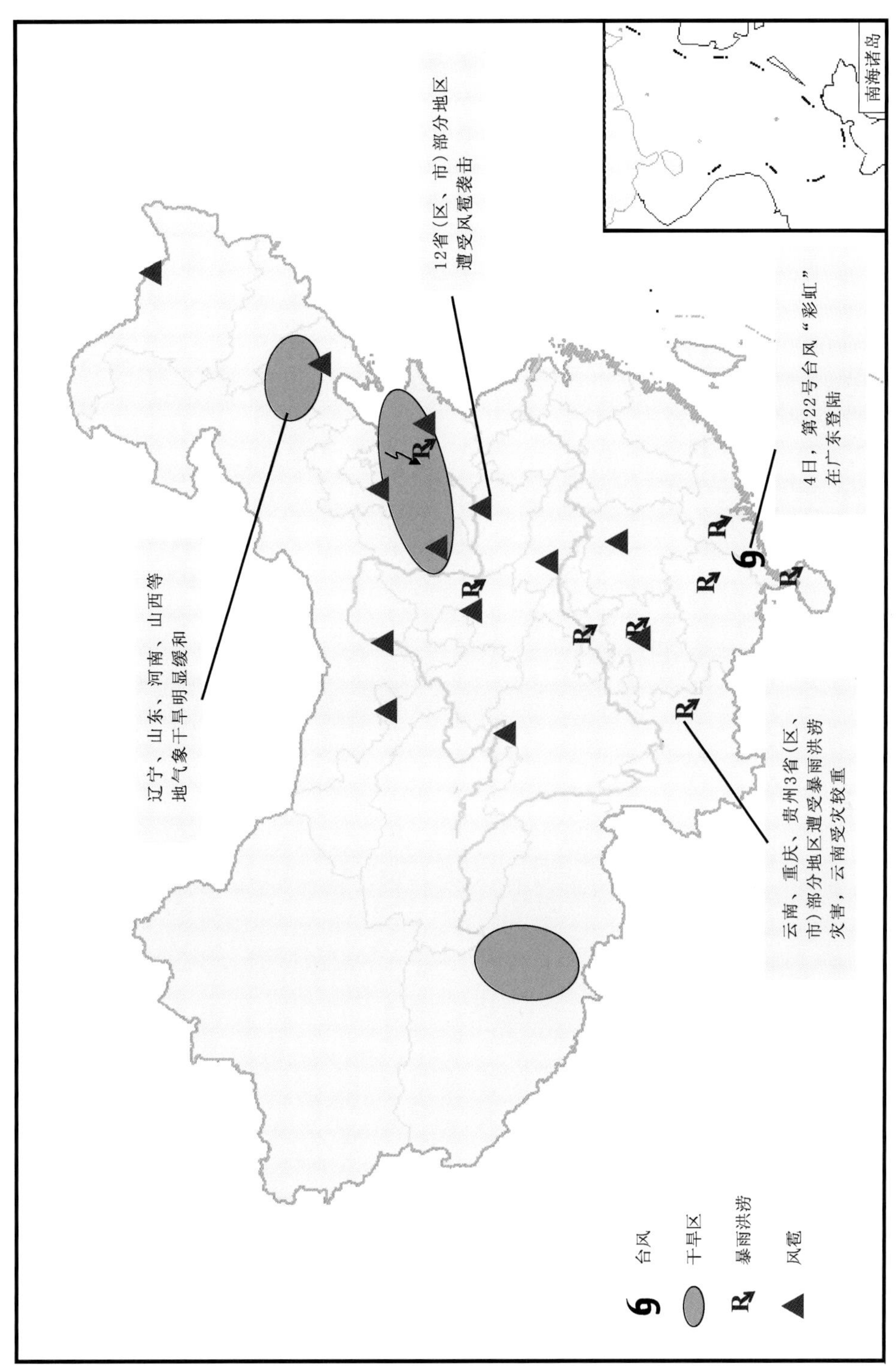

图 B10 2015年10月全国主要和极端天气气候事件分布图

Fig. B10 Main and extreme weather and climate events over China in October 2015

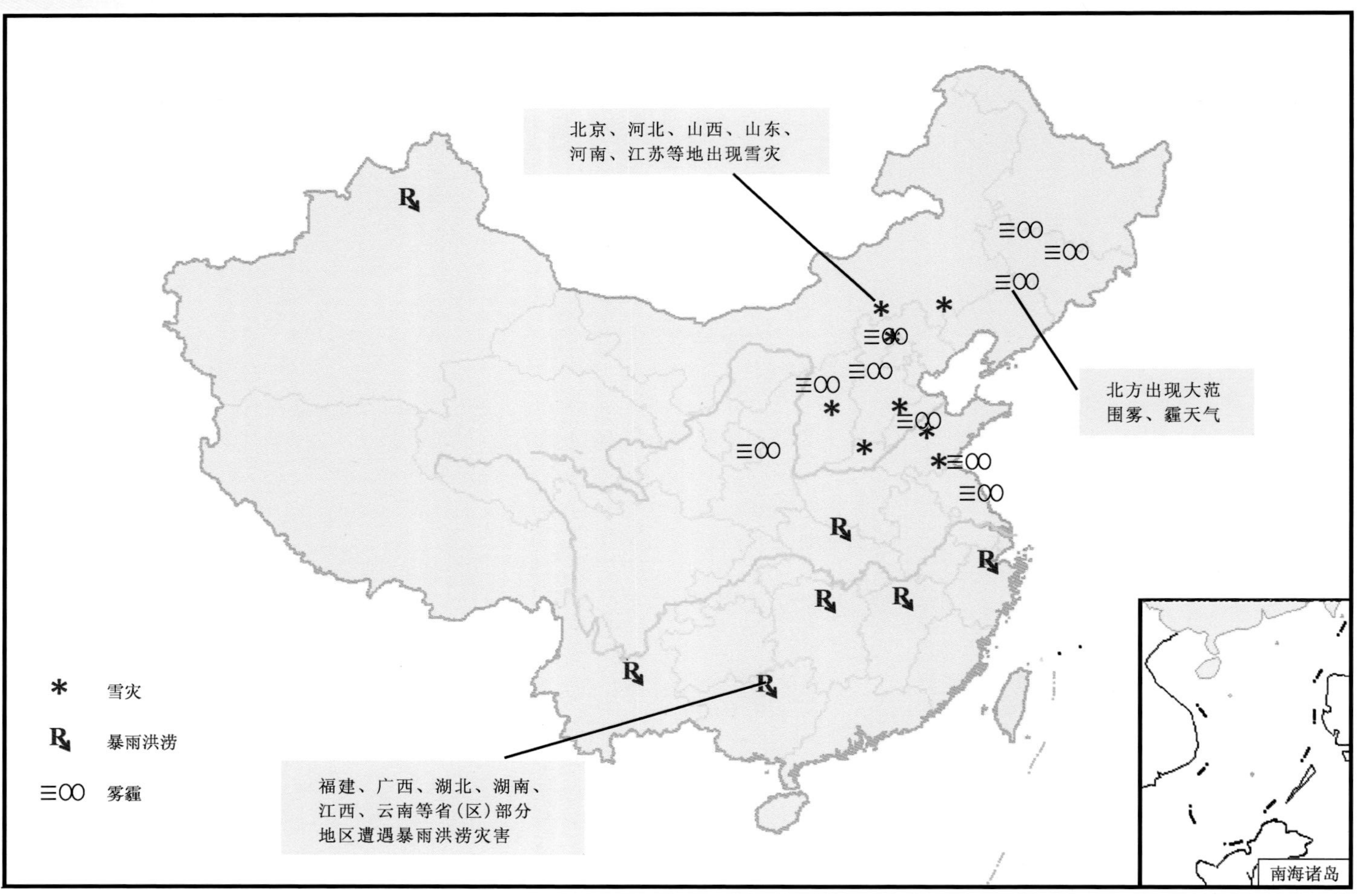

图 B11　2015 年 11 月全国主要和极端天气气候事件分布图

Fig. B11　Main and extreme weather and climate events over China in November 2015

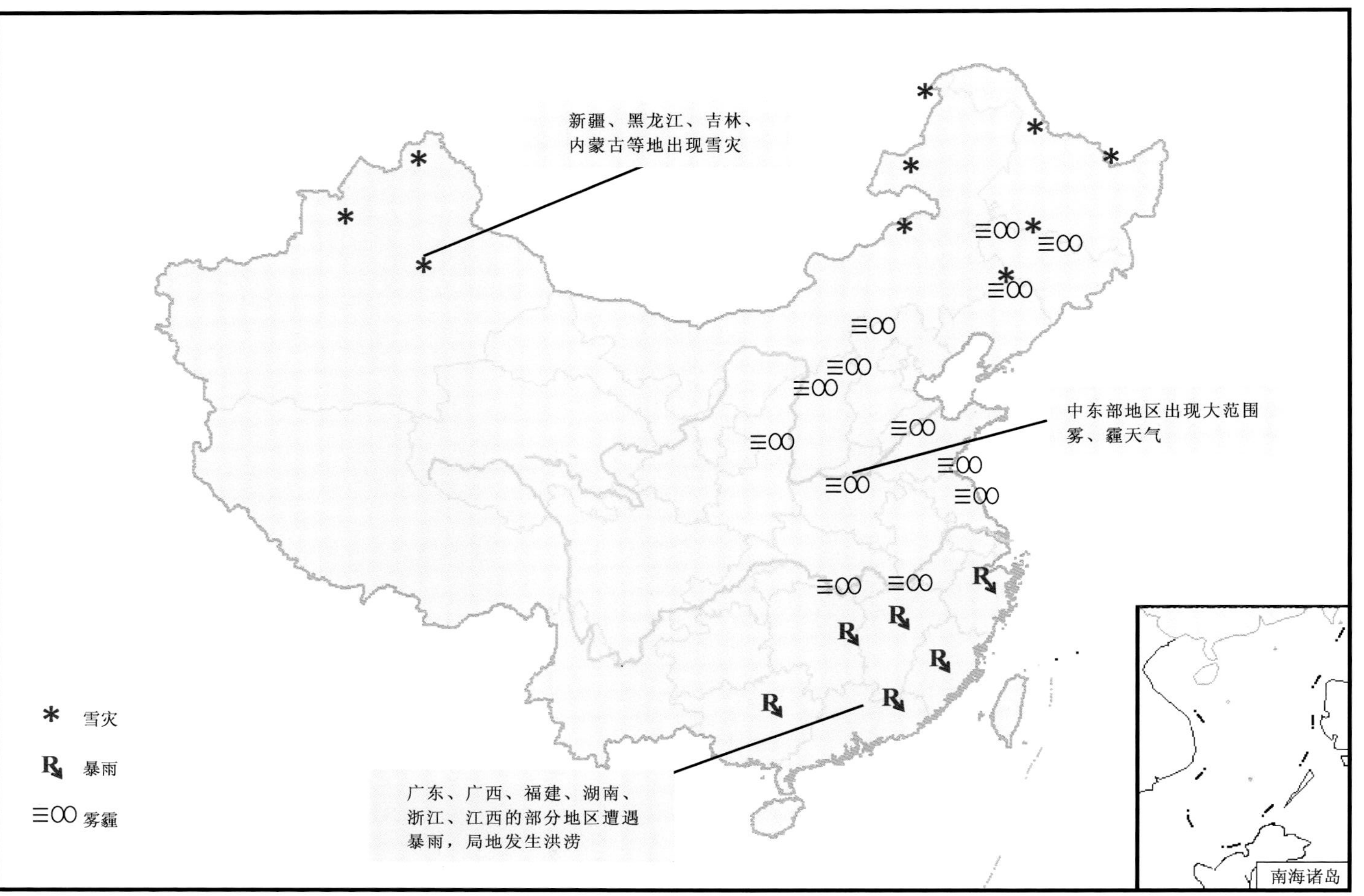

图 B12　2015 年 12 月全国主要和极端天气气候事件分布图

Fig. B12　Main and extreme weather and climate events over China in December 2015

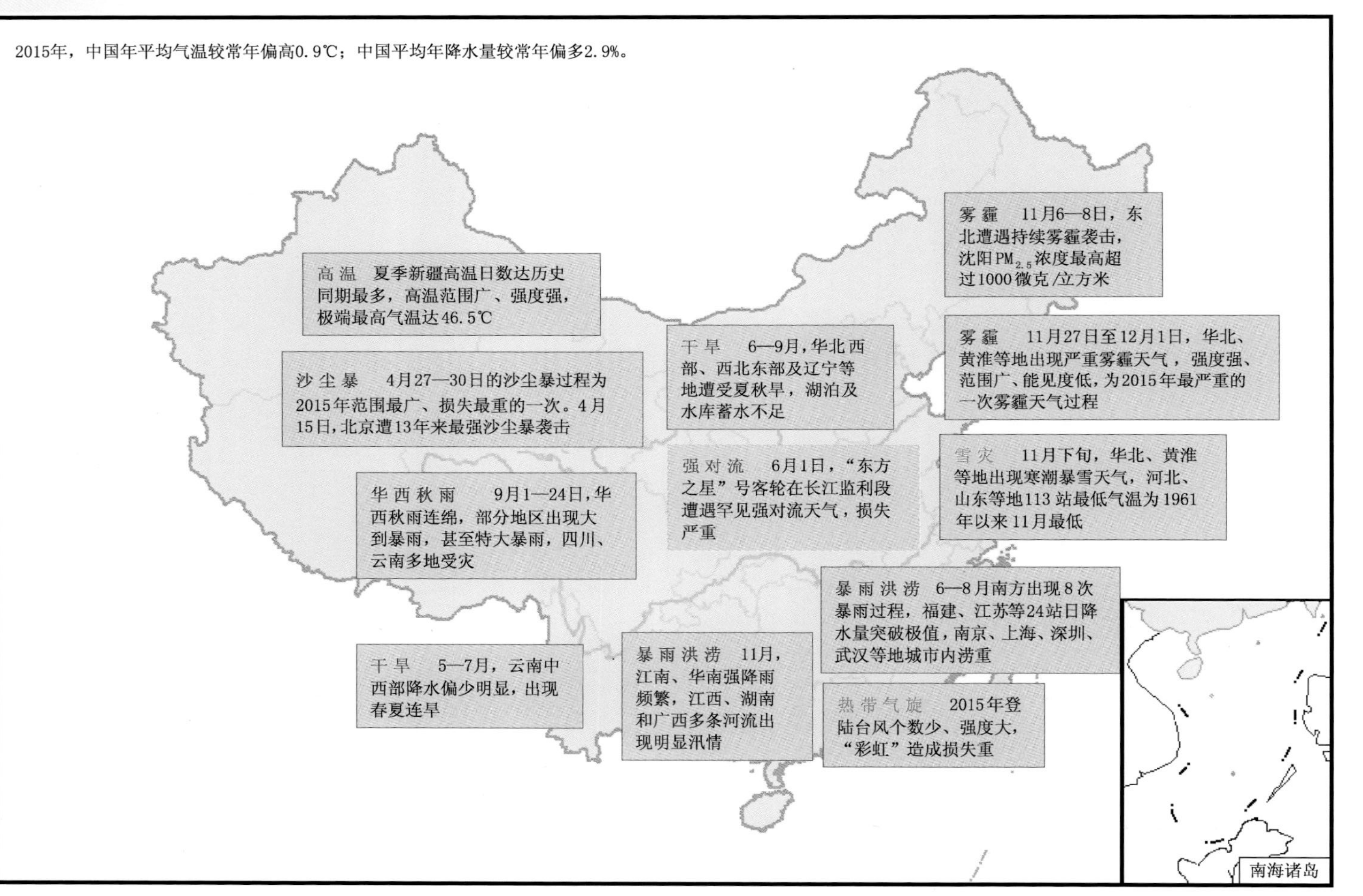

图 B13　2015 年全国主要和极端天气气候事件分布图

Fig. B13　Main and extreme weather and climate events over China in 2015

附录 C　气温特征分布图

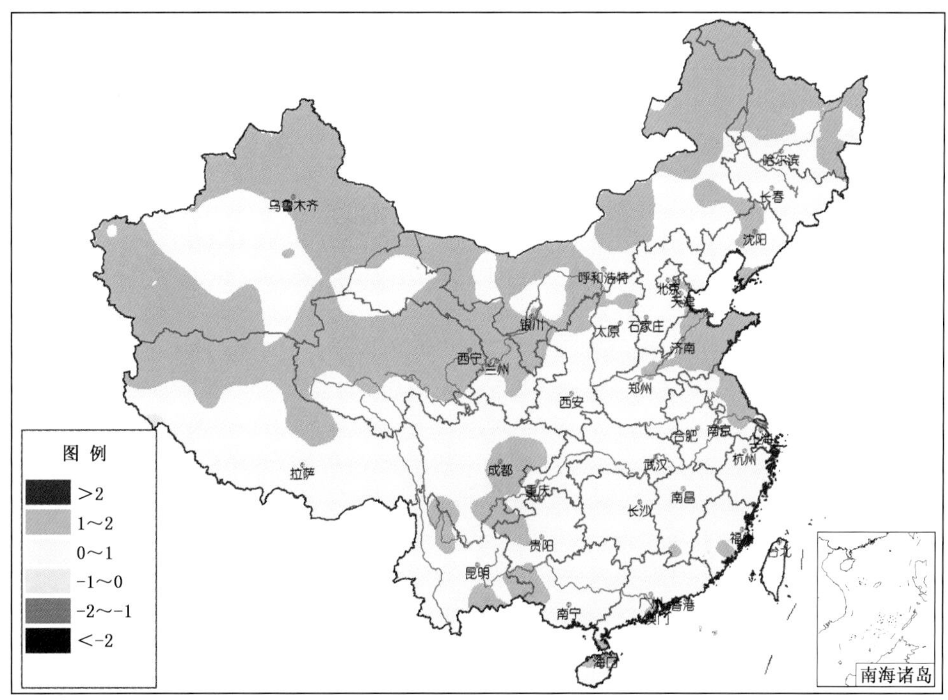

图 C1　2015 年全国年平均气温距平分布图(℃)

Fig. C1　Distribution of annual mean temperature anomalies over China in 2015 (unit: ℃)

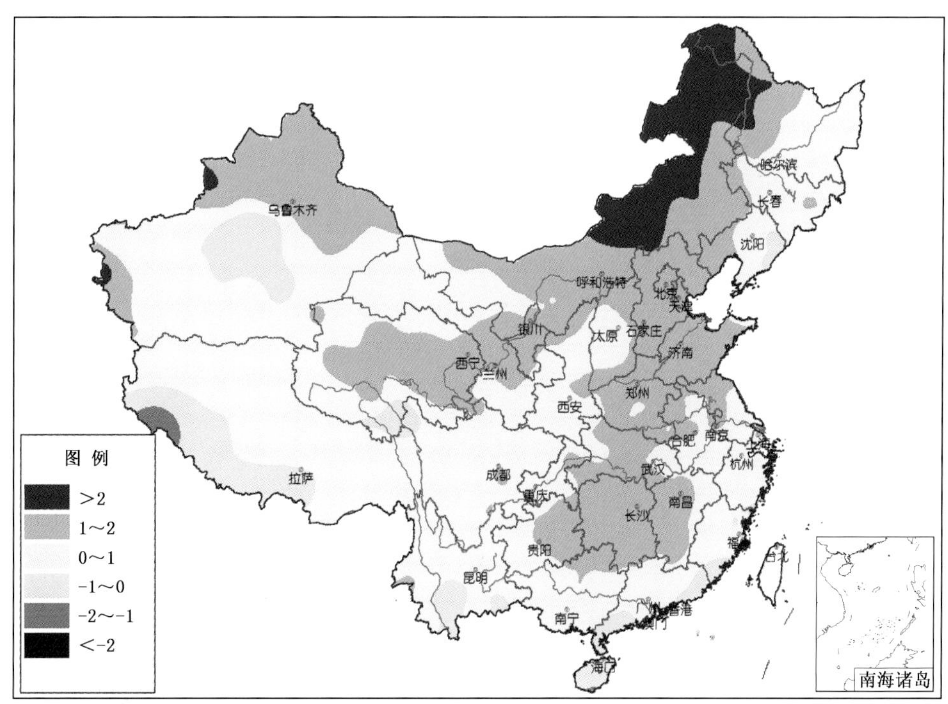

图 C2　2015 年全国冬季平均气温距平分布图(℃)

Fig. C2　Distribution of annual mean temperature anomalies over China in winter of 2015 (unit: ℃)

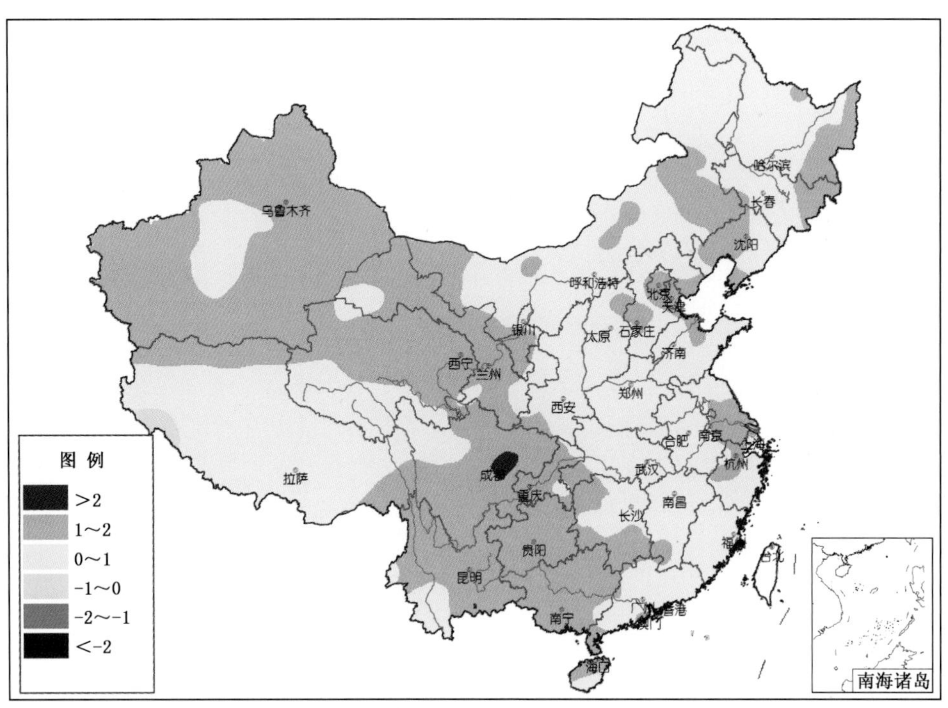

图 C3　2015 年全国春季平均气温距平分布图(℃)

Fig. C3　Distribution of annual mean temperature anomalies over China in spring of 2015 (unit:℃)

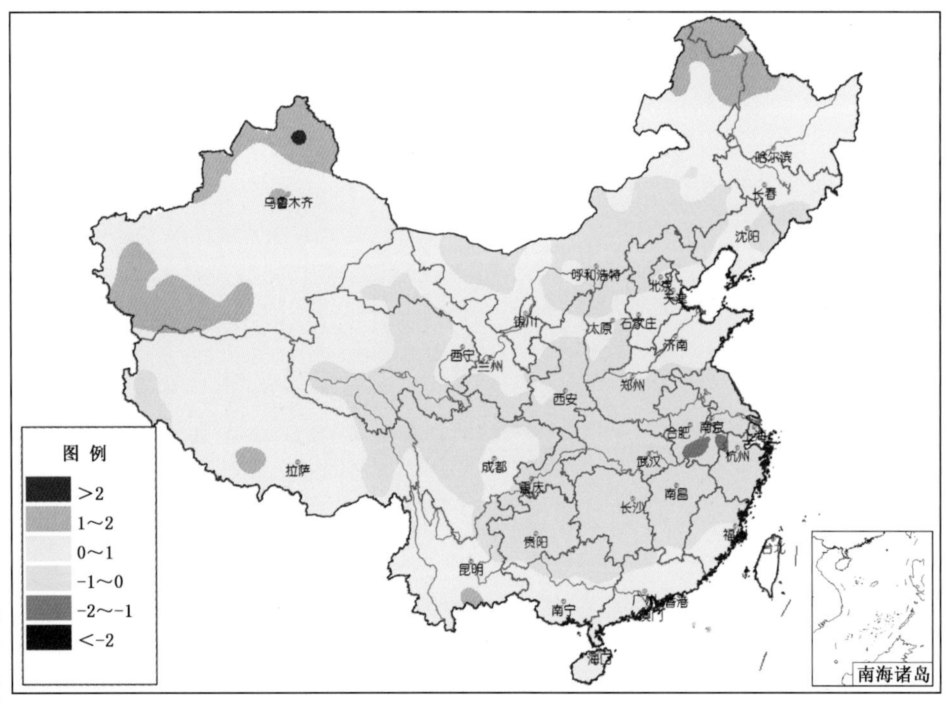

图 C4　2015 年全国夏季平均气温距平分布图(℃)

Fig. C4　Distribution of annual mean temperature anomalies over China in summer of 2015 (unit:℃)

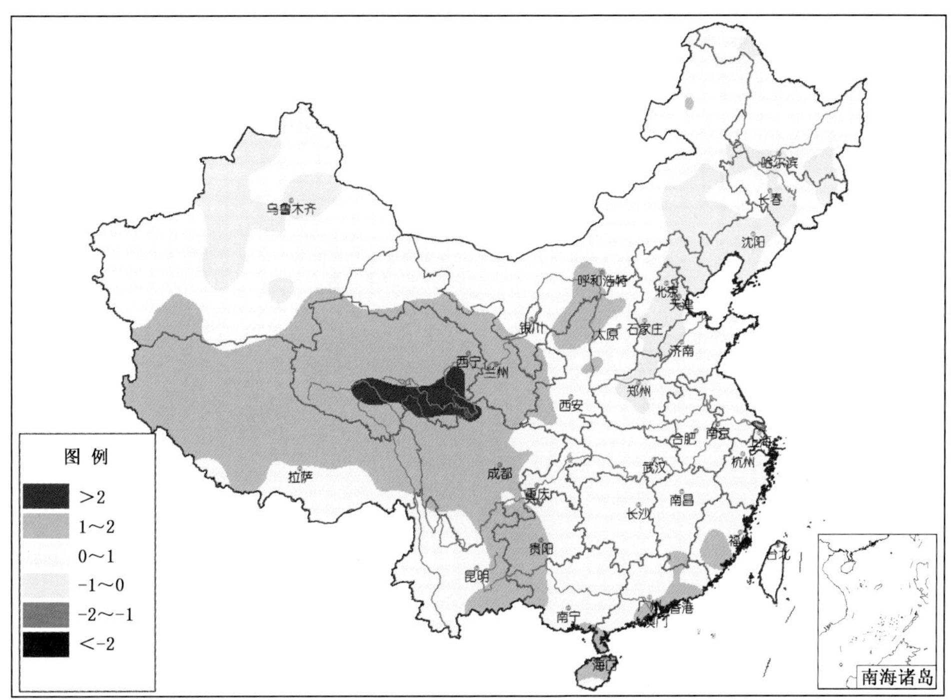

图 C5　2015 年全国秋季平均气温距平分布图(℃)

Fig. C5　Distribution of annual mean temperature anomalies over China in autumn of 2015 (unit:℃)

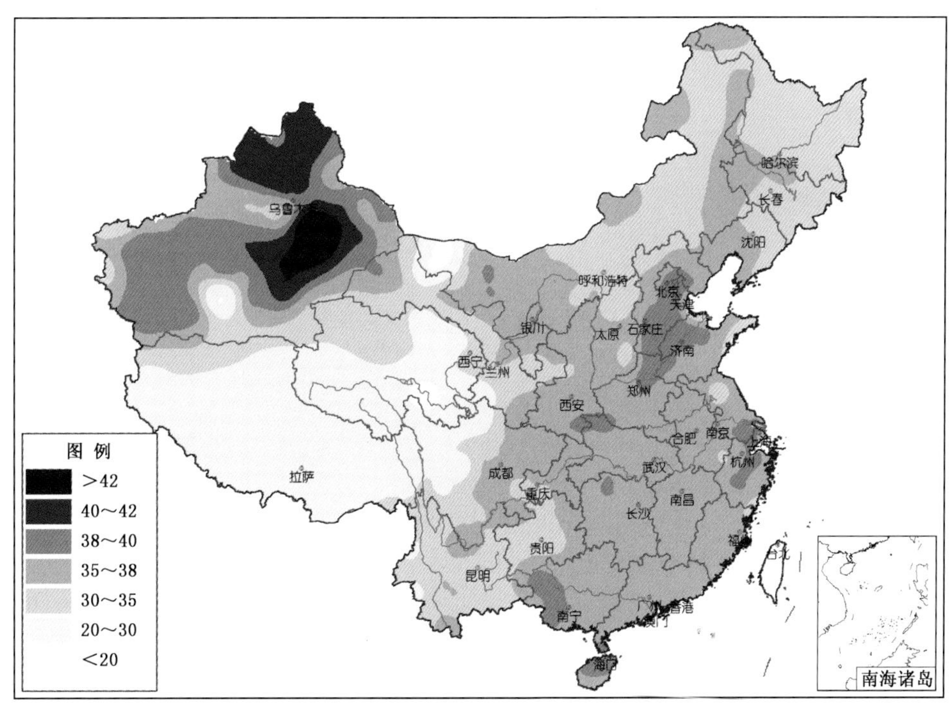

图 C6　2015 年全国极端最高气温分布图(℃)

Fig. C6　Distribution of annual extreme maximum temperature over China in 2015 (unit:℃)

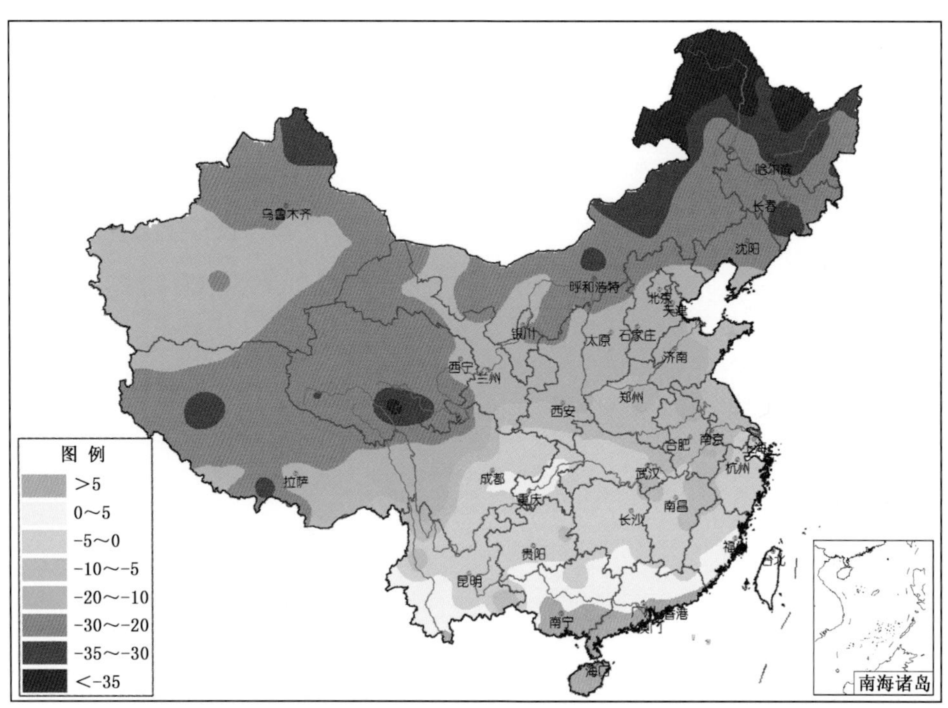

图 C7　2015 年全国极端最低气温分布图(℃)

Fig. C7　Distribution of annual extreme minimum temperature over China in 2015 (unit:℃)

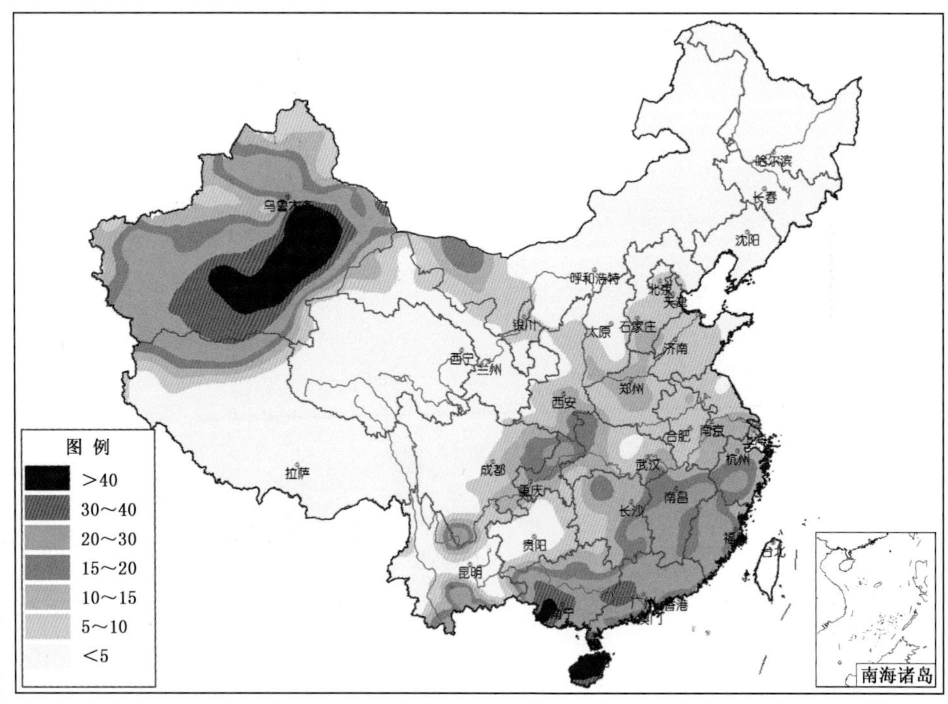

图 C8　2015 年全国高温(日最高气温≥35℃)日数分布图(天)

Fig. C8　Distribution of hot days (daily maximum temperature ≥35℃) over China in 2015 (unit:d)

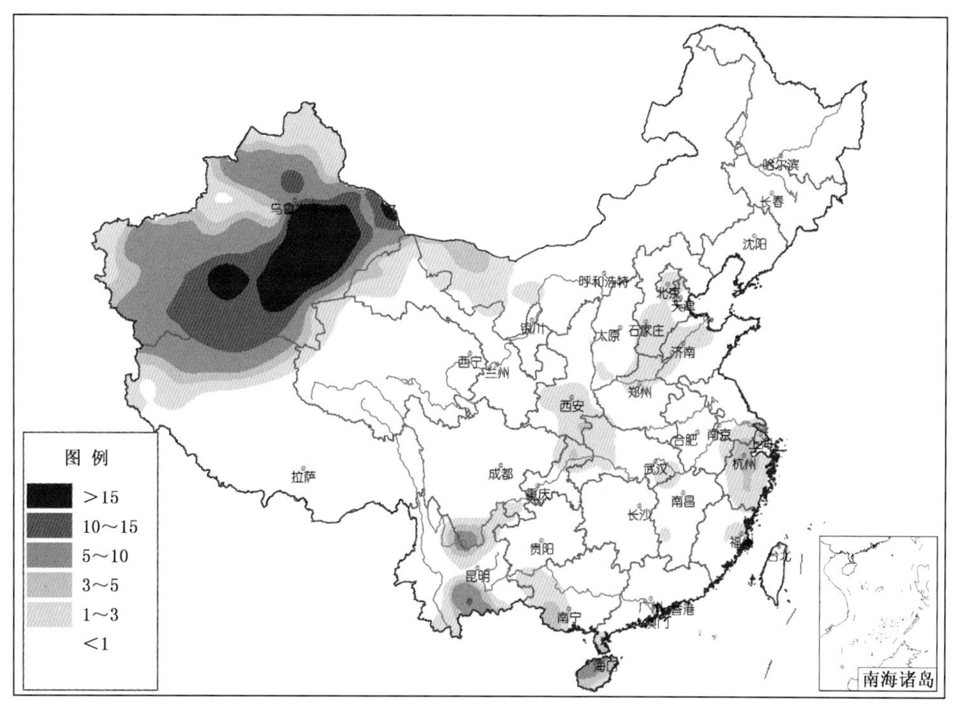

图 C9　2015 年全国高温（日最高气温≥38℃）日数分布图（天）

Fig. C9　Distribution of hot days (daily maximum temperature ≥38℃) over China in 2015 (unit: d)

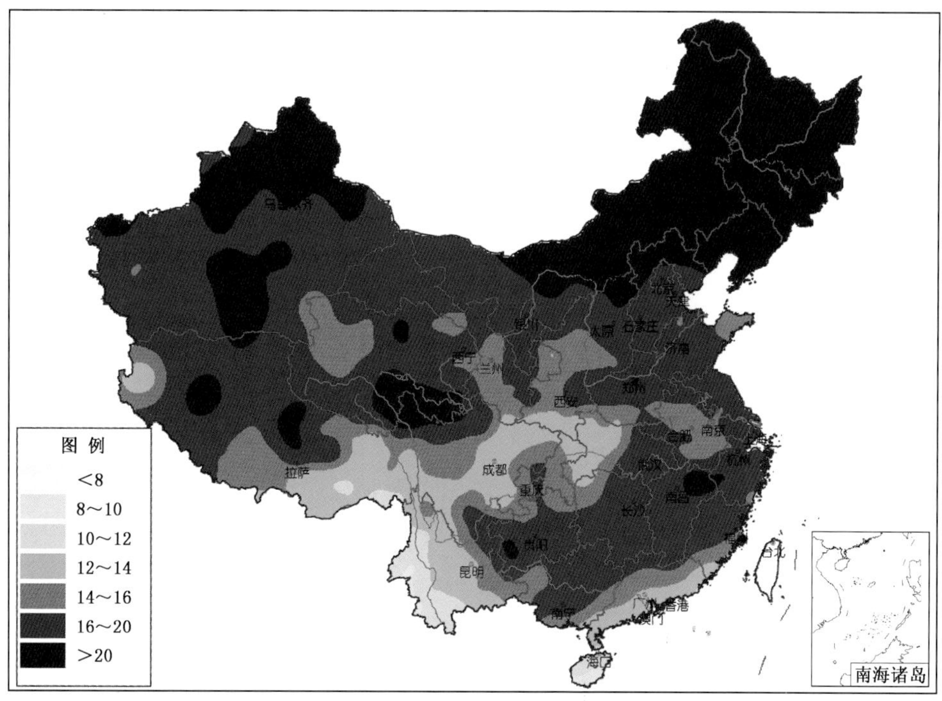

图 C10　2015 年全国最大过程降温幅度分布图（℃）

Fig. C10　Distribution of the maximum amplitude of temperature dropping over China in 2015 (unit: ℃)

附录 D　降水特征分布图

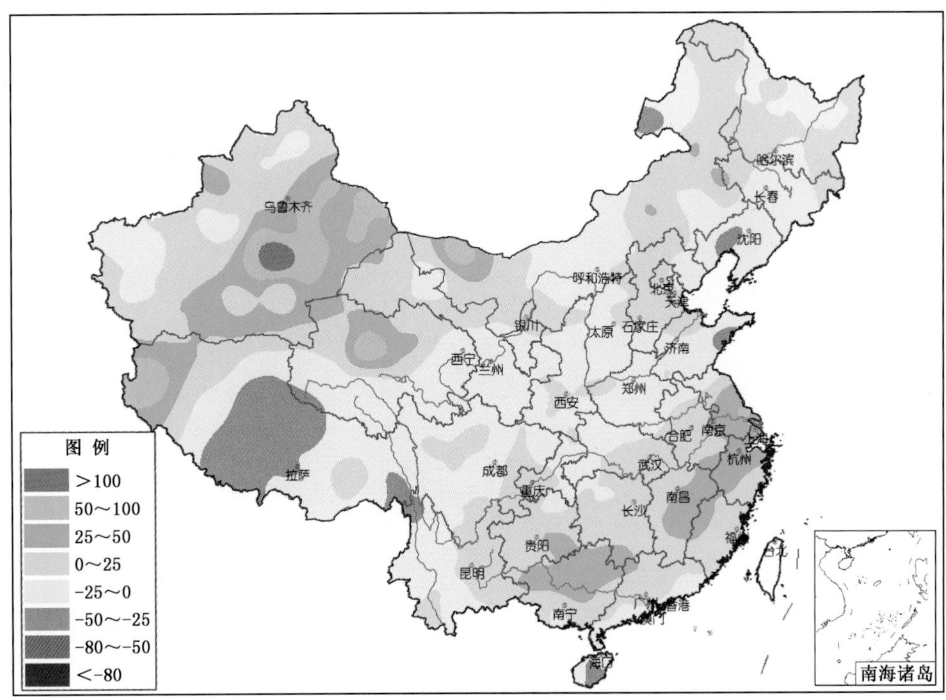

图 D1　2015 年全国降水量距平百分率分布图(%)

Fig. D1　Distribution of annual precipitation anomalies over China in 2015 (unit: %)

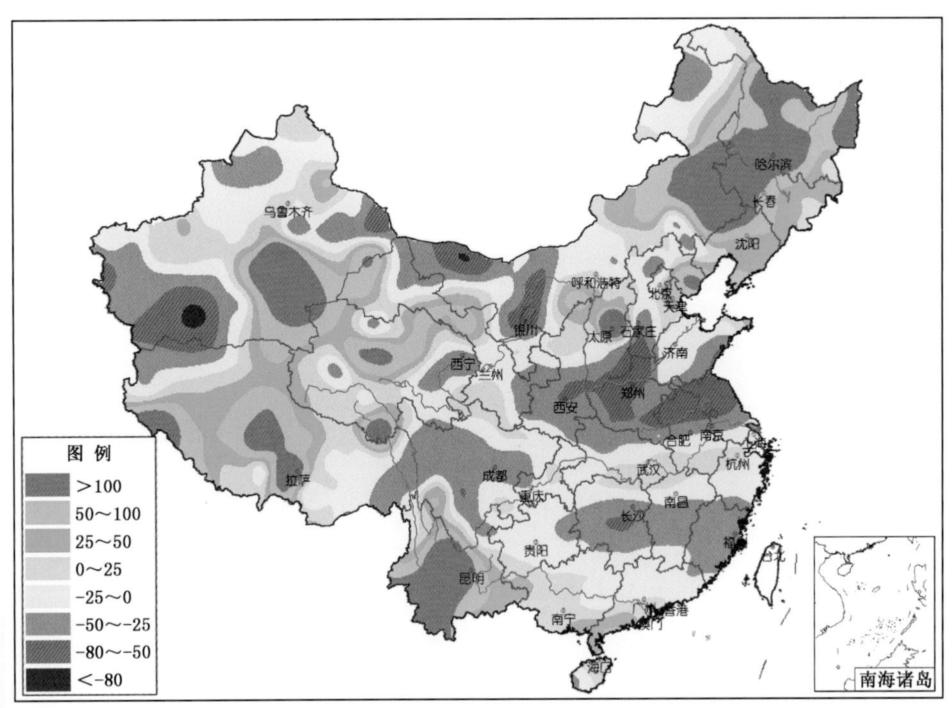

图 D2　2015 年全国冬季降水量距平百分率分布图(%)

Fig. D2　Distribution of precipitation anomalies over China in winter of 2015 (unit: %)

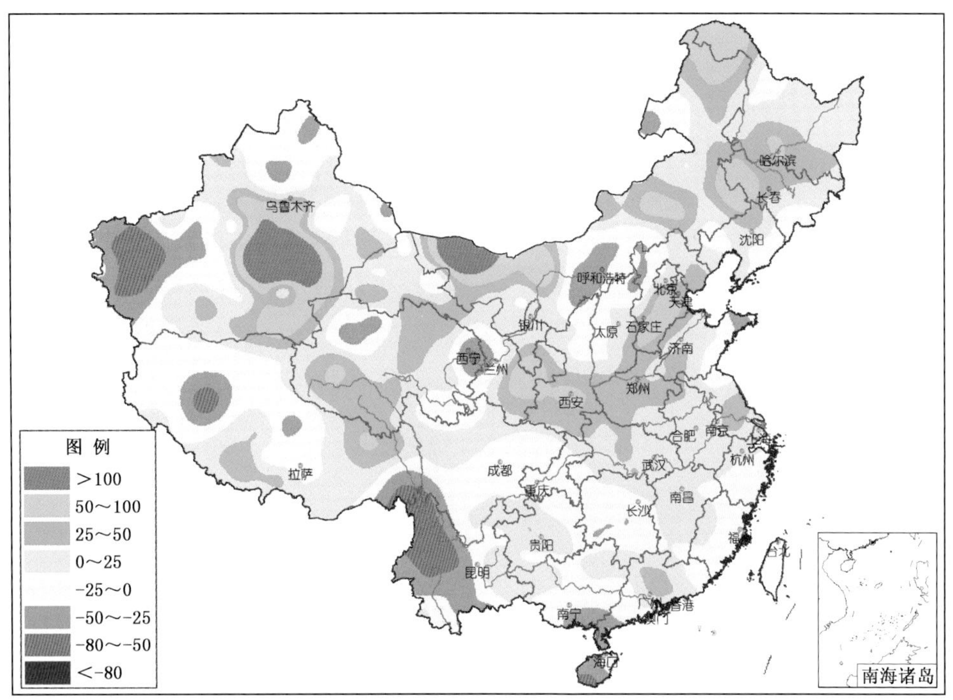

图 D3　2015 年全国春季降水量距平百分率分布图(%)

Fig. D3　Distribution of precipitation anomalies over China in spring of 2015 (unit: %)

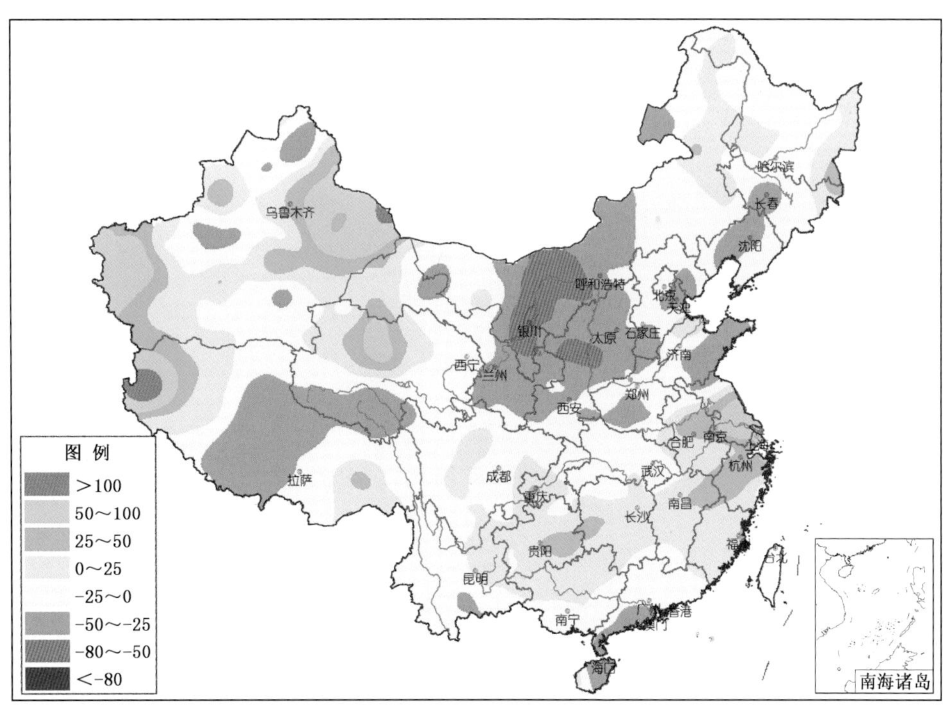

图 D4　2015 年全国夏季降水量距平百分率分布图(%)

Fig. D4　Distribution of precipitation anomalies over China in summer of 2015 (unit: %)

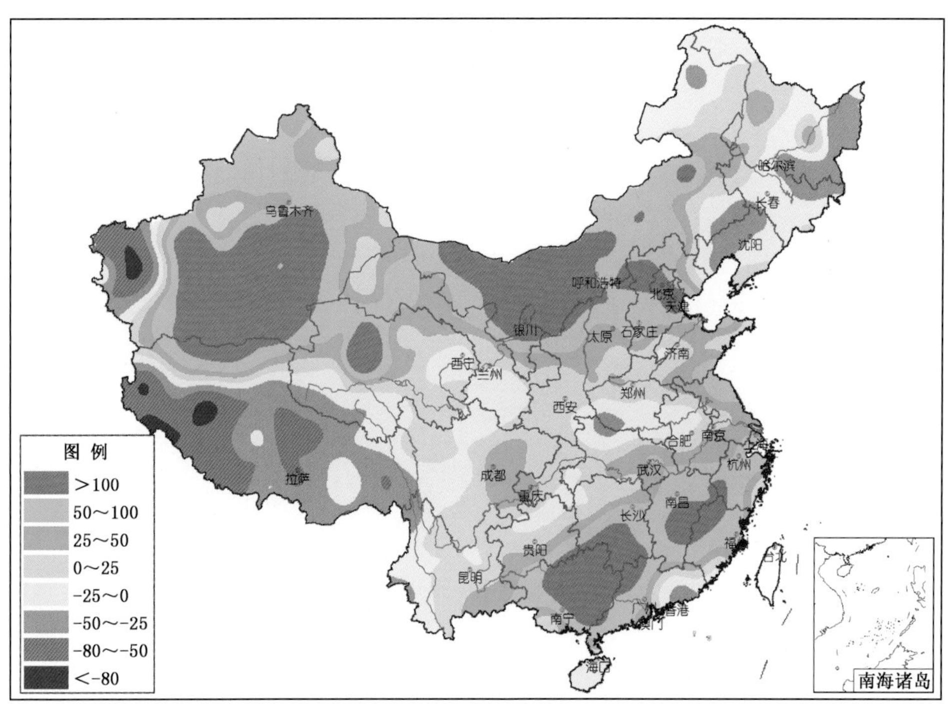

图 D5　2015 年全国秋季降水量距平百分率分布图(%)

Fig. D5　Distribution of precipitation anomalies over China in autumn of 2015 (unit: %)

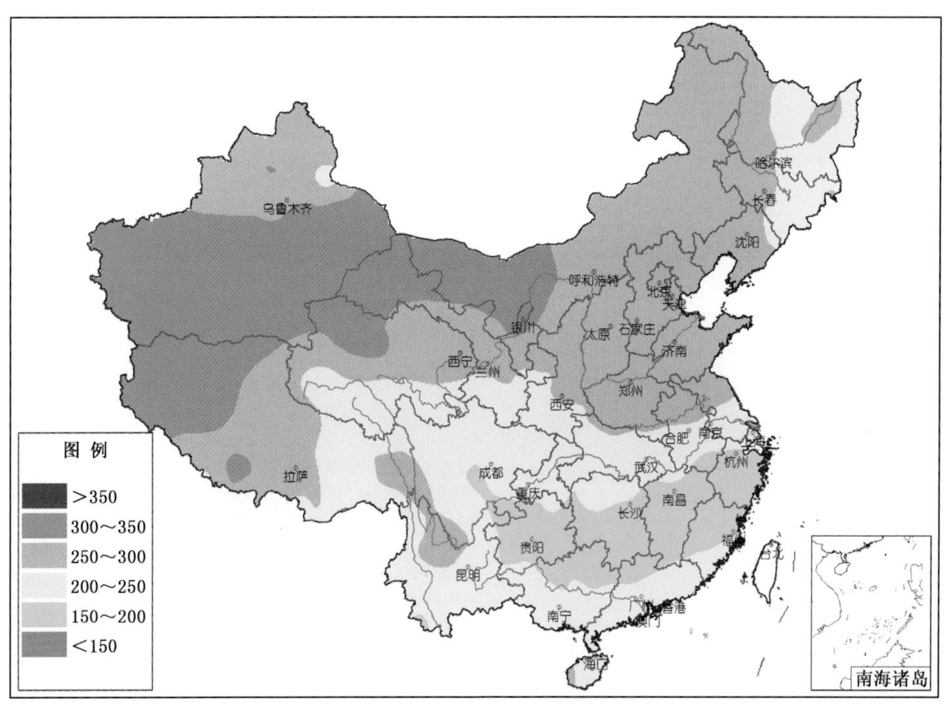

图 D6　2015 年全国无降水日数分布图(天)

Fig. D6　Distribution of non－precipitation days over China in 2015 (unit: d)

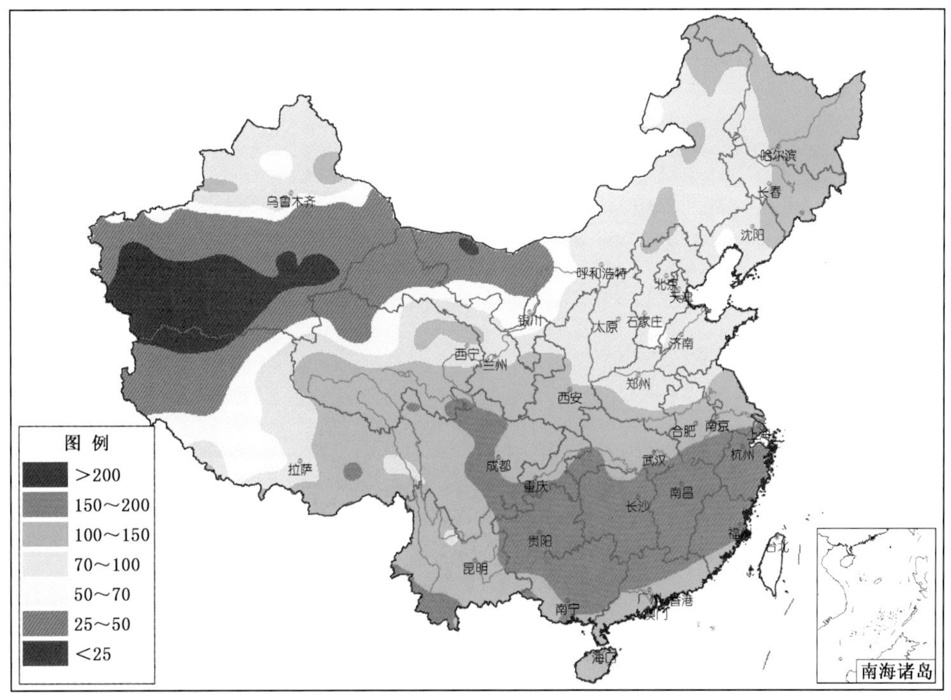

图 D7　2015 年全国降水(日降水量≥0.1 毫米)日数分布图(天)

Fig. D7　Distribution of the number of days with daily precipitation ≥0.1 mm over China in 2015 (unit:d)

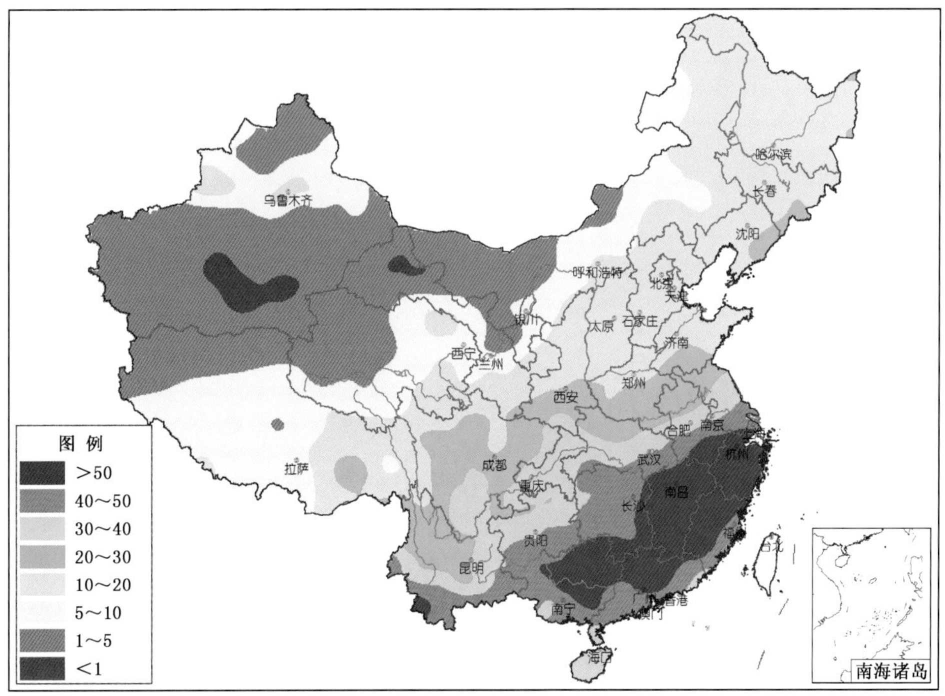

图 D8　2015 年全国降水(日降水量≥10.0 毫米)日数分布图(天)

Fig. D8　Distribution of the number of days with daily precipitation ≥10.0 mm over China in 2015 (unit:d)

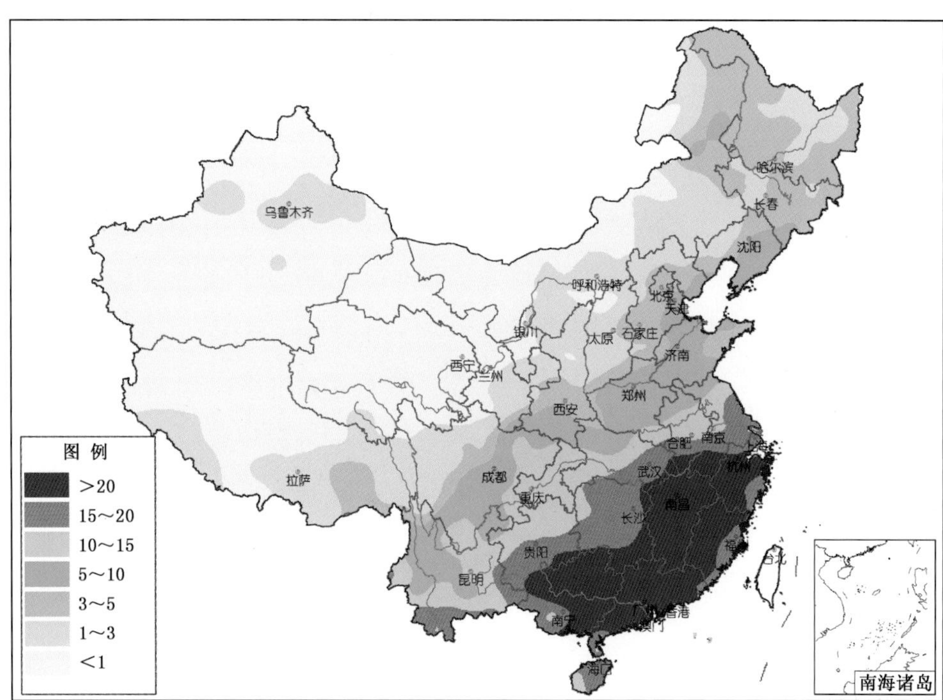

图 D9　2015 年全国降水(日降水量≥25.0 毫米)日数分布图(天)

Fig. D9　Distribution of the number of days with daily precipitation ≥25.0 mm over China in 2015 (unit:d)

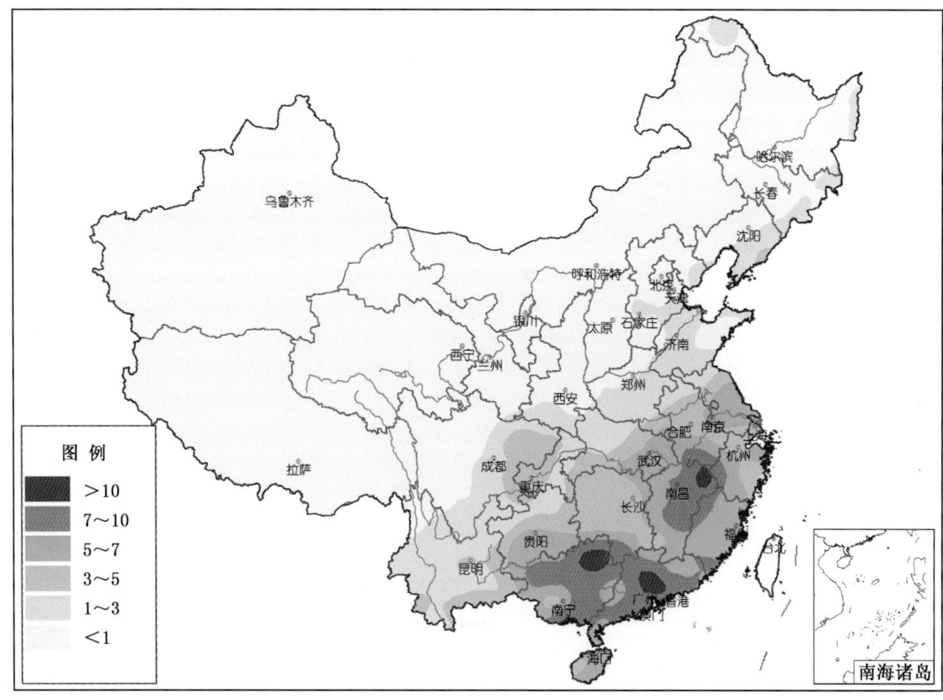

图 D10　2015 年全国降水(日降水量≥50.0 毫米)日数分布图(天)

Fig. D10　Distribution of the number of days with daily precipitation ≥50.0 mm over China in 2015 (unit:d)

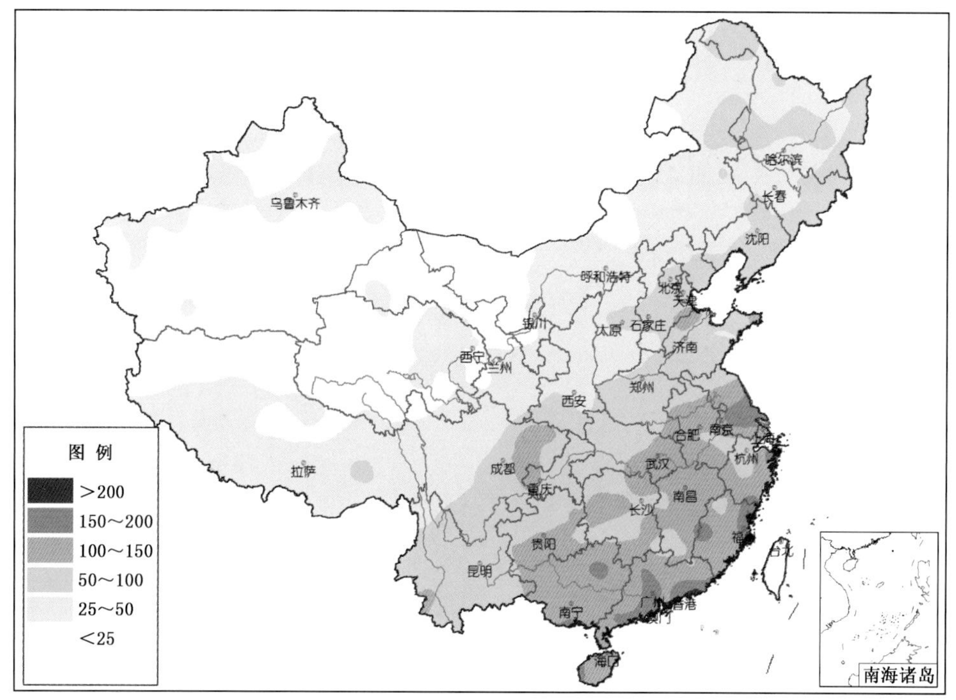

图 D11　2015 年全国日最大降水量分布图(毫米)

Fig. D11　Distribution of maximum daily precipitation amount over China in 2015 (unit:mm)

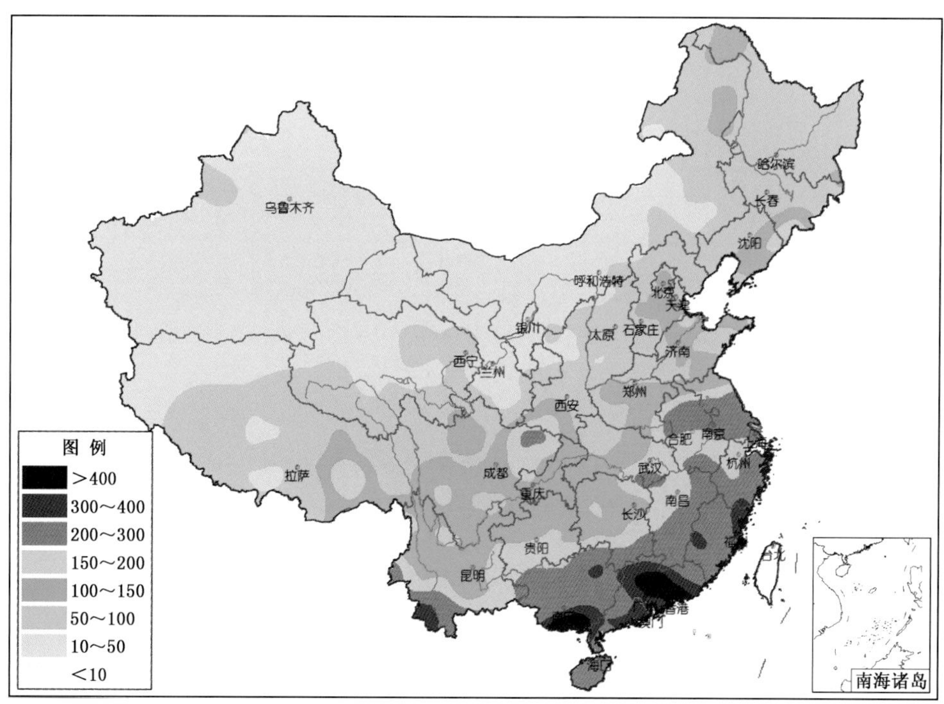

图 D12　2015 年全国最大连续降水量分布图(毫米)

Fig. D12　Distribution of maximum consecutive precipitation amount over China in 2015 (unit:mm)

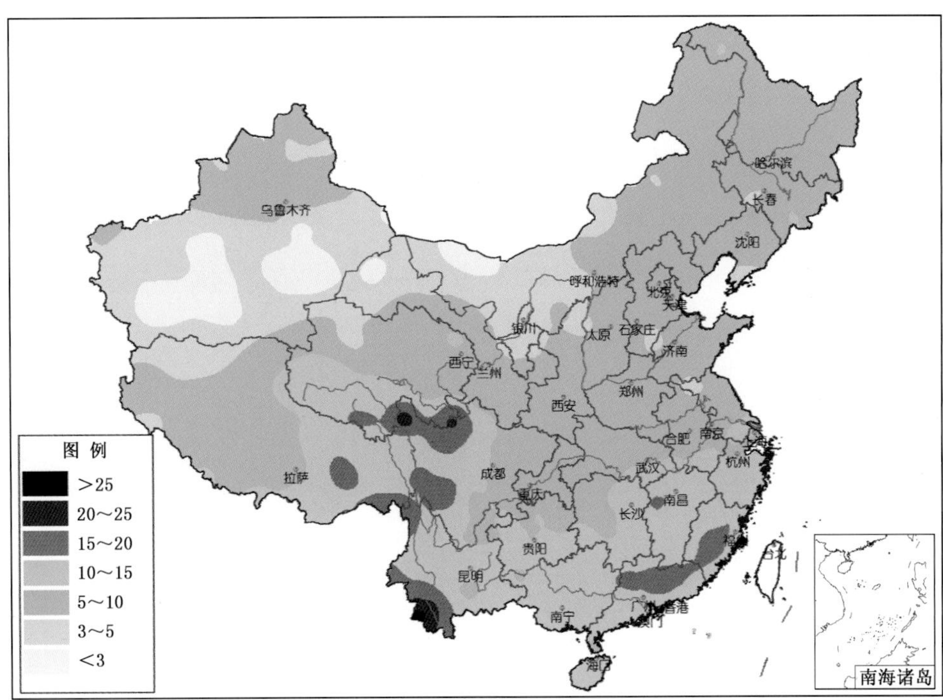

图 D13　2015 年全国最长连续降水日数分布图(天)

Fig. D13　Distribution of the maximum consecutive precipitation days over China in 2015 (unit:d)

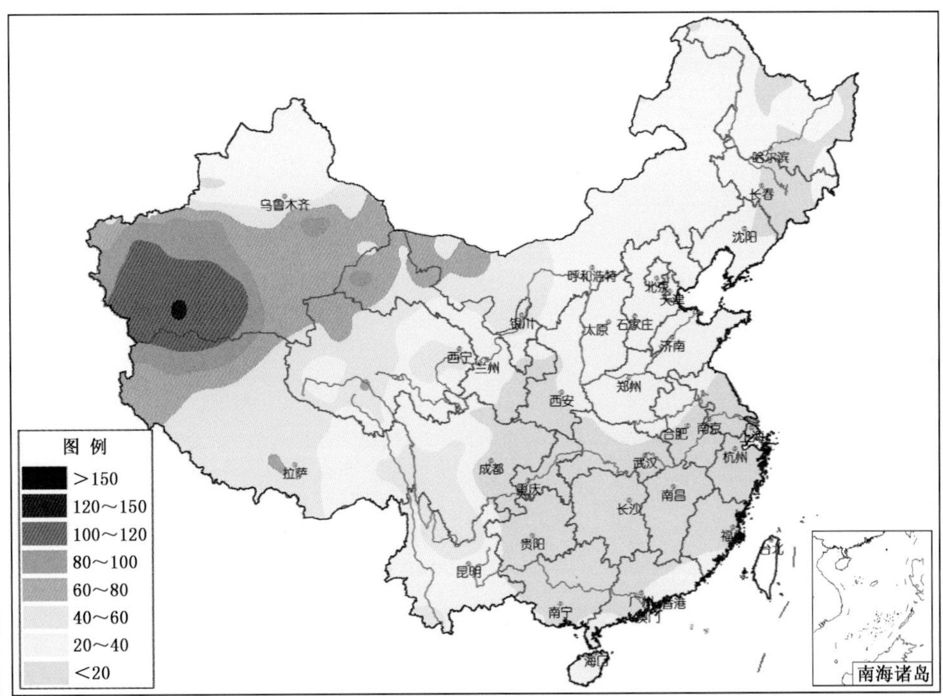

图 D14　2015 年全国最长连续无降水日数分布图(天)

Fig. D14　Distribution of the maximum consecutive non-precipitation days over China in 2015 (unit:d)

附录 E 天气现象特征分布图

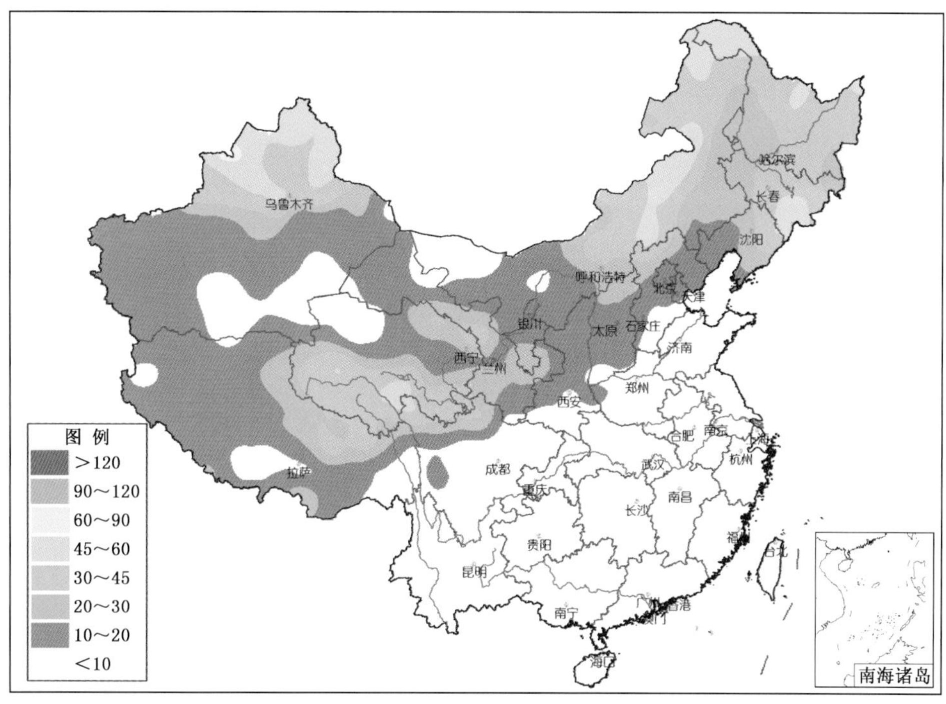

图 E1 2015 年全国降雪日数分布图(天)

Fig. E1 Distribution of snow days over China in 2015 (unit:d)

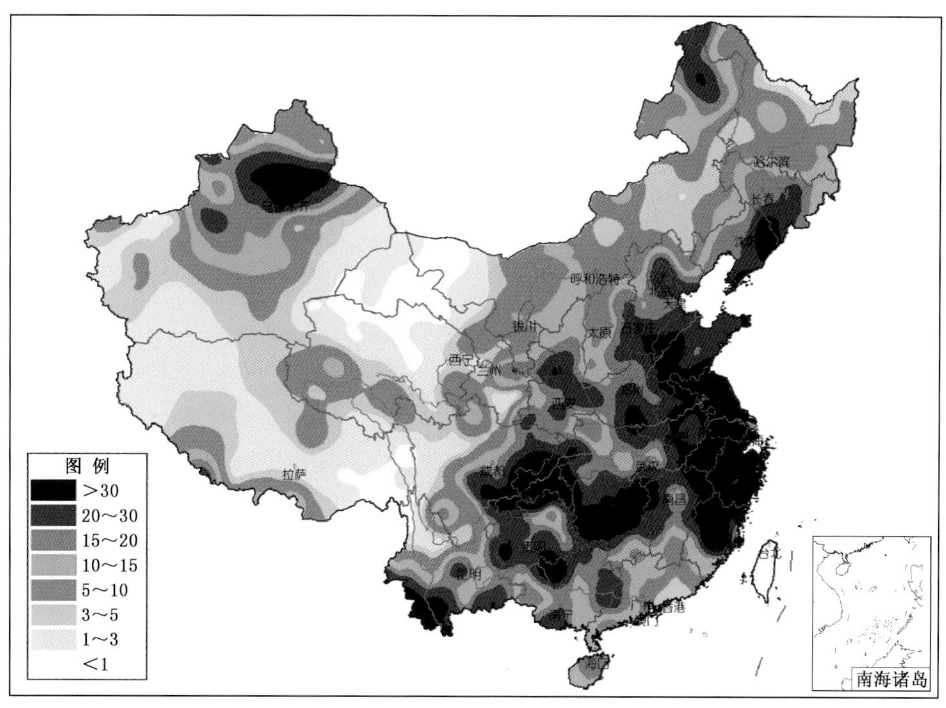

图 E2 2015 年全国雾日数分布图(天)

Fig. E2 Distribution of fog days over China in 2015 (unit:d)

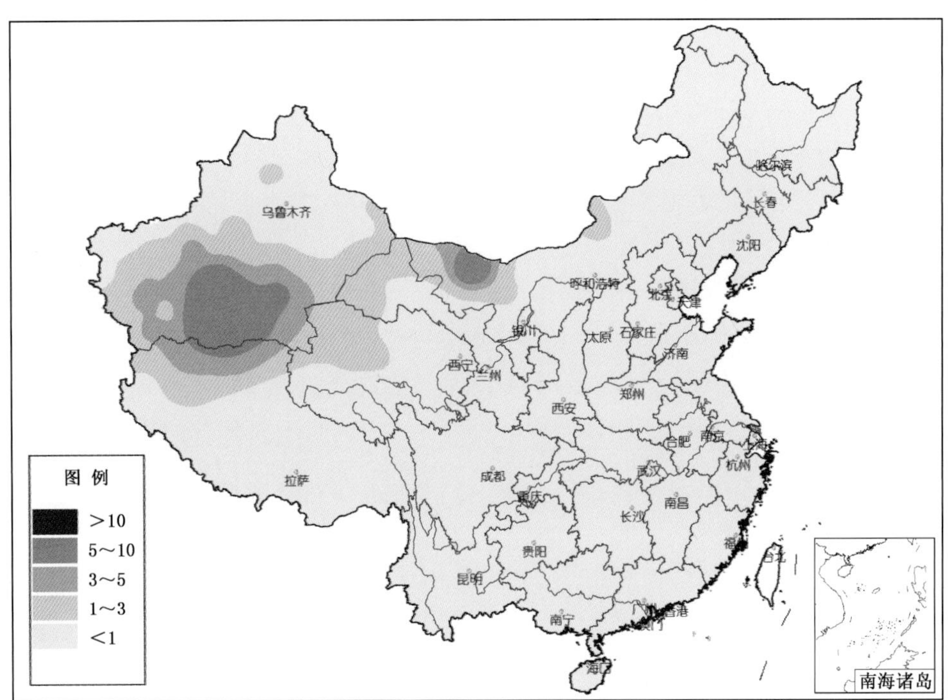

图 E3　2015 年全国沙尘暴日数分布图(天)

Fig. E3　Distribution of sand and dust storm days over China in 2015(unit:d)

附录 F　2015 年香港澳门台湾气象灾害事件

香港

● 5 月 16—26 日，香港持续降雨，强降雨、雷雨大风等恶劣天气导致陆空交通受到影响。截至 24 日晚 10 时止，香港机场累计有 643 班进出港航机被延误或取消。有棚架或大树不堪风雨而坍塌；3 人遭雷击受伤。26 日香港部分学校下午停课，机构暂停服务，有公路因水浸而封闭；打鼓岭农场近八成蔬菜失收，乐富街市大部分蔬菜价格较平日贵三成或以上。

● 6 月，香港地区遭遇高温酷热天气。根据香港天文台统计，全月平均气温为 29.7℃，较常年同期偏高 1.8℃，成为自 1884 年有记录以来最炎热的 6 月。

● 7 月 22 日晨，香港附近海面出现"水龙卷"，维持时间约数分钟。

● 8 月 8 日，香港市区最高气温达 36.3℃，为 1885 年有记录以来 130 年最热的"立秋"节气。有 3 人怀疑中暑(热射病)到公立医院求诊。特区政府民政事务总署当晚开放 15 家夜间临时避暑中心，以帮助部分人士消暑。

● 受台风"彩虹"影响，10 月 4 日，香港幼儿园、肢体伤残儿童学校及智障儿童学校一度停课。香港国际机场有 25 班航班取消，445 班进出港航班延误，占全部航班三分之二。香港市区多处发生塌树事故。凌晨 2 时左右，观塘翠屏邨翠桃楼附近一枝约 5 米长的树干倒塌，压中两辆的士；早上 8 时半，香港铁路东铁线新界粉岭站的路轨旁发生塌树事故，导致电力供应受阻近两小时。另外，大约下午 3 时 20 分，一艘货船因强风和巨浪搁浅。

● 2015 年，香港全年平均气温达 24.2℃，比 1981—2010 年气候常年值高 0.9℃，成为有记录 131 年来最暖的一年。

澳门

● 8 月 8 日，澳门大潭山气象站最高气温 36.4℃，刷新澳门市区自 1957 年以来 8 月单日最高气温纪录；8 月 9 日，大潭山气象站最高气温达 36.6℃，再创历史新高。

● 10 月 3—4 日，受台风"彩虹"影响，澳门航空有 6 个航班取消，5 个航班延误。与此同时，来往香港上环与澳门氹仔北安临时客运码头的航船也一度停航。

台湾

● 2 月 25 日晨，台中航空站出现浓雾。因能见度不佳，航机无法起降，造成 10 多个航班取消或延误。

● 3 月 18 日，金门浓雾弥漫，尚义机场跑道能见度最低不到 500 米，造成台金线全天取消班机 46 班。

● 2014 年 10 月至 2015 年 2 月，全台 13 个平地气象站平均累积雨量创 1947 年以来同期最少纪录。2—4 月，台湾南部春雨偏少，累计雨量平地比气候值少 80～100 毫米，山区比气候值少 150～350 毫米。受大旱影响，日月潭水位持续下降，3 月下旬南投县日月潭水位指标"九蛙"迭像因干旱全都显露。4 月下旬，高雄地区用水的主要水源高屏溪川流量锐减，下游端的水位河床呈现裸露、干涸见底的状态；山区水塘大多干涸。大旱导致多个水库库存告急。3 月中旬，桃园石门水库库区水位仅剩 218.53 米，蓄水量为 4470 万吨，创建坝以来的最低纪录，有效容量只有 22%。3 月下旬，苗栗县内永和山、明德、鲤鱼潭 3 座水库集水区近半年降雨量仅为历年平均值的 2～4 成，其中永和山水库有效蓄水量只有 714 万吨，明德水库有效蓄水量仅剩 265 万吨，水库底泥已经露出且龟裂严重，是 1993 年以来最严重的旱情，供应苗栗、台中地区的三义鲤鱼潭水库水位 273.95 米，距离满水位 26 米，蓄水率仅 30.16%。面临 60 多年来最严重干旱，新北市和桃园市实施限水措施，估计 100 多万户居民受影响。

●5月上中旬，台湾部分地区出现大雨，使干旱得到不同程度缓解。其中，5月5日凌晨，台南地区降大雨，曾文水库到上午10时累积降雨量38.9毫米；5月12日晨，石门水库等地降大雨，截至上午8时30分，桃园市龙潭区（石门水库）累计雨量超过90毫米，新竹县关西镇等地逾80毫米，台中市新小区、大里区逾68毫米，台北市信义区、新北市中和区等地逾60毫米，新竹县北埔乡、市东区等地逾50毫米。因连日降雨，截至5月12日上午8时，石门水库有效蓄水量增加到6193.3万立方米，占水库有效蓄水容量30.78%。

●5月23—25日，台湾中南部出现强降雨。23日零时至25日晨，屏东县泰武乡西大武山降雨量达801.5毫米，高雄市桃源区溪南636毫米，小关山617.5毫米。强降雨导致多地出现积水、淹水灾情。24日，嘉义县阿里山乡丰山降雨140毫米，造成1人死亡。高雄市茂林区24小时雨量逾200毫米，造成台20线溪底便道全毁，勤和里到梅山里的对外交通中断，全区25日下午停班停课。阿里山区24日24小时降雨量达215毫米，25日阿里山本线及各支线铁路全部停驶。连日下雨，使全台多处水库蓄水量获得补充，进一步缓解旱情。至5月25日上午7时，石门水库有效蓄水量达8286.08万立方米，占有效蓄水容量41.18%。

●6月23日午后，台湾桃园地区出现雷雨天气，造成桃园机场17个航班延误，2000多名旅客行程受到影响。

●受9号台风“灿鸿”外围环流影响，台湾中部以北及东北部地区风雨明显增强，各沿海风浪也明显增大，尤其基隆北海岸浪高超过8米。7月9日，台东绿岛巨浪造成1人失踪。7月10日，基隆北海岸两人被大浪击伤；台北牯岭街的一棵树木倒塌，导致3人轻伤。台北市、新北市、基隆市和桃园县7月10日全面停班停课。公共交通也受到影响，台湾高铁取消了15—21时期间的21个车次列车，从台北、桃园出发的大部分航班停飞。11日下午，花莲1人被巨浪卷走失踪。

●7月20日清晨6点半左右，台南新化区山脚里、知义里、东荣里遭受龙卷风袭击，造成22户民宅不同程度受损。

●8月8日凌晨，强台风“苏迪罗”在台湾花莲登陆并横穿台湾。受其影响，全台21处测到10级以上风力，苏澳8日清晨最大阵风超过17级，彭佳屿17级，台中梧棲、兰屿16级，宜兰、东吉岛、马祖15级，基隆、新屋、花莲14级，台北13级；台湾大部地区降雨量200～500毫米，南部和北部部分地区500～800毫米，局部地区超过800毫米，其中7—8日宜兰县大同乡太平山降雨量达1289毫米，新北市熊空山降雨量达905毫米；台湾东北角沿海出现巨浪，龙洞浮标测得浪高17.1米，刷新该浮标设置以来的最大浪高纪录。台北101大楼防风阻尼器摆动幅度正负达100厘米，破2013年苏力台风创下的正负70厘米纪录；台北市4000余棵路树倾倒，1600多棵全倒；日月潭缆车因风大停驶；台铁汉本站内停靠的10节货车被狂风吹得倾倒路基；台中市高美湿地5.7吨风力发电机有6架被拦腰折断。受暴雨影响，宜兰多处一片汪洋；新北市三峡河水位暴涨；淡水河临近新店中和一带，最高水位是台风前的4倍；新店溪水位暴涨，碧潭码头被淹没；石门水库被迫泄洪；因暴雨渗入电路系统，中华电视开台44年来首次断电；新北市有28处发生泥石流，桃园市复兴区合流部落10户人家惨遭泥石流灭顶。

台风“苏迪罗”肆虐台湾，造成严重损失。据报道，全台农业损失超过30亿元新台币，其中，嘉义县损失最为严重，超过5亿元，云林县损失超过3亿元，台南市、高雄市和宜兰县的损失也都超过2亿元。农作物受灾面积3.2万公顷，其中绝收面积近8600公顷。台风给台湾交通造成较大影响。台铁、高铁一度全线停驶，中横公路损毁严重；岛内航班全部停飞，约600架次两岸及国际航班受到影响；闽台海上客运全面停航。据台“经济部”统计，“苏迪罗”造成全台最严重停电纪录，一度累计有485万多户家庭停电，停水近43万户。另据台教育主管部门统计，共有1827所学校受灾，损失金额约3.57亿元。截至10日统计，全台湾因灾死亡8人，4人失踪，420人不同程度受伤。

● 8 月，台湾澎湖累积雨量达 789 毫米，是 1896 年设站以来仅次于 1898 年 8 月(826.2 毫米)的第二多雨量，创下了 117 年来的百年新纪录。

● 夏季(6—8 月)，全台 13 个平地站平均气温高达 29.0℃，比常年同期平均值高出 1.2℃，是 68 年来的最高纪录。若从单月全台均温分析，6 月因梅雨季提早结束，全台平均气温达 29.5℃，高出常年同期平均值 2.4℃，创下历史纪录；7 月均温比常年平均值偏高 0.9℃；8 月均温略高出常年平均值 0.3℃，其中台北平均气温为 28.6℃，只比平均值略高 0.1℃，是 2001 年以来最凉的 8 月。

● 9 月 16 日清晨，台湾北部遭遇强降雨，基隆武仑溪暴涨，基隆市安乐区大武仑一度淹水严重，交通受到影响。

● 9 月 28 日 17 时 50 分，台风“杜鹃”在台湾宜兰县登陆。受其影响，宜兰县苏澳镇出现 17 级强阵风，打破当地设站以来的历史纪录；台湾中北部多地风强雨骤；北部多地出现“台风暴潮”。台风带来强风暴雨，给台湾造成严重损失。全台预防性疏散撤离逾 12000 人，收容安置 2800 多人，因灾死亡 3 人，伤 376 人。“杜鹃”对台湾供电供水产生严重影响。据台湾电力公司统计，全台一度有逾 228 万户停电；据台湾自来水公司统计，全台一度有 32 万户停水。“杜鹃”给台湾陆海空交通造成干扰。其中，苏花公路因部分路段发生大片山体塌方，一度双向阻断；铁路方面，29 日中午 12 时前，台湾高铁全线暂停营运，台铁东部和西部干线、南回线、各支线，以及阿里山铁路全线停驶；海运方面，29 日全台有 13 条航线、120 班客运船班停航；航空方面，桃园等机场 28 日大批航班被取消，仅桃园机场就有 4 万多名旅客滞留。“杜鹃”还给台湾民众的学习、工作造成不同程度影响。29 日，除屏东县、台东县照常上班、上课，以及台南市、高雄市部分学校照常上课外，全台其余县市都停班、停课。农渔业方面，全台农渔业损失约 1.7 亿新台币，其中云林县农作物受害面积达 2973 公顷，损失金额约 8000 万元新台币，灾情最重。

附录G　2015年国内外十大天气气候事件

国内十大天气气候事件

1.11月下旬北方遭遇寒潮，中东部开启“速冻”模式
2.入秋后北方雾、霾不断，东北多地空气质量指数爆表
3.4月中旬沙尘暴袭北京，京城遭遇重度污染
4.主汛期南方多地日雨量破纪录，城市频看“海”
5.夏季新疆高温日数突破历史极值，林果遭受高温热害
6.“彩虹”登陆广东，多龙卷随行实属少见
7.11月江南华南频遭强降雨，秋汛明显
8.北京天气颜值爆表，秋高气爽迎来“阅兵蓝”
9.“苏迪罗”肆虐东南沿海，两次登陆造成巨大损失
10.夏季北方阶段性干旱突出，水体面积明显减小

国外十大天气气候事件

1.史上最长厄尔尼诺“李小龙”诞生，全球紧绷神经
2.3月17日出现第24太阳活动周最强地磁暴
3.恐怖高温笼罩南亚，三千余人丧生
4.双台三台共舞西太平洋，路径预报考验科学家
5.2015年是有观测记录以来最暖的年份
6.夏季热浪袭击欧洲，多国高温创记录
7.干旱重创非洲，多国面临粮食危机
8.史上最强飓风“帕特里夏”登陆墨西哥，中心风速350千米/小时
9.年初美国频遭暴风雪袭击，部分地区积雪深达183厘米
10.罕见暴雪致阿富汗二百余人死亡。

Summary

Annual mean temperature over China is 10.5℃ in 2015, which is 0.9℃ warmer than the climatic normal, and is the highest since 1961 (Fig. 1). And four seasonal temperatures are also higher than the climatic normal. The annual precipitation over China is 648.8 mm, which is 3.0% more than the normal and 2.0% more than that of 2014 (Fig. 2). Winter and summer precipitation are less, spring is close to, and autumn precipitation exceeds the climatic normal.

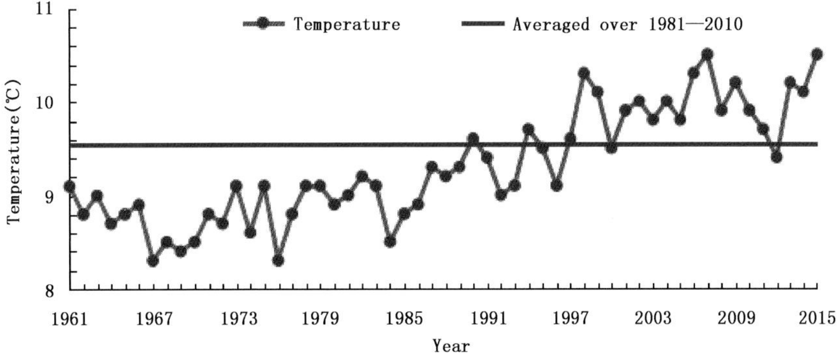

Fig. 1 Annual mean temperature over China during 1961—2015 (unit: ℃)

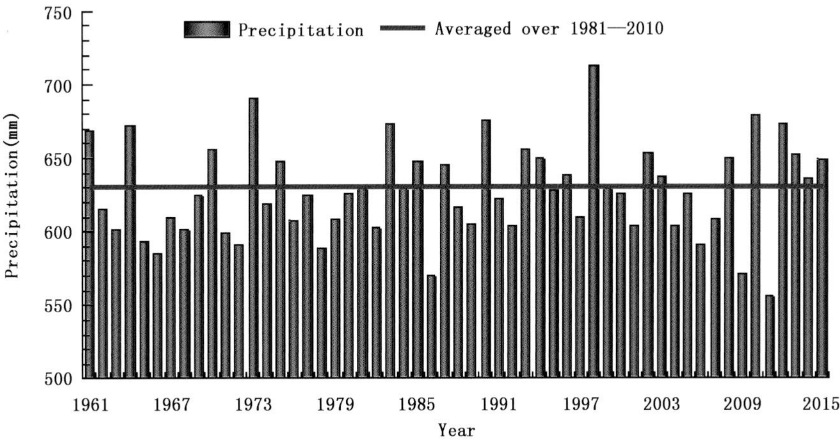

Fig. 2 Annual precipitation over China during 1961—2015 (unit: mm)

Rainstorm processes are concentrated in south China in flood season, and some regions suffered from frequent autumn rainfall. There is no large scale basin-wide rainstorm and flood disaster in 2015. Therefore, the rainstorm and flood disasters are relatively slight. Periodic meteorological droughts are apparent, summer-to-autumn droughts in western North China and Liaoning province cause adverse impacts to the winter wheat production. More typhoons are generated but less than normal are landed, and landfall typhoon intensity is stronger. Frequent severe convection weather events cause great losses in certain regions. There are consecutive fog and haze weather in central-east China, result in adverse impacts to human health and transportation. Frequent high temperature weather appear in southern part of South China and Xinjiang in summer, while it is relatively cooler in the middle and lower reaches of Yangtze River. There are periodical low-temperature and freezing weather in certain regions, but brought slight harms.

Statistics indicate that meteorological and the related disasters in 2015 affect about 0.19 billion person-times, and cause 1217 death and 135 missing. Disasters also strike 2.18×10^7 hm^2 crop lands, with 2.23×10^6 hm^2 farmlands without harvest. And the direct economic loss (DEL) reached 250.3 billion RMB (Fig. 3). In general, the DEL caused by meteorological disasters in 2015 slightly exceeds the average level of the 1990—2014. While the death toll and disaster affected areas in 2015 are obviously lesser than the average values of 1990—2014. The meteorological disaster in 2015 belongs to slight.

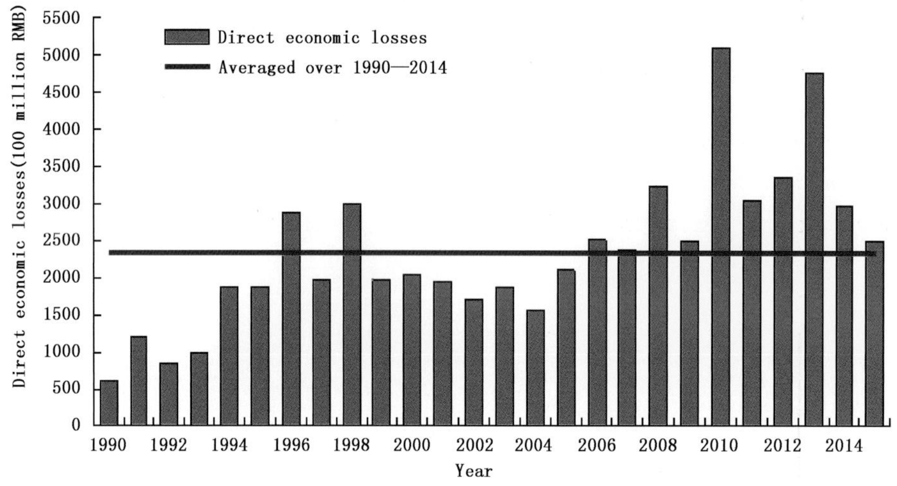

Fig. 3 Direct economic losses (DEL) caused by meteorological disasters over China during 1990—2015

Fig. 4 exhibits the relative proportions of loss indices for five major meteorological disasters over China in 2015. Regarding to the direct economic losses, rainstorm and flood disaster has the highest percentage (36.8%), the tropical cyclone and drought take second and third place. Regarding to the affected population and collapsed houses, rainstorm and flood disaster still has the highest percentage, reach at 36.6% and 79.7% respectively. Death toll of the gale and hail is the highest (51.0%). Regarding to the crop areas affected and crop areas without harvest, the drought is the main causes for both, accounts for 48.7% and 46.9% respectively, the rainstorm and flood disaster takes second place.

Overall, affected population, affected area and affected crop areas without harvest, collapsed houses and direct economic losses by meteorological disasters in 2015 are less than those in 2014, but death toll is more. From the viewpoint of disaster type, except the local strong convection disasters (gale and hail), other disasters like rainstorm and floods (including mud-rock flow, landslide), drought, tropical cyclone, low temperature, frost injury and snow disaster cause less direct economic losses in 2015 than those in 2014 (Fig. 5 left). With regard to the death toll, local strong

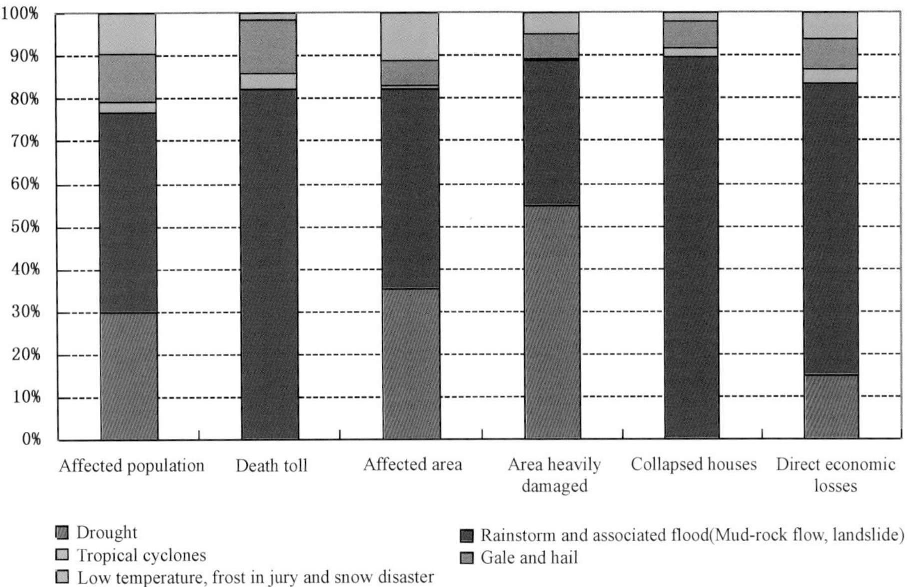

Fig. 4 Relative proportions of loss indices for five major meteorological disasters over China in 2015

convection disasters cause more death than 2014, while other disasters like rainstorm and floods (including mud-rock flow, landslide), tropical cyclones, low temperature, frost injury and snow disasters cause less death tolls than those in 2014 (Fig. 5 right).

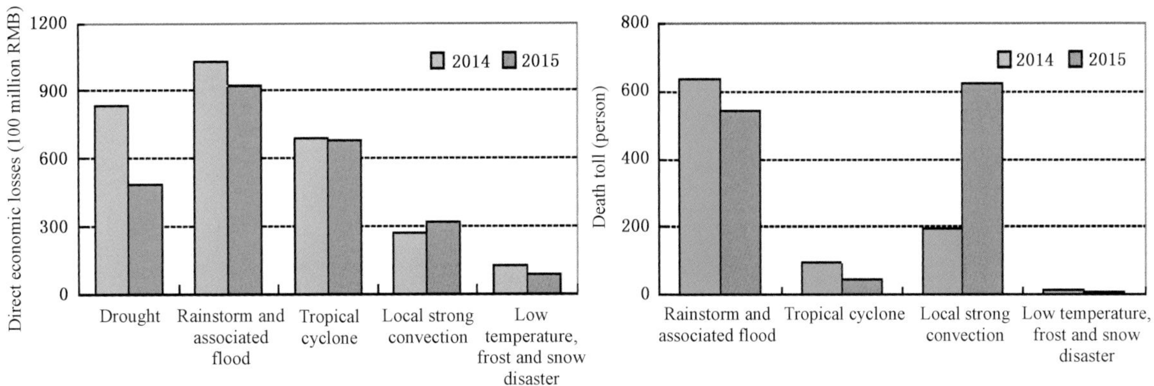

Fig. 5 Direct economic losses (left) and death toll (right) caused by main meteorological disasters over China in 2014 and 2015

General Review of Main Meteorological Disasters in 2015

Droughts In 2015, Droughts affect areas of about 10.61 million hm^2, which was less than the 1990—2014 averaged level and was the second least since 1990, belongs to a relatively light year in terms of meteorological drought disaster (Fig. 6). However, the regional and periodic drought disasters are frequent in 2015, including the spring drought in North China, Central Inner Mongolia and South China; spring-summer consecutive droughts in central and western Yunnan, and summer-autumn droughts in the west of North China, east of Northwest and Liaoning province etc.

Rainstorm and Associated Flood, Mud-rock Flow and Landslides In 2015, No large-scale basin wide rainstorm and floods occur in China. But rainstorms processes frequently happened. During

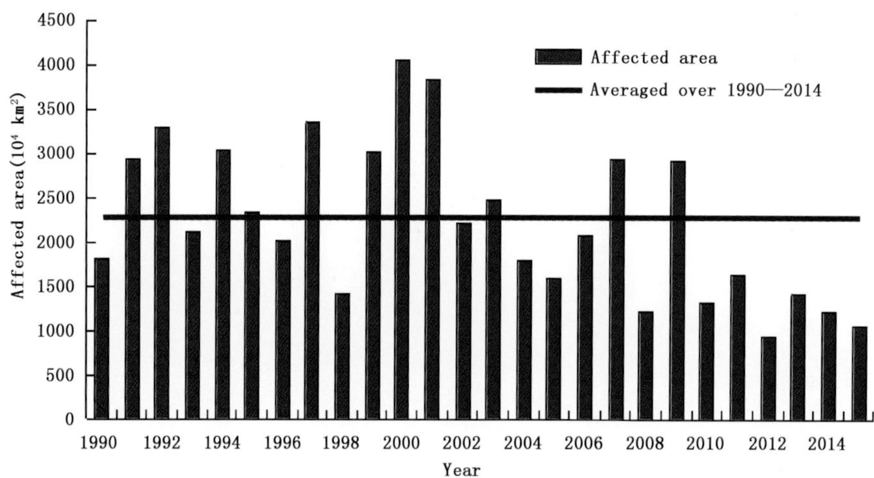

Fig. 6 Histogram of drought-affected areas over China during 1990—2015

the flood season (May to September), there are 35 rainstorm processes, 6 more than that in 2014. Rainstorms and floods in the early flood season cause severe damages in South China in spring. Frequent rainstorms and floods in southern China in summer cause severe inland inundation in several cities. Frequent rainfall in West China cause damages to Sichuan, Yunnan provinces etc in autumn, and there are rainstorms again in November in the Jiangnan region and South China. Rainstorm and floods affect about 5.62 million hm^2, and cause death toll of about 540 persons, direct economic losses of about 92.1 billion Yuan. The affected areas, death toll and direct economic losses in year 2015 are obviously less than those of averaged level in 1990—2014. The affected area by rainstorm is the second least in 1990—2014 (Fig. 7). In general, 2015 belongs to a relatively light year in terms of rainstorm and related disasters.

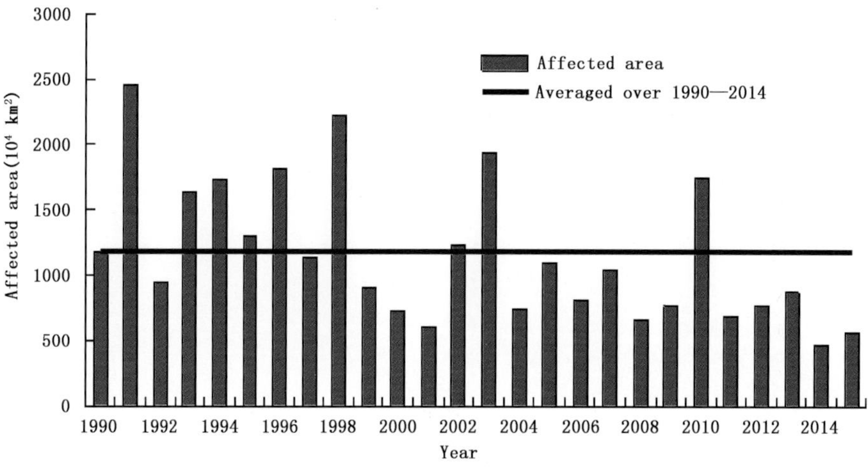

Fig. 7 Histogram of rainstorm and floods affected area over China during 1990—2015

Tropical cyclones (typhoons) In 2015, there are 27 tropical cyclones formed in the northwest Pacific and the South China sea, which is slightly higher than the climatic normal of 25.5. Five of them landed in the mainland, which are 2.2 less than the climatic normal. The landing times of the first and last tropical cyclone are both earlier than the normal. There are three tropical cyclones generated simultaneously on the northwest Pacific Ocean in July, which is still earlier than historical events. The average of the maximum wind speed in those landing tropical cyclones is 38.4 m/s, which is the second highest since 1973 (same as 1991). Locations of the five landfall tropical cyclones are all along the coastal areas in South China, more south than the normal. These tropical cyclones cause 57 deaths and direct economic losses of 68.4 billion RMB. The death toll is obviously less than the average level of 1990—2014, but the direct economic loss is higher than the average. As a whole, the year 2015 is the relatively sever year in terms of tropical cyclone disasters (Fig. 8).

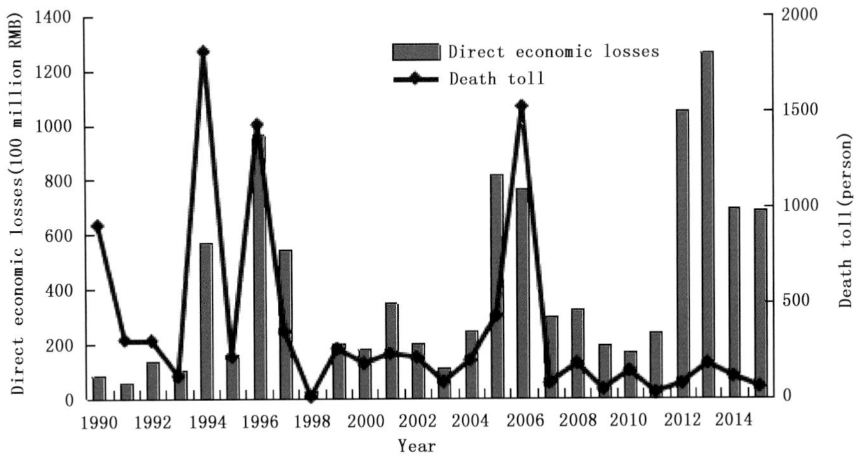

Fig. 8 Histogram of direct economic losses and death toll caused by tropical cyclones over China during 1990—2015

Local strong convections(gale, hail, tornado, lightning stroke, etc) In 2015, gale and hail disasters affect crop areas of 2.92 million hm^2, and caused 621 death toll and direct economic loss of 32.27 billion RMB. Comparing with the average value of 2005—2014, the affected crop area is less than normal, however, both the death toll and the direct economic loss are higher than normal.

Low Temperature, Frost Injury and Snow Disasters In 2015, the low temperature, frost injury and snow disaster hit a total affected crop area of 0.9 million hm^2 and caused a direct economic loss of about 8.9 billion RMB. The year 2015 is the relatively slight year in terms of low temperature, frost and snow disaster. There is a large-scale low temperature and snow disaster events in central and eastern China in the beginning of the year, while there is an abnormal heavier snow in Northeast China in February. South China suffers from cold spring while north China suffers from frost injury disaster. Heilongjiang and Inner Mongolia suffers from low temperature and frost injury in autumn. Some parts in central and east China suffer from snow disasters in November. There are strong snowstorm weathers in parts of northern region of China in winter.

Sand Storms There are 14 dust weather processes in total in 2015. The beginning of the first sand storm event is close to the average of 2000—2014. In the spring of 2015, there are 11 dust weather processes, much less than the normal (17 processes), close to the average level in 2000—2014 (11.6 processes). Only two events belong to dust storm and strong dust storm processes, and the number is the least since 2001 (same as 2003 and 2013). The number of average sand storm day is 2.6 days in the northern region of China, being 2.5 days less than the climatic normal, belongs to the fifth least in the history since 1961. The sand storm during April 27—29 has the largest scale and also causes severest damage. The year 2015 is the relatively slight year in terms of sand storm disasters.